浙江舟山昆虫

郭 瑞 鲁 专 高大海 主编

中国农业科学技术出版社

图书在版编目（CIP）数据

浙江舟山昆虫 / 郭瑞，鲁专，高大海主编. --北京：
中国农业科学技术出版社，2022.10
ISBN 978-7-5116-5845-6

Ⅰ.①浙⋯ Ⅱ.①郭⋯ ②鲁⋯ ③高⋯ Ⅲ.①昆虫—
动物资源—浙江 Ⅳ.①Q968.225.5

中国版本图书馆CIP数据核字（2022）第 134712 号

责任编辑　张志花
责任校对　马广洋
责任印制　姜义伟　王思文

出 版 者　中国农业科学技术出版社
　　　　　北京市中关村南大街 12 号　　邮编：100081
电　　话　（010）82106636（编辑室）　　（010）82109702（发行部）
　　　　　（010）82109709（读者服务部）
网　　址　https: // castp.caas.cn
经 销 者　各地新华书店
印 刷 者　北京科信印刷有限公司
开　　本　185 mm×260 mm　1/16
印　　张　15.5　彩插 20 面
字　　数　335 千字
版　　次　2022 年 10 月第 1 版　　2022 年 10 月第 1 次印刷
定　　价　90.00 元

《浙江舟山昆虫》

编委会

主　编：郭　瑞　鲁　专　高大海

副主编：刘立伟　贺位忠　王义平

编　委：（按姓氏笔画排序）

王旺华　刘剑阁　刘博文　许力琦

吴　继　余　晓　应　瑛　陈　斌

陈叶平　柳海兵　徐超红　徐斌芬

参编人员

第一章　浙江舟山自然概况

　　撰写：鲁　专　高大海

第二章　舟山市昆虫物种组成及其多样性

　　撰写：王义平　郭　瑞

第三章　原尾纲 Protura

　　撰写：卜　云　栾云霞　尹文英

第四章　弹尾纲 Collembola

　　撰写：潘志祥　黄骋望

第五章　昆虫纲 Insecta

石蛃目 Microcoryphia、蜉蝣目 Ephemeroptera、蜻蜓目 Odonata、蜚蠊目 Blattodea、毛翅目 Trichoptera、革翅目 Dermaptera

　　鉴定及撰写：卜　云　于　昕　周长发　孙长海

等翅目 Isoptera

　　鉴定及撰写：柯云玲　李志强　张大羽　潘程远

䗛目 Phasmatodea、螳螂目 Mantodea

　　鉴定及撰写：刘宪伟　王瀚强　秦艳艳

脉翅目 Neuroptera

　　鉴定及撰写：刘星月　刘志琦　杨秀帅　张　韦

直翅目 Orthoptera

　　鉴定及撰写：王　刚　石福明　李艳清

虱毛目 Phthiraptera

　　鉴定及撰写：王　刚　石福明

同翅目 Homoptera

　　鉴定及撰写：胡春林　丁锦华　秦道正　王吉锐　杜予州

半翅目 Hemiptera

　　鉴定及撰写：李　敏　潘柯宇　王康祺

鞘翅目 Coleoptera

鉴定及撰写：石爱民　聂瑞娥　雷启龙　徐思远　杨星科　王晓龙　林美英
　　　　　　葛斯琴

长翅目 Mecoptera

鉴定及撰写：高小彤　花保祯

双翅目 Diptera

鉴定及撰写：杨　定　王新华　林晓龙　齐　鑫　刘　巍　李　杏　姚媛媛
　　　　　　刘文彬　任　静　李淑丽　宋　超　李　竹　唐楚飞　琪勒莫格
　　　　　　霍　姗　陈小琳　王　勇　周嘉乐　王心丽　荣　华　薛万琦
　　　　　　荣　华　刘广纯　张魁艳　黄春梅　丁双玫　刘晓艳　张春田
　　　　　　郝　博　侯　鹏　赵　颖

鳞翅目 Lepidoptera

鉴定及撰写：王　星　黄国华　姜楠　程　瑞　刘淑仙　薛大勇　韩红香
　　　　　　郭　瑞　龙承鹏

膜翅目 Hymenoptera

鉴定及撰写：刘萌萌　李泽剑　谷　博　杨志刚　周善义　王义平

参编单位

中国科学院动物研究所

中国科学院上海生命科学研究院植物生理生态研究所

中国农业大学

西北农林科技大学

南开大学

华中农业大学

河北大学

华南师范大学

上海自然博物馆自然史研究中心

台州学院

南京师范大学

重庆师范大学

广东省生物资源应用研究所

浙江农林大学

太原师范学院

南京农业大学

扬州大学

西华师范大学

北京自然博物馆

沈阳师范大学

沈阳大学

广西师范大学

湖南农业大学

中南林业科技大学

云南农业大学

浙江清凉峰国家级自然保护区管理局

舟山市自然资源和规划局

ABSTRACT 内容摘要

　　本书是对浙江省舟山市昆虫资源进行系统调查和研究的总结。总论部分介绍了舟山市自然概况以及昆虫物种多样性组成，并就舟山市的昆虫群落组成、物种多样性、昆虫资源及其保护利用等进行了探讨和分析。各论部分，介绍了舟山市所采集的3纲22目161科924属1 327种无脊椎动物，其中记述原尾纲2目3科5属8种、弹尾纲1目5科12属15种、昆虫纲19目153科907属1 304种。书的最后是部分昆虫生态图片，全书共附图120幅。

　　本书适合高等农林院校师生使用，也可作为从事自然保护区、湿地和森林公园等管理机构的科技与管理工作者的参考用书。

舟山市地处我国东南沿海，长江口南侧，杭州湾外缘的东海洋面上，东西长182 km，南北宽169 km，拥有岛屿2 085个，其中1 km²以上岛屿63个，是我国第一大群岛。舟山群岛是浙东天台山脉向海延伸的余脉，属亚热带季风气候，冬暖夏凉，温和湿润，光照充足，其特殊的自然环境为海洋生物及海岛鸟类提供了重要栖息地，被称为我国的"东海鱼仓"和"候鸟迁徙驿站"。

舟山市地处东海大陆架，环境条件优良，生物种类丰富。舟山市建有自然保护地11处，共分布维管束植物194科819属1 864种，脊椎动物964种，包括鱼类629种、两栖类20种、爬行类41种、鸟类242种、兽类32种。其中，国家一级保护野生植物1种，即被称为地球独子的普陀鹅耳枥，国家一级保护陆生野生动物13种，包括穿山甲、大灵猫、小灵猫、东方白鹳、黑鹳、中华凤头燕鸥、黑脚信天翁、斑嘴鹈鹕、黄嘴白鹭、黑脸琵鹭、青头潜鸭、勺嘴鹬、黄胸鹀；国家二级保护野生植物19种，包括榉树、舟山新木姜子、普陀樟、野荞麦、野大豆、珊瑚菜、中华结缕草、长柄石杉（蛇足石杉）、罗汉松、野菱（细果野菱）、金豆、中华猕猴桃、明党参、华重楼、浙贝母、白及、春兰、蕙兰、建兰，国家二级保护陆生野生动物30种，包括獐（河麂）、豹猫、鸿雁、角䴙䴘、小天鹅、鸳鸯、鸢、苍鹰、赤腹鹰、松雀鹰、秃鹫、白尾鹞、鹊鹞、白腹隼雕、鹗、红隼、灰背隼、红脚隼、灰鹤、小杓鹬、白腰杓鹬、红腰杓鹬（大杓鹬）、大凤头燕鸥、红翅绿鸠、草鸮、雕鸮、长耳鸮、白胸翡翠、云雀、画眉。通过自然保护地建设，有效保护了濒危野生动植物，缓解了生物多样性遭受严重威胁的局面。

生物多样性是人类赖以生存和发展的基础，是我们地球生命共同体的血脉和根基。昆虫是生物多样性的重要组成部分，其在维持生态系统稳定中起到决定性作用。早在20世纪30年代，浙江省昆虫局便在舟山组织开展了生物资源调查。费耕雨、王启虞、陶家驹、许瑞堂、李凤荪、吴希澄、余致远、黄能、马俊超等先后在舟山进行了考察和采集昆虫标本，记录了部分昆虫种类，开展了相关昆虫学研究，但本区域内的昆虫资源至今未进行系统全面的本底调查。为了系统全面了解舟山昆虫种类组成、发生情况及分布规律，舟山市自然资源和规划局、浙江农林大学等单位共同开展了舟山市昆虫资源研究。经过3年多的调查，共采集昆虫标本1.8万余头，鉴定和记述了舟山市昆虫种类共计19目153科907属1 304种，并对本区域内的昆虫组成及其多样性进行了分析，以期为舟山市昆虫多样性保护和管理提供依据。

本书由中国科学院动物研究所、中国科学院上海生命科学研究院植物生理生态研究所、中国农业大学、西北农林科技大学、南开大学、华中农业大学、河北大学、华南师范大学、南京农业大学、扬州大学等27个单位的相关人员共同参加了野外调查、采集和鉴定等工作。本书还得到了浙江省林业局等上级业务主管部门的关心与支持。在此，谨向所有关心、鼓励、支持、指导和帮助我们完成本书编写的单位和个人表示真诚的谢意。

由于时间仓促和水平有限，疏漏和不足之处在所难免，殷切希望读者对本书提出批评和建议。

《浙江舟山昆虫》编委会
2022年6月

CONTENTS 目 录

第一章 浙江舟山自然概况

　　舟山市位于浙江省东北部的舟山群岛。地处我国东部沿海，长江口南侧，杭州湾外缘的东海洋面上。全市由 2 000 多个岛屿组成，号称千岛之城，包括舟山群岛、定海、普陀、岱山、嵊泗等各个岛屿及邻近海域。舟山地理位置介于东经 121°30′ ~ 123°25′，北纬 29°32′ ~ 31°04′，东西长 182 km，南北宽 169 km。舟山陆域面积少，海域面积大，区域总面积 22 200 km²，其中海域面积 20 800 km²、陆域面积 1 440 km²。舟山背靠大城市上海、杭州、宁波和长江三角洲辽阔腹地，面向太平洋，具有较强的地缘优势，踞中国南北沿海航线与长江水道交汇枢纽，是长江流域和长江三角洲对外开放的海上门户和通道，与亚太新兴港口城市呈扇形辐射之势。

一、地质地貌

舟山属于华南地层区东南沿海分区舟山小区，位于华南褶皱系浙东南褶皱带丽水—宁波隆起新昌—定海断隆的东北部，也是浙闽沿海燕山期火山活动带的北段，温州—镇海北北东向大断裂带从编图区西部海域通过，昌化—普陀东西向大断裂带位于编图区以南，龙泉—宁波北东向断裂带斜贯编图区。在长期的地壳运动中，它们逐步发展，与北西、北北西和南北向断裂共同组成了纵横交错的基本断裂格架，并对编图区火山机构、沉积盆地的形成和发展，对地形地貌的变迁具有控制作用。

舟山市境内地质构造复杂。地层大部分为中生界侏罗系、白垩系火山-沉积岩所覆盖，偶见上古生界变质岩系露头，新生界第四系分布在各岛边缘。境内广布巨厚的中生代中酸性、酸性火山岩，酸性-中性熔岩、火山碎屑岩及熔结凝灰岩等，还有大量的中-酸性岩体侵入。海域地区以中生代火山岩系为基础，其上沉积了厚数十至数百米的新生代沉积物。群岛呈西南—东北走向排列，纵向呈2列，横向呈4行，共有面积500 m^2 以上大小岛屿1 390个，岛屿数量约占全国的20%，地势由西南向东北倾斜，南部岛大，海拔高，排列密集；北部岛小，地势低，分布稀疏。海岛地形属海岛丘陵区，较大岛屿上有较高山峰、丘岗，分层次构成以海岛为典型的高丘-低丘-平原-滩涂-海域地貌结构，高丘占9%、低丘占61%、平原占30%，形成不同土壤类型及农作物利用格局。桃花岛对峙山为最高峰，海拔544 m。多数岛屿山峰在海拔200 m以下，南半地势差400 m。海岸线总长2 444 km，其中基岩海岸1 855 km，人工海岸（海塘）530 km，砂砾海岸50 km，泥质海岸（涂）13 km。水深15 m以上岸线200.7 km，水深20 m以上岸线103.7 km。

二、气候

舟山地区为北亚热带南缘海洋性季风气候，四季分明，冬暖夏凉，温和湿润，光照充足。年平均气温在16℃左右，最热8月，月平均气温25.8 ~ 28.0℃，最冷1月，月平均气温5.2 ~ 5.9℃。年降水量927 ~ 1 620 mm，年平均太阳总辐射4 660.7 ~ 4 924.0 MJ/m^2，年平均日照1 941 ~ 2 257 h，年平均风速3.3 ~ 7.8 m/s，无霜期251 ~ 303 d。受季风不稳定性影响，春季多海雾，夏秋之际易受热带风暴（台风）侵袭，冬季多大风，7—9月易出现干旱内涝。

三、水文与水资源

舟山市水文情况复杂，地表水系不发达，多源自丘陵腹地，呈放射状蜿蜒入海。水系受海岛规模影响，流程短，汇水面积小，受暴雨影响，水位暴涨暴落，易引发山洪等自然灾害。海岸潮汐属不规则的半日潮，潮流以往复流为特征，涨潮流向西，落潮流向东，涨潮流速大于落潮流速。

舟山市源于境土相对空间的大气降水，降水时空分布欠匀，蓄水条件欠好，地表径流多数直接入海，淡水资源总量欠丰，尤以北东部诸岛为甚。境内河流全部为独流入海小水系，共660条，河流总长度805.26 km，河网密度为0.56 km/km²，径流总量5.92亿m³。境内最大的河流为新城河，沿途汇集溪流108条，总长51.1 km，流域面积43.0 km²。有蓄水、大陆引水、海水淡化和地下水源等水源工程。蓄水工程容积15 730万m³，其中水库及山塘1 195座，总蓄水库容14 565万m³；池塘1 752座，蓄水容积187万m³；大陆引水工程现已建成引水流量为2.8 m³/s，年平均可引水量6 633万m³；海水淡化工程现已建成海水淡化设施11处，总规模5.4万t/d；地下水水源工程有供水设施13 636口，蓄水容积84.0万m³。

四、土壤

舟山市境内共有9个土类，17个亚类，29个土属，55个土种。其中粗骨土、红壤、滨海盐土、水稻土分布较广，占全市土壤总面积的92.4%。

土壤母质以凝灰岩、花岗岩风化残坡积物为主，洪积、冲积物少量分布，发育成酸性、较黏的地带性红壤和黄壤土类。丘陵上部多数见浅薄的粗骨土和石质土。市境东北部土壤pH值5.8～6.5，盐基饱和度较高，形成我国南方海岛丘陵土壤特有的饱和红壤亚类，滨海小平原土壤母质是海水携带的泥沙沉积物，含可溶性盐和碳酸钙颗粒沉积，pH值6.8～8.0。

五、动植物资源

舟山市地处东海大陆架，气候适宜，环境条件优良，生物种类丰富。现已查明舟山市境内共有维管束植物194科819属1 864种。根据国家林业和草原局、农业农村部公告（2021年第15号）的《国家重点保护野生植物名录》，境内共分布国家重点保护野生植物20种。其中，属于国家一级重点保护野生植物的有普陀鹅耳枥1种；属于国家二级重点保护野生植物19种，包括榉树、舟山新木姜子、普陀樟、野荞麦、野大豆、珊瑚菜、中华结缕草、长柄石杉、罗汉松、野菱（红果耶菱）、金豆、中华猕猴桃、明党参、华重楼、浙贝母、白及、春兰、惠兰、建兰。境内共分布脊椎动物964种，其中鱼类629种、两栖类20种、爬行类41种、鸟类242种、兽类32种。根据国家林业和草原局、农业农村部公告（2021年第3号）的《国家重点保护野生动物名录》，保护区共分布国家重点保护野生动物43种。其中，属于国家一级重点保护野生动物的有穿山甲、小灵猫、大灵猫、东方白鹳、黑鹳、中华凤头燕鸥、黑脚信天翁、斑嘴鹈鹕、黄嘴白鹭、黑脸琵鹭、青头潜鸭、勺嘴鹬、黄胸鹀13种；属于国家二级重点保护野生动物有獐、豹猫、鸿雁、角䴙䴘、小天鹅、鸳鸯、鸢、苍鹰、赤腹鹰、松雀鹰、秃鹫、白尾鹞、白腹隼雕、鹗、红隼、灰背隼、红脚隼、灰鹤、小杓鹬、白腰杓鹬、红腰杓鹬、大凤头燕鸥、红翅绿鸠、草鸮、雕鸮、长耳鸮、白胸翡翠、云雀、画眉、拉步甲30种。

六、植被

舟山群岛植被属中亚热带常绿阔叶林北部亚地带的"浙、闽山丘，甜槠、木荷林区"。因生长环境和立地条件不同，海岛以及海岛或大陆海滨地区中主要以普陀樟（*Cinnamomum japonicum* var. *chenii*）、舟山新木姜子（*Neolitsea sericea*）、全缘冬青（*Ilex integra*）等为主的常绿阔叶林或常绿落叶阔叶林，构成海岛特有的、具有代表性的典型植物群落。20世纪五六十年代营造的占舟山森林面积85%以上的黑松（*Pinus thunbergii*）林和马尾松（*Pinus massoniana*）林，从90年代起受松材线虫（*Bursaphelenchus xylophilus*）病为害遭到极大的破坏，现有舟山群岛丘陵山地的植被除部分更新松林外，以林相残破、林分质量差的次生阔叶林和灌木林为主，常见的有枫香（*Liquidambar formosana*）林、黄连木（*Pistacia chinensis*）林、栓皮栎（*Quercus variabilis*）林、白栎（*Quercus fabri*）林及其萌生灌丛等，具代表性的常绿阔叶林有青冈（*Cyclobalanopsis glauca*）林、苦槠（*Castanopsis sclerophylla*）林零星分布在东南部岛。

七、旅游资源

舟山境内国家级风景名胜区有普陀山、嵊泗列岛2个，省级风景名胜区有岱山岛、桃花岛2个。省级历史文化名城有定海1个，国家重点文物保护单位有多宝塔、法雨寺、普济寺和浙东沿海灯塔4处，省级文物保护单位有三忠祠、同归域、大舜庙后墩遗址、山海奇观摩崖题记、普陀山文化等景观10处。国家级爱国主义教育基地有舟山鸦片战争遗址公园1个，省级爱国主义教育基地有舟山烈士陵园7个。全国科普教育基地有中国台风博物馆、马岙博物馆2个，省级科普教育基地有舟山博物馆、浙江海洋大学海洋展示中心、嵊泗县海洋生物馆3个。有沙滩40处，总长度28 618 m。

参考文献

金佩聿，陈翔虎，张晓华，等，1991. 舟山群岛植物区系的研究[J]. 浙江林业科技（3）：1-30.

刘博文，韩璇，王志芬，等，2014. 舟山市定海区重点保护野生植物资源现状调查[J]. 安徽农业科学，42（19）：6356-6357.

宋亚民，2001. 舟山群岛水文特性[J]. 水文（6）：59-62.

汪豫忠，1995. 舟山群岛地区的地质构造背景[J]. 华南地震（1）：55-61.

王国明，叶波，2017. 舟山群岛典型植物群落物种组成及多样性[J]. 生态学杂志，36（2）：349-358.

王国明，赵慈良，陈叶平，等，2009. 舟山群岛国家重点保护野生植物区系与分布特征[J]. 浙江林业科技，29（3）：43-47.

吴靖颖，2021. 舟山群岛不同植被类型下土壤动物群落多样性[D]. 上海：华东师范大学.

吴征镒，1991. 中国种子植物属的分布区类型[J]. 云南植物研究，增刊（Ⅵ）：1-139.

吴征镒，1980. 中国植被[M]. 北京：科学出版社.

许红燕，黄志珍，2014. 舟山市水资源分析评价[J]. 水文，34（3）：87-91.

舟山市地方志编纂委员会，1992. 舟山市志[M]. 杭州：浙江人民出版社.

舟山市史志研究室，2020. 舟山年鉴2019[M]. 北京：方志出版社.

第二章 舟山市昆虫物种组成及其多样性

生物多样性是生物与环境形成的生态复合体以及与此相关的各种生态过程的总和，包括数以百万计的动物、植物和它们所拥有的基因以及它们与生存环境形成的复杂的生态系统，是生命系统的基本特征。昆虫由于种类多、数量丰富，是生物多样性的重要组成部分，其在维持生态系统稳定中具有决定性作用。近年来，随着人们对自然生态环境的不断关注，昆虫生物多样性研究，尤其是以访花昆虫、指示性昆虫、土壤昆虫等为代表已成为研究热点。因此，开展昆虫资源调查，了解昆虫物种组成及其多样性，对本地区昆虫资源的保护和利用、生物多样性研究具有重要意义。

　　舟山市地理位置、地形地貌、气候条件等自然条件复杂多样，形成了多样的生态系统，孕育了丰富的物种资源。长期以来，舟山市已开展了植物、兽类、鸟类、鱼类等多种动植物资源调查，初步查明共有维管束植物1 864种、兽类动物32种，鸟类242种，两栖动物20种，爬行动物41种，鱼类629种，为舟山市物种多样性保护提供了重要资料。据相关文献资料记载，早在20世纪30年代，浙江省昆虫局便在舟山组织开展了生物资源调查。费耕雨、王启虞、陶家驹、许瑞堂、李凤荪、吴希澄、余致远、黄能、马俊超等先后在舟山进行了考察和昆虫标本采集。虽然有一定的调查积累，但本区域内的昆虫资源至今未进行系统全面的本底调查，对其物种多样性的了解甚少，与其他生物类群或国内其他地区昆虫类群的研究相比明显不足。为了进一步了解舟山昆虫资源，为舟山生物多样性保护管理和资源的合理开发利用提供基础资料，舟山市自然资源和规划局与浙江农林大学合作，于2016—2019年共同开展昆虫资源调查工作，对舟山市境内的各种昆虫资源进行了全面调查。经过3年多的调查，采集昆虫标本1.8万余头，共整理、鉴定舟山市昆虫资源19目153科907属1 304种，并对本区域内的昆虫组成及其多样性进行分析，以期为昆虫多样性保护和管理提供依据（表2-1）。

表2-1　舟山市昆虫资源考察情况

时间	考察人员信息	考察地点与内容
2015年7—8月	中国农业大学唐楚飞、中南林业科技大学刘萌萌、中国科学院动物研究所任立等10余人	定海、秀山、桃花岛等地，采集步甲、膜翅目、双翅目等昆虫
2016年7—8月	河北大学巴义彬、常凌小，浙江大学李杨，南开大学王青云、杨美娟，北京林业大学张江涛、董勤刚，云南农业大学杜世杰、陆海霞，沈阳大学程志强等合计70余人	定海、秀山、桃花岛、长岗山等地采集直翅目、双翅目、鞘翅目以及鳞翅目等昆虫
2017年6—7月	南开大学李艳飞、姜坤，中国科学院上海生命科学研究院王瀚强、秦艳艳，中国科学院动物研究所秦曼、刘童祎、陈炎栋，西北农林科技大学王彦等合计30余人	桃花岛、岱山、长岗山等地采集半翅目、鳞翅目、膜翅目、双翅目等昆虫
2017年8月	广东昆虫所张世军、张欢欢，西北农林大学吕林、赵文慧，中国农业大学吕亚楠、杨澍，河北大学张道川、赵学乾、常雅各，南开大学钱硕楠、贾岩岩，中南林业科技大学刘萌萌、高凯文，安徽大学游硕等30余人	定海、秀山等地采集双翅目、广翅目、同翅目昆虫和螨类
2018年8—9月	扬州大学霍庆波、西北农林科技大学胡艳华、吕可维，中国科学院上海生命科学研究院秦艳艳等10余人	定海、秀山等地采集同翅目、螳螂、鳞翅目、膜翅目等昆虫

一、研究方法

(一) 昆虫采集及鉴定

2015年7月至2018年9月，根据舟山市的具体情况，分别对舟山市内的定海、秀山、桃花岛、岱山、长岗山森林公园5个区域进行5次昆虫调查。期间共邀请中国科学院动物研究所、西北农林科技大学、浙江农林大学等27个单位，60位昆虫分类学者分别采用网捕法、马氏网诱集法、灯诱诱集法、黄盘诱捕法、陷阱法对昆虫资源进行了野外调查和室内物种鉴定。

(二) 昆虫多样性分析方法

分别利用Shannon-Wiener多样性指数（H'）、Simpson优势度指数（C）、Margalef丰富度指数（D）和Pielou均匀度指数（Jws）对昆虫群落进行分析。计算公式如下。

（1）Shannon-Wiener多样性指数：$H' = -\sum n_i / N \ln(n_i / N)$

其中，式中n_i为第i个类群的个体数，N为群落中所有类群的个体总数。

（2）Margalef丰富度指数：$D = (S-1)/\ln N$ 式中，S为类群数。

（3）Pielou均匀度指数：$Jws = H'/\ln S$

（4）Simpson优势度指数：$C = \sum p_i^2$ 式中，$p_i = n_i/N$。

二、研究结果与分析

(一) 舟山市昆虫群落组成

野外调查共采集及鉴定昆虫标本1.8万余号，隶属19目153科907属1 304种（表2-2），约占浙江省昆虫总数的13%。调查结果显示，舟山市昆虫各类群科级数量较多的目为鳞翅目、鞘翅目、双翅目和半翅目，4个目科数的和占总科数的59.3%。各类群按科的数量排列依次为鳞翅目>鞘翅目>双翅目>半翅目>直翅目>同翅目、膜翅目>蜻蜓目>蜚蠊目、脉翅目>毛翅目>等翅目、螳螂目、蜉蝣目>石蛃目、革翅目、蛸目、虱毛目、长翅目。

以各个目的物种数比较，则排列顺序有所不同，鳞翅目、鞘翅目、膜翅目和半翅目4个目的种数均在90种以上，总物种数占总昆虫物种数的81.23%。具体物种数排列顺序为鳞翅目>鞘翅目>膜翅目>半翅目>双翅目>直翅目>同翅目>蜻蜓目>等翅目>蜚蠊目>脉翅目、螳螂目>蜉蝣目>毛翅目>石蛃目、革翅目、蛸目、虱毛目、长翅目。可见，这4个目为舟山的优势目昆虫。

从科一级来看，舟山昆虫分布153科，其中20种以上的科有16个。这些科的种数占舟山昆虫总种数的54.79%，是优势科。含20种以上的科依次为：尺蛾科Geometridae

（133种）、螟蛾科Pyralidae（87种）、夜蛾科Noctuidae（72种）、蚁科Formicidae（52种）、天牛科Cerambycida（47种）、天蛾科Sphingidae（40种）、金龟科Scarabaeidae（39种）、舟蛾科Notodontidae（37种）、叶甲科Chrysomelidae（35种）、毒蛾科Lymantriidae（31种）、蛱蝶科Nymphalidae（29种）、叶蜂科Tenthredinidae（26种）、灯蛾科Arctiidae（24种）、弄蝶科Hesperidae（21种）、猎蝽科Reduviidae（20种）、缘蝽科Coreidae（20种）。

表2-2　舟山市昆虫结构组成

目Order	科		属		种	
	数量	比例/%	数量	比例/%	数量	比例/%
石蛃目Archaeognatha	1	0.65	1	0.11	1	0.08
蜉蝣目Ephemeroptera	2	1.31	2	0.22	3	0.23
蜻蜓目Odonata	6	3.92	22	2.43	26	1.99
蜚蠊目Blattaria	3	1.96	4	0.44	6	0.46
等翅目Isoptera	2	1.31	8	0.88	15	1.15
螳螂目Mantodea	2	1.31	4	0.44	4	0.31
革翅目Dermaptera	1	0.65	1	0.11	1	0.08
直翅目Orthoptera	13	8.50	39	4.30	55	4.22
螈目Phasmatodea	1	0.65	1	0.11	1	0.08
虱毛目Phthiraptera	1	0.65	1	0.11	1	0.08
同翅目Homoptera	12	7.84	44	4.85	52	3.99
半翅目Hemiptera	16	10.46	69	7.61	97	7.44
脉翅目Neuroptera	3	1.96	4	0.44	4	0.31
鞘翅目Coleoptera	22	14.38	147	16.21	208	15.95
长翅目Mecoptera	1	0.65	1	0.11	1	0.08
双翅目Diptera	18	11.76	53	5.84	74	5.67
毛翅目Trichoptera	2	1.31	2	0.22	2	0.15
鳞翅目Lepidoptera	35	22.88	435	47.96	634	48.62
膜翅目Hymenoptera	12	7.84	69	7.61	119	9.13
合计	153	100.00	907	100.00	1 304	100.00

（二）舟山昆虫群落属种多度

以鳞翅目、鞘翅目、膜翅目和半翅目4个优势目为例分别讨论属种多度问题。从属数量上看，鳞翅目属的多度顺序为尺蛾科（97属）>螟蛾科（64属）>夜蛾科（57属）>舟蛾科（33属）>天蛾科（21属）>弄蝶科（17属）>蛱蝶科（16属）>刺蛾科（13属）、灯蛾科（13属）、灰蝶科（13属）>毒蛾科（12属）>枯叶蛾科（10属）；鞘翅目属的多度顺序为天牛科（36属）>叶甲科（26属）>金龟科（22属）>瓢虫科（12属）>象虫科（9属）>步甲科（7属）；膜翅目属的多度顺序为蚁科（21属）>叶蜂科（17属）>茧蜂科（7属）、姬蜂科（7属）；半翅目属的多度顺序为蝽科（17属）>猎蝽科（15属）>缘蝽科（10属）。

从种的数量上看，鳞翅目种的多度顺序为尺蛾科（133种）>螟蛾科（87种）>夜蛾科（72种）>天蛾科（40种）>舟蛾科（37种）>蛱蝶科（29种）、毒蛾科（31种）>弄蝶科（21种）>刺蛾科（19种）>眼蝶科（18种）>灰蝶科（16种）>枯叶蛾科（16种）；鞘翅目种的多度顺序为天牛科（47种）>金龟科（43种）>叶甲科（35种）>瓢虫科（15种）>象虫科（11种）>步甲科（10种）；膜翅目种的多度顺序为蚁科（52种）>叶蜂科（26种）>蚁蜂科（9种）>茧蜂科（7种）、姬蜂科（7种）；半翅目种的多度顺序为猎蝽科（20种）>缘蝽科（20种）>蝽科（17种）>红蝽科（6种）。

将4个优势目各科所含的属种数划分为若干等级，对其科在各等级中所占比重进行比较分析（图2-1、图2-2）。通过属种数量及在各科中的分布分析可以看出，4个优势目的属数主要集中分布在1～10属，种数则分布在1～15种。由此可见，4个优势目中各科类群在属种组成中的比例主要表现为类群小而数量多的结构，该结构反映了该地区昆虫的群落结构比较稳定。

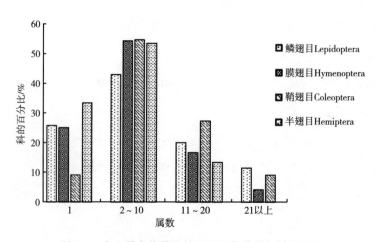

图2-1　舟山昆虫优势目的属数数量等级与科的关系

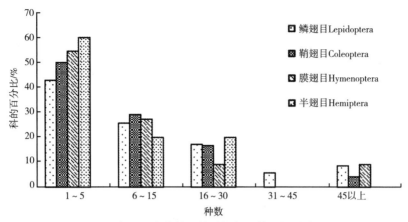

图2-2　舟山昆虫优势目的种数数量等级与科的关系

（三）昆虫物种多样性

昆虫物种多样性的研究对于掌握昆虫群落的组成和结构，预测群落演替的趋势具有重要意义。本研究选取常见昆虫的7目为研究对象，进行物种多样性分析。结果表明，从昆虫的Margalef丰富度指数（D）来看，昆虫丰富度指数的变幅较大，以鳞翅目最高，同翅目最低，两者相差12倍。种数少的目，如同翅目、双翅目和直翅目的丰富度指数均比较低；而物种数较多的目，如鳞翅目、鞘翅目和膜翅目的指数就较高。从昆虫的多样性指数（H'）来看，鳞翅目昆虫最高，其次为膜翅目和鞘翅目，同翅目的最低仅为0.227 2（表2-3）。

表2-3　舟山昆虫多样性指数

多样性指数	直翅目 Orthoptera	同翅目 Homoptera	半翅目 Hemiptera	鞘翅目 Coleoptera	双翅目 Diptera	鳞翅目 Lepidoptera	膜翅目 Hymenoptera
H'	0.258 5	0.227 2	0.262 0	0.284 9	0.275 9	0.321 8	0.293 9
C	0.015 3	0.009 5	0.016 1	0.022 6	0.019 8	0.039 9	0.025 9
Jws	0.064 5	0.057 8	0.057 5	0.053 6	0.065 6	0.050 4	0.062 3
D	5.601 9	5.187 0	9.751 5	21.059 1	6.846 8	61.310 1	11.515 1

从昆虫的Pielou均匀度指数（Jws）来看，昆虫均匀度指数差异不大。从昆虫的Simpson优势度指数（C）来看，昆虫的优势度指数与多样性指数的趋势基本一致，说明舟山昆虫群落结构稳定，物种丰富度较高。

（四）昆虫资源

舟山地理位置特殊，植物资源丰富，造就了适合动植物繁育的多种生境，经过系统调查发现列入《国家重点保护野生植物名录》的二级保护动物拉步甲*Carabus lafossei* 1种。昆虫资源是目前地球上最大的尚未被充分利用的生物资源，主要包括能够直接为人类利用的工业原料昆虫、食用昆虫、药用昆虫、饲料昆虫、传粉昆虫等；另外，还包括能够间接被人类利用、能够满足某种特殊需求或精神享受的观赏娱乐昆虫、天敌昆虫、科研用昆虫和环境保护昆虫等（何振等，2007）。本次调查结果分析表明，天敌昆虫有16科54种，占物种总数的4.1%；食用昆虫有13科37种，占总数的2.8%；药用昆虫5科8种，占总数的0.6%；观赏昆虫有19科82种，占总数的6.3%（表2-4）。

表2-4　舟山资源昆虫统计

目	天敌昆虫		食用昆虫		药用昆虫		观赏昆虫	
	科	种	科	种	科	种	科	种
蜉蝣目Ephemeroptera			1	1				
蜻蜓目Odonata	2	5	1	3			2	6
蜚蠊目Blattaria			1	1				
等翅目Isoptera			1	2				
螳螂目Mantodea	1	1						
革翅目Dermaptera	1	1						
直翅目Orthoptera			3	12			1	2
螭目Phasmatodea							1	1
同翅目Homoptera					1	1	2	11
半翅目Hemiptera	2	5	1	6	1	1	2	5
脉翅目Neuroptera	1	2			1	1		
鞘翅目Coleoptera	3	16	2	5			4	21
长翅目Mecoptera	1	1						
双翅目Diptera	2	11						
鳞翅目Lepidoptera			2	5	1	2	6	33
膜翅目Hymenoptera	3	12	1	2	1	3	1	3
合计	16	54	13	37	5	8	19	82

三、讨论

　　昆虫物种多样性的调查，对该区域昆虫资源保护和利用以及物种多样性保护与管理具有重要意义。截至目前，浙江省内已开展多个重点生态区域的昆虫资源调查，如浙江凤阳山-百山祖、天目山、古田山、乌岩岭、清凉峰等已基本查明本区域昆虫物种组成及其结构（徐华潮等，2002；王义平，2009；徐华潮等，2011；郭瑞等，2015）。舟山市森林资源丰富，是我国第一大群岛，对该行政区域内的首次昆虫资源调查共整理、鉴定昆虫19目153科907属1 304种，约占浙江省昆虫总数的13%，同时发现，舟山昆虫物种多样性丰富，种群结构稳定，拥有天敌昆虫、药用昆虫、食用昆虫和观赏昆虫共计53科181种，占物种总数的13.9%。由于此次为首次开展的全域昆虫资源调查，且野外调查的次数、标本采集的时间较短，涉及到的科属有限，相信随着采集标本数量的增加以及昆虫学研究的深入，本区域昆虫种类及其数量将会进一步增加。

参考文献

常罡，廉振民，2004. 生物多样性研究进展[J]. 陕西师范大学学报（自然科学版）（S2）：152-157.

郭瑞，王义平，翁东明，等，2015. 浙江清凉峰昆虫物种组成及其多样性[J]. 环境昆虫学报，37（1）：30-35

王义平，2009. 浙江乌岩岭昆虫及其森林健康评价[M]. 北京：科学出版社.

徐华潮，郝晓东，黄俊浩，等，2011. 浙江凤阳山昆虫物种多样性[J]. 浙江农林大学学报，28（1）：1-6

徐华潮，吴鸿，杨淑贞，等，2002. 浙江天目山昆虫物种多样性研究[J]. 浙江林学院学报，19（4）：350-355

余建平，余晓霞，2000. 浙江古田山自然保护区昆虫名录补遗[J]. 浙江林学院学报，17（3）：262-265

LEWINSOHN T M，ROSLIN T，2008. Four ways towardstropical herbivore megadiversity [J]. Ecology Letters，11（4）：398-416.

第三章　原尾纲Protura

　　原尾纲 Protura，统称原尾虫，体型微小，体长 0.6～2.0 mm。身体长梭形，分为 3 个部分，头部无触角和眼，具 1 对假眼；口器内颚式。胸部分 3 节，分别着生一对足，胸足分别由 6 节组成。前足跗节极为长大，着生形态多样的感觉毛，行走时向头部前方高举，具感觉功能。部分种类中胸和后胸各有气孔 1 对。腹部 12 节，腹部第 1～3 节腹面分别具有 1 对腹足。腹部末端无尾须；雌雄外生殖器结构相似，生殖孔位于第 6～7 节。个体发育为增节变态类型，胚后发育共有 5 个时期，即前幼虫、第 1 幼虫、第 2 幼虫、童虫和成虫。

原尾虫主要生活在富含腐殖质的土壤中，是典型土壤动物。分布广泛，适应性强，在森林湿润的土壤里，苔藓植物中，腐朽的木材、树洞以及白蚁和小型哺乳动物的巢穴中均可以发现原尾虫。原尾虫的分布遍及全世界，除南极洲外，在各大陆的5个气候带和六大动物地理区均有发现。我国原尾虫种类以东洋区成分占绝对优势，约占总数的90%。就科的分布而言，夕蚖科和始蚖科广泛分布于华中、西南、青藏高原、华北和东北地区；蚖科和日本蚖科是典型的古北区种类，主要分布在我国东北和西北地区；富蚖科和华蚖科是亚热带和热带的类群；棒蚖科和古蚖科为全球分布的类群，在我国多数种类分布在华东、华南和西南地区。

原尾纲现行的分类系统由尹文英于1996年提出，并在1999年进行完善。按照该系统，原尾纲划分为蚖目、华蚖目和古蚖目3个目，蚖目包括夕蚖科、始蚖科、棒蚖科、蚖科、日本蚖科和囊腺蚖科6个科，华蚖目包括富蚖科和华蚖科2个科，古蚖目包括古蚖科和旭蚖科2个科，除囊腺蚖科仅在欧洲分布外，其余9个科在我国均有分布。本书的编写依据尹文英（1999）《中国动物志　原尾纲》的分类系统。

截至2021年5月，世界已知原尾虫3目10科830余种，中国已记录3目9科217种，浙江分布3目7科39种。本次在舟山采集并鉴定该纲2目3科5属8种。

蚖目 Acerentomata

特征：无气孔和气管系统，头部假眼突出；颚腺管的中部常有不同形状的"萼"和花饰以及膨大部分或突起；3对胸足均为2节，或者第2、3胸足1节；腹部第Ⅷ节前缘有1条腰带，生有栅纹或不同程度退化；第8腹节背板两侧具有1对腹腺开口，覆盖有栉梳；雌性外生殖器简单，端阴刺多呈短锥状；雄性外生殖器长大，端阳刺细长。

分布：世界广布。目前世界已知460种，中国记录114种，浙江分布15种，舟山分布3种。

夕蚖科 Hesperentomidae Price，1960

主要特征：身体细长；假眼常呈梨形，中部有纵贯的S形中隔；颚腺管细长，中部常膨大成香肠状或袋状的萼部，在袋的远端生有极微小的、花椰菜状的花饰；前胸足跗节的感觉毛常呈柳叶状或者短棒状；第1~3腹足均为2节，各生4刚毛（夕蚖属 *Hesperentomon*），或第1~2节腹足为2节，第3腹足为1节（尤蚖属 *Ionescuellum*），或第1节腹足2节，第2~3节腹足均为1节（沪蚖属 *Huhentomon*）；第8腹节前缘的腰带简单而无纵纹；栅梳为长方形；雌性外生殖器的端阴刺为尖锥状。

分布：东洋区、全北区。世界已知3属30种，中国记录2属17种，舟山分布1属1种。

1. 褶爪沪蚖 *Huhentomon plicatunguis* Yin，1977

分布：中国浙江（舟山、杭州、绍兴）、江苏、上海、安徽；日本。

檗蚖科 Berberentulidae Yin，1983

主要特征：身体较粗壮，成虫的腹部后端常呈土黄色；口器较小，上唇一般不突出成喙，下唇须退化成1~3根刚毛或者1根感器；颚腺管细长，具简单而光滑的心形萼；假眼圆或椭圆形，有中隔；中胸和后胸背板生前刚毛2对和中刚毛1对；第1对腹足2节，各生4根刚毛，第2~3对腹足1节，各生2或者1根刚毛；第8腹节前缘的腰带纵纹明显或不同程度退化或变形。

分布：世界广布。世界已知22属165种，中国记录11属56种，舟山分布2属2种。

2. 天目山巴蚖 *Baculentulus tienmushanensis*（Yin，1963）

分布：中国浙江（舟山、湖州、杭州、宁波、衢州、丽水、温州）、辽宁、内蒙古、河北、河南、陕西、宁夏、上海、安徽、江西、湖北、湖南、重庆、四川、贵州、云南。

3. 日本肯蚖 *Kenyentulus japonicus*（Imadaté，1961）

分布：中国浙江（舟山、湖州、嘉兴、杭州、绍兴、衢州）、陕西、江苏、上海、安徽、江西、湖南、海南、四川、贵州、云南；日本。

古蚖目 Ensentomata

特征：中胸和后胸背板上有中刚毛，两侧各生1对气孔，气孔内生有气管龛（旭蚖科Antelientomidae无气孔）；口器较宽而平直，一般不突出成喙；大颚顶端较粗钝并具有小齿；颚腺细长无萼，膨大部常忽略不见；假眼较小而突出，有假眼腔；前跗节上的感器 *f* 和 *b'* 常常各生2根；前跗的爪垫几乎与爪长相仿；中跗和后跗均具爪，但无套膜；3对腹足均为2节，各生5根刚毛；第Ⅷ腹节前缘无腰带，两侧的腹腺孔上盖小而简单，无具齿的栉梳；雌性外生殖器常有腹片和细长的刺状端阴刺。

分布：世界广布。目前世界已知363种，中国记录98种，舟山分布1科2属5种。

古蚖科 Eosentomidae，1909

主要特征：见古蚖目特征。

分布：世界广布。世界已知10属360种，中国记录6属95种，浙江分布5属20种。

1. 普通古蚖 *Eosentomon commune* Yin，1965

分布：中国浙江（舟山、湖州、杭州、宁波、衢州、温州）、江苏、上海、安徽、湖北、江西、湖南、四川、贵州、云南。

2. 东方古蚖 *Eosentomon orientale* Yin，1979

分布：中国浙江（舟山、杭州、宁波、衢州）、辽宁、陕西、宁夏、江苏、上海、安徽、湖北、江西、湖南、广东、海南、广西、重庆、四川、贵州。

3. 樱花古蚖 *Eosentomon sakura* Imadaté *et* Yosii，1959

分布：中国浙江（舟山、杭州、宁波、衢州、丽水、温州）、江苏、上海、安徽、湖北、江西、湖南、福建、台湾、广东、海南、香港、广西、四川、贵州、云南；日本。

4. 梅花拟异蚖 *Pseudanisentomon meihwa*（Yin，1965）

分布：中国浙江（舟山、杭州）、河南、江苏、上海、安徽、湖南、贵州。

5. 皖拟异蚖 *Pseudanisentomon wanense* Zhang，1987

分布：中国浙江（舟山、杭州、衢州）、安徽。

参考文献

卜云，高艳，栾云霞，等，2012. 低等六足动物系统学研究进展[J]. 生命科学，24（20）：130-138.

方志刚、吴鸿，2001. 浙江昆虫名录[M]. 北京：中国林业出版社.

尹文英，1999. 中国动物志节肢动物门原尾纲[M]. 北京：科学出版社，1-510.

尹文英，周文豹，石福明，2014. 天目山动物志：3卷[M]. 杭州：浙江大学出版社. 1-435.

BU Y，GAO Y，LUAN Y X，2020. Two new species of Protura（Arthropoda：Hexapoda）from Zhejiang，East China[J]. Entomotaxonomia，43（3）：1-15.

SZEPTYCKI A，2007. Checklist of the world Protura[J]. Acta Zoologica Cracoviensia，50B（1）：1-21

第四章 弹尾纲Collembola

弹尾纲Collembola，俗称蚖虫，又名弹尾虫，为一类小型至微型六足节肢动物，一般体长为1～3 mm，无翅。因其腹部第4节腹面具弹器，能弹跳而得名。身体为长纺锤形（原蚖目和长角蚖目）或球形（愈腹目和短角圆蚖目），分头、胸、腹3部分，体表具刚毛，有些类群刚毛特化成鳞片，小眼0～8个。

弹尾纲主要生活于阴暗、潮湿、有机质丰富的土壤层至低矮灌木丛，食性广，是土壤生态系统中的消费者和分解者，它们在土壤有机物的分解和转化、土壤的形成和发育、土壤结构和理化性状的改善等方面均发挥重要作用，是环境质量评估的指示生物之一。

世界已知4目40科9 000余种，中国已知4目20科600余种，舟山分布1目5科12属15种。

原蚖目 Poduromopha

球角蚖科 Hypogastruridae

主要特征：体长0.25~4.5 mm，身体呈纺锤形。体毛稀少，表皮有明显颗粒。具有色素，但是在土栖或洞穴生活的种类色素较淡。头部有两根较短触角，一般短于头壳长度。触角第4节顶端具1个可伸缩的泡状突起，呈单瓣、双瓣或三瓣状。单侧小眼0~8个。角后器由数量不定的多个泡状突起组成，少数类群无角后器。咀嚼式口器，具有强壮的上颚和发达的颚臼盘（除了*Microgastrura*属的上颚略微愈合）。第1胸节背板可见。躯干背部无伪孔。多数具2根肛刺。

分布：分布广泛，全世界已知近700种。中国已知6属41种，舟山分布2属2种。

1. **三刺泡角蚖** *Ceratophysella liguladorsi* (Lee，1974) Huang & al，1992

分布：中国浙江（舟山、杭州、丽水）、上海、湖南；俄罗斯、韩国、印度尼西亚。

2. **朝鲜威蚖** *Willemia koreana* Thibaud & amp Lee，1994

分布：中国浙江（舟山、绍兴）。

等节蚖科 Isotomidae Schäffer，1896

主要特征：等节蚖是弹尾纲最常见的类群之一，体长0.3~9 mm，体型狭长，少数宽扁。头部具有至少与头壳等长的触角，触角分4节，不分亚节。咀嚼式口器，上颚有臼齿盘，单侧具有0~8个单眼。等节蚖多数体壁光滑，少数种类有表皮颗粒或呈网状。体表具多种类型的刚毛，无鳞片，前胸退化，无背板和刚毛。腹部第3、4腹节背板几乎等长，有时腹节末端2~3节愈合。弹器形态多样，但是有些种类弹器完全消失或部分愈合。

分布：分布广泛，全世界已知1 300多种。中国已知60余种，舟山分布有5属7种。

3. **八眼符蚖** *Folsomia octoculata* Handschin，1925

分布：中国浙江（舟山、杭州、宁波、丽水）、吉林、辽宁、湖北、湖南、福建、广东、海南、广西、贵州、云南；韩国、日本、印度、印度尼西亚、美国（夏威夷）。

4. **刺尾等节蚖** *Isotoma spinicauda* Bonet，1930

分布：中国浙江（舟山、宁波）、甘肃；印度、哈萨克斯坦、乌兹别克斯坦、阿富汗、巴基斯坦。

5. 茵他侬小等蚖 *Isotomiella inthanonensis* Bedos & Deharveng，1994

分布：中国浙江（舟山、宁波）；泰国。

6. 莱氏小等蚖 *Isotomiella leksawasdii* Bedos & Deharveng，1994

分布：中国浙江（舟山、宁波）；泰国。

7. 浙江德拉等蚖 *Isotomodella zhejiangensis* (Chen) Potapov & Stebaeva，1985

分布：中国浙江（舟山、宁波）。

8. 若狭町前等蚖 *Parisotoma hyonosenensis* (Yosii，1939)

分布：中国浙江（舟山、杭州、宁波），上海；俄罗斯、朝鲜。

9. 三毛短尾蚖 *Scutisotoma trichaetosa* Huang & Potapov，2012

分布：中国浙江（舟山、杭州、绍兴）

棘蚖科 Onychiuridae

主要特征：多数体长1~2.5 mm。身体长形，背腹略扁平。体毛稀少，刚毛简单、光滑，表皮有粗糙颗粒。多数种类无色素，少数种类具有黄色色素。在头部和身体上有假眼，不同种类假眼的位置和数量有很大差异。头部有1对棒状触角，较短，分4节。触角第3节感器由2根小感觉毛及周围的护卫感毛组成，小感觉毛形态多样，呈圆形、圆锥形或桑甚形。触角第4节顶端无感觉泡，亚顶端有凹陷，凹陷内长有小乳突。无眼。角后器形态多样，多数种类角后器狭长，并由两排平行的多个小泡组成，两端小泡闭合，少数种类单泡或无泡。胫跗节无棒状黏毛。弹器退化，多数种类无弹器或仅余1个小突起。肛刺有或无。

分布：世界广布。世界已知53属696种，中国记录16属91种，舟山分布1属1种。

10. 利富滨棘蚖 *Thalassaphorura lifouensis* (Thibaud & Weiner) Pomorski，1997

分布：中国浙江（舟山）、吉林、山东；新喀里多尼亚。

土蚖科 Tullbergiidae

主要特征：大多数体型微小，体长0.5~1.5 mm，多数不足1 mm，少数体长达到4 mm（*Tullbergia actica* Lubbock）。身体狭长，背腹略扁平。多数种类无色素。体壁上通常有尺寸相似的细小颗粒，在腹部最后一节背面有相对粗糙的体壁颗粒区域。在头部和身体上有假眼，通常分为4种类型，假眼数量根据种类有所差异。触角第3节感器裸露，有2（0~4）个相对弯曲的感觉棒。无眼，通常有复杂多变的角后器。胫跗节刚毛简单，爪上通常无齿，小爪通常高度愈合或消失。腹管通常6+6刚毛，少数种类更少。握弹器、弹器完全退化。多数种类第4腹节末端有1对肛刺，少数种类有更多的肛刺或类似肛刺的结构。

生物学：其形态完全适应在土壤中生活，但其栖息地也不仅局限于土壤层中。土姚科中约有半数种类为孤雌生殖类群，或在种群中没有发现过雄性。其孤雌生殖的特性可能源于*Wolbachia*（沃尔巴克氏体属的细菌）感染。

分布：世界广布。世界已知33属200余种，中国记录2属3种，舟山分布1属1种。

11. 新喀里多尼亚沙生土姚 *Psammophorura neocaledonica* Thibaud & Weiner，1997

分布：中国浙江（舟山）、山东、福建；越南、马达加斯加、瓦努阿图共和国、新喀里多尼亚。

长角姚科 Entomobryidae Schäffer，1896

主要特征：身体细长，腹部第4节明显长于第3节。有或无明显色斑。体被大量纤毛状刚毛。鳞片有或无。触角4节，明显长过头部；触角第4节顶端常具一端泡。角后器无。小眼0～8个。上唇毛序455/4。后腿转节器发达。胫跗节末端外侧均有1根黏毛。大爪通常具2成对内齿、0～2不成对内齿、2侧齿及1外齿。小爪外缘具齿或光滑，内缘光滑或折成一角。握弹器4+4齿和1根刚毛。弹器齿节圆齿状，齿节内侧具或无刺；端节通常具1或2齿，端节刺1根或无。腹部第2～4节陷毛序2，3，2（3）。

生物学：多分布于枯枝落叶层中，卵单产或群产，多数经5次蜕皮成熟。

分布：全球广布。世界已知53属1 914种，中国已知110余种，舟山分布1属4种。

12. 台湾刺齿姚 *Homidia formosana* Uchida，1943

分布：中国浙江（舟山、宁波、台州、温州）、台湾。

13. 索氏刺齿姚 *Homidia sauteri*（Börner，1906）

分布：中国浙江（舟山、湖州、嘉兴、杭州、绍兴、宁波、台州、衢州、丽水、温州）、山西、陕西、台湾、云南；印度、越南、韩国、日本、美国。

14. 天台刺齿姚 *Homidia tiantaiensis* Chen & Lin，1998

分布：中国浙江（舟山、湖州、嘉兴、杭州、绍兴、宁波、金华、台州、衢州、丽水、温州），江苏、安徽、湖北、江西、湖南、福建、广东、广西、重庆、贵州。

15. 三角斑刺齿姚 *Homidia triangulimacula* Pan & Shi，2015

分布：中国浙江（舟山、宁波）。

参考文献

卜云，高艳，栾云霞，等，2012. 低等六足动物系统学研究进展[J]. 生命科学，24（20）：130-138.

卜云，高艳，2019. 中国土蚖科系统分类学研究（弹尾纲，原蚖目）[C]//第十六届全国昆虫区系分类学术讨论会论文摘要集. 杭州：浙江大学.

高艳，黄骋望，卜云，2014. 弹尾纲[M]//尹文英，周文豹，石福明. 天目山动物志. 杭州：浙江大学出版社：1-435.

BELLINGER P F，CHRISTIANSEN K A，JANSSENS F. Checklist of the Collembola of the world [1996-2020][OL]. http://www. collembola. org.

第五章　昆虫纲Insecta

石蛃目 Microcoryphia

石蛃是一类中、小型的昆虫，体长0.5～1.5 cm；身体近纺锤形，胸部较粗，向后渐细，分为头、胸、腹3个部分，无翅；体表一般密被不同形状的鳞片，有金属光泽，体色与栖息环境相似，多为棕褐色，有的背部有黑白花斑。石蛃通常生活在地表阴暗潮湿处，如苔藓、地衣、草地、林区的落叶层、树皮、枯木、石下或土壤中。石蛃的食性广泛，以植食性为主，主要以藻类、地衣、苔藓菌类、腐败的枯枝落叶等为食。

石蛃目分石蛃科Machilidae和光角蛃科Meinertellidae 2个科，石蛃科又分古蛃亚科Petrobiellinae、新蛃亚科Petrobiia和石蛃亚科Machilinae 3个科。截至目前，全世界已知石蛃目2科67属520种，中国已知2科9属29种，舟山分布1科1属1种。

石蛃科 Machilidae，1888

主要特征：触角的柄节和梗节具鳞片。至少第3胸足具针突，腹板发达，至少雄性第9腹节具阳基侧突。虫体的背侧高高供起。头部复眼大而圆形，具1对多节的丝状触角，在触角的柄节和梗节具鳞片。胸部3节，各具胸足1对，足具鳞。在第3胸足具针突。腹部11节，腹板发达，三角形，第1～7腹板具1～2对伸缩囊，雄性第9腹节具阳基侧突。

分布：目前该科全世界已知约350种。中国已知30余种，浙江清凉峰分布1属1种。

浙江跳蛃 *Pedetontus zhejiangensis* Xue *et* Yin，1991

分布：中国浙江（舟山、杭州、宁波、台州）。

蜉蝣目 Ephemeroptera

蜉蝣目Ephemeroptera是昆虫纲中祖征较多的类型，具有一系列原始有翅昆虫的特征，如原变态、翅面凹凸不平、脉相复杂原始、翅不能折叠于腹部背面、腹部具长尾丝、稚虫具成对的片状鳃等。它们对重建有翅昆虫内主要支系之间的系统发育关系、探讨昆虫翅与飞行能力的起源和演化等具有重要价值。

蜉蝣成虫生活期短，仅数日甚至几小时，不饮不食，消化器官退化，肠内贮有空气，飞行姿态十分优雅；翅停歇时竖立于体背；稚虫前翅芽覆盖后翅芽，腹部具成对的、能活动的片状鳃；成稚虫腹部末端都具2～3根长而分节的尾丝。故蜉蝣十分容易识别。

蜉蝣的生活史独特，为原变态类型。绝大多数两性生殖，交配时有婚飞行为。多数蜉蝣将卵产入水中，卵发育时间不一。稚虫生活在不同类型的水环境中，生活期最长，龄期大多数为15～25，生长速度受环境因素（如温度）影响。在静水水域和流水水域的水体和底质中分布着不同类型的稚虫，体制、足、鳃和尾丝等特征根据不同的生活环境变化较大。末龄稚虫经过羽化成为亚成虫，羽化地点分为水外、水面、水下3种，某些种类羽化过程仅持续数秒，不同种类的羽化时段不同，多数在傍晚进行，亚成虫期一般持续数小时至一天，少数种类可持续数天，亚成虫经过一次蜕皮成为成虫。

蜉蝣是淡水生境中大型无脊椎动物的主要组成部分，除了南北极以及少数海岛，世界上几乎所有淡水生态环境中都能发现。全球蜉蝣目前已知约3 328种，隶属于40余科。

我国幅员辽阔、生境多样、水域丰富，蜉蝣种类繁多。但由于研究不够深入，目前仅已知23科300余种。浙江省已报道58种，舟山分布2科2属3种。

四节蜉科 Baetidae Leach，1815

主要特征：稚虫体型较小，在3.0～12.0 mm。身体背腹厚度大于身体宽度，流线型，运动似小鱼。触角长度大于头宽的2倍，后翅芽有时消失，鳃通常7对，有时5或6对。2或3根尾丝。

成虫复眼明显分上下两部分，上半部分锥状、橘红色或红色，下半部分为圆形、黑色。前翅的IMA、MA$_2$、IMP、MP$_2$脉与翅基部游离，横脉少，相邻纵脉间具1或2根缘闰脉，后翅小或缺如。前足跗节5节，中后足跗节3节。阳茎退化成膜质，2根尾丝。本科种类繁多，食性复杂，捕食性种类为主。各种水体都有分布，通常具有较强的游泳能力，有孤雌生殖的报道。

分布：世界广布。世界已知104属约956种，中国记录14属51种，舟山分布1属2种。

1. 纳氏二翅蜉 Cloeon navasi（Navás，1933）
分布：中国浙江（舟山）。

2. 浅绿二翅蜉 Cloeon viridulum Navás，1931
分布：中国浙江（舟山）、陕西、江苏、上海。

晚蜉科 Teloganodidae（Allen，1965）

主要特征：稚虫下颚须消失，片状鳃位于腹部第2～4、第2～5或第2～6节，第2腹节鳃扩大，盖住后面各对鳃。成虫前翅MP$_1$脉与MP$_2$脉间只有1根长闰脉，MP$_2$脉长于CuA脉与CuP脉之间的闰脉，缘闰脉单根。尾铗第1节与第2节约等长。生活于石块表面，较小型，不易观察。

分布：东洋区。世界已知8属22种，中国记录2种，舟山分布1属1种。

3.罗晚蜉 *Teloganodes lugens* Navás，1933

分布：中国浙江（舟山）。

蜻蜓目 Odonata

蜻蜓目昆虫包括通常说的蜻蜓（差翅亚目）和豆娘（均翅亚目，即蟌类）。头大，活动自如，复眼大，单眼3个，口器咀嚼式；触角短小，刚毛状。前胸小，中后胸大，常称为合胸，足细长，跗节3节；前后翅膜质，透明或具鲜艳的颜色，狭而等长，翅脉网状，翅室多，常有翅痣。腹细长，雄性交合器在第2～3腹节下方，交配前精子由第9腹节的生殖孔输送至交合器中。半变态，雌性将卵产于水中或植物中。稚虫水生，咀嚼式口器，下唇特化延长成可屈伸的面罩，适于水中捕食小动物。喜食蜉蝣、蚊类幼虫等小型无脊椎动物，有些大型种类亦食小鱼。稚虫有适应水中生活的呼吸器官——直肠鳃或尾鳃。成虫善飞行，捕食性。我国蜻蜓目可分为3亚目：均翅亚目、差翅亚目、间翅亚目。

本书采用Dijkstra *et al.*（2013）的分类系统结合中国类群的实际蜻科适当修改。本次调查发现舟山分布6科22属26种。

蜓科 Aeshnidae Leach，1815

主要特征：本科种类均大型，身体粗壮，体表翅颜色多样，多为蓝、黄、红、绿等色，翅脉较复杂，翅室众多；足粗壮具长粗刺。生活环境多样，出没于静水的湖泊、池塘、沼泽、湿地、水田等以及流水的溪流、江河等地区，多善于飞行，有长时间巡行领地的行为，都是空中捕食的高手。本科种类具有发达的产卵器，多产卵于植物组织内。

分布：本次调查发现舟山分布3属4种。

1.黑纹伟蜓 *Anax nigrofasciatus* Oguma，1915

分布：中国浙江（舟山、湖州、嘉兴、杭州、绍兴、宁波、金华、台州、衢州、丽水、温州）、黑龙江、辽宁、内蒙古、北京、河北、河南、陕西、安徽、福建、台湾、广东、广西、贵州、山东。

2.碧伟蜓 *Anax parthenope* Selys，1839

分布：中国广布；朝鲜半岛、日本、东南亚。

3.日本长尾蜓 *Gynacantha japonica* Bartenef，1909

分布：中国浙江（舟山、杭州、绍兴、宁波、衢州、丽水）、河南、福建、台湾、广东、香港、广西、四川、云南；日本。

4. 马格佩蜓 *Periaeschna magdalena* Martin，1909

分布：中国浙江（舟山、杭州、宁波、丽水）、江苏、安徽、江西、福建、台湾、海南、广西、四川；越南、缅甸、印度。

蜻科 Libellulidae

主要特征：本科种类多小到中型，身体粗壮，体表颜色极其鲜艳，多为蓝、黄、红、黑、绿、褐、粉等色；翅颜色多样，常具美丽的花纹，翅脉较复杂，翅室多；足粗壮具刺，较多种类体表被霜。

分布：本次调查发现舟山分布4属4种。

5. 红蜻 *Crocothemis servillia* Drury，1770（彩图 1）

分布：中国广布；朝鲜、日本、俄罗斯。

6. 低斑蜻 *Libellula angelina* Selys，1833

分布：中国浙江（舟山、杭州）、北京、天津、山东、江苏、安徽。

7. 黄蜻 *Pantala flavescens* Fabricius，1798（彩图 2）

分布：中国广布；世界广布。

8. 黑丽翅蜻 *Rhyothemis fuliginosa* Selys，1883

分布：中国广布。

色蟌科 Calopterygidae Sélys，1850

主要特征：这是一个大科，包含许多色彩艳丽的种类。翅宽，多无翅柄，具浓密的翅脉，结前横脉较多，方室狭长，大多数雄性无翅痣，雌性常具白色的伪翅痣。仅作短距离的飞行，停栖时翅束起于身体背面。身体一般有金属光泽，腹部细长。天性活跃，喜欢在流动的水边繁殖，多有领域性及炫耀行为。大多数种类的雌性是单独产卵，或雄性在旁边警戒。

分布：本次调查发现舟山分布5属6种。

9. 赤基色蟌 *Archineura incarnata*（Karsch，1891）

分布：中国浙江（舟山、宁波、衢州、丽水）、湖北、江西、福建、广东、广西、四川、贵州。

10. 亮闪色螅 *Caliphaea nitens* Navás，1934

分布：中国浙江（舟山、杭州、宁波、衢州、丽水）、甘肃、湖北、江西、湖南、福建、广东、广西、重庆、四川。

11. 透顶单脉色螅 *Matrona basilaris* Selys，1853（彩图 3）

分布：中国浙江（舟山、杭州、绍兴、宁波、衢州、丽水）、福建、广西、云南。

12. 黄翅绿色螅 *Mnais tenuis* Oguma，1913

分布：中国浙江（舟山、嘉兴、杭州、绍兴、宁波、衢州、丽水、温州）、山西、河南、陕西、甘肃、安徽、江西、福建、台湾、广东。

13. 盖宛色螅 *Vestalaria velata*（Ris，1912）

分布：中国浙江（舟山、杭州、绍兴、宁波、衢州、丽水）、安徽、江西、福建、广东、四川。

14. 丽宛色螅 *Vestalaria venusta*（Hamalainen）

分布：中国浙江（舟山、绍兴、宁波、衢州、丽水）、安徽、江西、福建、广西、四川。

溪螅科 Euphaeidae

主要特征：成虫翅薄如纱，无翅柄，翅脉浓密，有许多结前横脉，方室短，翅痣显著。许多种的翅具虹彩闪光。身体短，粗壮。成虫在溪流边见到，一些种生活在溪边树林中，一些种生活在瀑布的深潭边，另一些生活在山地农田的沟渠边。喜欢栖息在浓阴森林的桠枝上，或在溪流边的岩石上，捕食小虫。交尾后，雌雄成对作长距离飞行，下行到溪流，在适宜的地方产卵。幼虫生活在溪水的石块下，在腹部末端有3个囊鳃。

分布：本科约60余种，11属，分布限制在旧北区。本次调查发现舟山分布3属4种。

15. 巨齿尾溪螅 *Bayadera melanopteryx* Ris，1912

分布：中国浙江（舟山、杭州、绍兴、宁波、金华、衢州、丽水）、山西、河南、陕西、湖北、福建、广东、广西、四川、贵州。

16. 方带溪螅 *Euphaea decorata* Hagen in Selys，1853

分布：中国浙江（绍兴、宁波、温州）、湖北、江西、福建、广东、香港、广西、云南。

17. **褐翅溪螅** *Euphaea opaca* Selys，1853

分布：中国浙江（舟山、宁波、金华、丽水、温州）、安徽、湖北、福建、广东、香港、云南。

18. **壮大溪螅** *Philoganga robusta* Navás，1936

分布：中国浙江（舟山、宁波、金华、台州、衢州、丽水、温州）、安徽、福建、贵州、广西、海南、江西、四川。

螅科 Coenagriidae

主要特征：体小型，较细，停息时身体与地面平行，双翅合并竖立在背上方。足短，翅透明，无色彩，具翅柄。翅室多数长方形，特别在翅中间部分。方室为不规则的四边形，外角尖锐。虽然称为池塘豆娘，少数种类仍常出现在溪流边栖息和繁殖。

分布：世界广布。本次调查发现舟山分布3属4种。

19. **截尾黄螅** *Ceriagrion erubescens* Selys，1869

分布：中国浙江（舟山、丽水、温州）。

20. **三线螅** *Coenagrion trilineatum* Navas，1933

分布：中国浙江（舟山）。

21. **褐斑异痣螅** *Ischnura senegalensis* Rambur

分布：中国浙江（舟山、杭州、绍兴、宁波、衢州、丽水、温州）、中南地区广布。

22. **东亚异痣螅** *Ischnura asiatica*（Brauer，1865）

分布：中国浙江（舟山）及全国各地广布。

扇螅科 Platycnemididae

主要特征：身体色彩艳丽，方室后外角尖锐，其胫节不同程度的膨大，总是出现在雄性，有些雌性亦有胫节膨大。在小河或溪流边的草丛中能找到它们。依据翅痣外角的尖锐程度和胫节的膨大程度可分为两亚科。

分布：旧世界。本次调查发现舟山分布4属4种。

23. **白狭扇螅** *Copera annulata* Selys，1863

分布：中国浙江（舟山、湖州、杭州、金华、台州）、福建；朝鲜。

24. 东亚异痣蟌 *Ischnura asiatica* (Brauer, 1865)

分布：中国浙江（舟山、湖州、杭州、金华、台州）、辽宁、四川、华北、华中、华东；日本、朝鲜半岛。

25. 内弯皱蟌 *Ptycta incurvata* Thornton, 1960

分布：中国浙江（舟山）、香港。

26. 狭蟌 *Stenopsocus chusanensis* Navas, 1933

分布：中国浙江（舟山）。

蜚蠊目 Blattodea

蜚蠊，又称蟑螂，隶属于节肢动物门，昆虫纲，是世界上最为古老，并且至今仍成功繁衍的昆虫类群。据考证，蜚蠊起源于石炭纪前期、宾苏法尼亚时期，距今已有3.5亿年的历史。蜚蠊适应性强，分布较广，有水、有食物并且温度适宜的地方都可能生存。大多数种类生活在热带、亚热带地区。少数分布在温带地区，在人类居住环境发生普遍，并易随货物、家具或书籍等人为扩散，分布到世界各地。这些种类生活在室内，常在夜晚出来觅食，能污染食物、衣物和生活用具，并留下难闻的气味，传播多种致病微生物，是重要的病害传播媒介。但也有种类（地鳖、美洲大蠊）可以作为药材，用于提取生物活性物质，治疗人类多种疑难杂症。野生种类，多喜阴暗、潮湿环境，见于土中、石下、垃圾堆、枯枝落叶层、树皮下或各种洞穴，以及白蚁和鸟的巢穴等生境；也有少数种类色彩斑纹艳丽，白天也出来活动。多数蜚蠊种类生态功能尚不清楚。

蜚蠊个体大小因种类不同差异较大，小的体长仅有2 mm，但某些大型蜚蠊体长可达100 mm，甚至更大。体宽而扁平，体壁光滑、坚韧，常为黄褐色或黑色。有些种类体表密覆短毛。头小，三角形，常被宽大的盾状前胸背板盖住，部分种类休息时仅露出头的前缘。复眼发达，但极少数种类复眼相对退化；单眼退化；触角丝状；口器咀嚼式。多数种类具2对翅，盖住腹部，前翅覆翅狭长，后翅膜质。3对足相似，步行足，爬行迅速。腹部10节，腹面观多数可见8节或9节，尾须多节。

本次调查发现舟山分布3科4属6种。

蜚蠊科 Blattidae

主要特征：雌雄基本同型，体中、大型，通常具光泽和浓厚的色彩。头顶常不被前胸背板完全覆盖，单眼明显。前、后翅均发达，极少退化，翅脉显著，多分支。飞翔能力较弱，雄性仅限短距离移动。足较细长，多刺。中和后足腿节腹缘具刺，跗节各节具跗垫，爪对称，爪间具中垫。雄性腹部第1背板中央具分泌腺，极少具毛簇。雌雄两性肛上板对称。雄性下生殖板横宽，对称，具1对细长的尾刺；外生殖器较复杂，不对称，阳具端刺位于左侧，顶端钩状。雌性下生殖板具瓣。

分布：全世界。本次调查发现舟山分布1属2种。

1. 美洲大蠊 *Periplaneta americana*（Linnaeus，1758）

分布：中国浙江（舟山、湖州、杭州、宁波、金华、衢州、丽水、温州）、辽宁、河北、江苏、安徽、湖南、福建、广东、广西、四川、贵州、云南；世界广布。

2. 黑胸大蠊 *Periplaneta fuliginosa* Serv.，1838

分布：中国浙江（舟山、湖州、杭州、丽水）、辽宁、河北、江苏、安徽、湖南、福建、台湾、广东、海南、广西、贵州、云南；日本、美国。

姬蠊科 Blattellidae

主要特征：体小，全长极少超过15 mm，大多数个体呈黄褐色、黑褐色，雌雄同型。头部具较明显的单眼，唇基缝不明显。前胸背板通常不透明。前、后翅发达或退化，极少完全无翅。前翅革质，翅脉发达，Sc脉简单；后翅膜质，缺端域，臀脉域呈折叠的扇形。中和后足腿节腹面具或缺刺，跗节具跗垫，爪间具中垫。

分布：本次调查发现舟山分布1属2种。

3. 德国小蠊 *Blattella germanica*（Linnaeus，1767）

分布：中国浙江（舟山、湖州、杭州、丽水）、黑龙江、辽宁、内蒙古、新疆、河北、陕西、江苏、湖南、四川、福建、广东、广西、贵州、云南、西藏；日本、欧洲、非洲北部、美国、加拿大。

4. 拟德国小蠊 *Blattella liturieollis*（Walker，1868）

分布：中国浙江（舟山、湖州、杭州、宁波、丽水）、福建、广西、四川、贵州、云南、西藏；世界广布。

地鳖蠊科 Polyphagidae

形态特征：体小到中型，体躯具毛，颜面唇基加厚，与额间有明显界限。单眼或缺。雌雄虫异型或同型，静止时后翅臀域平置，不呈扇状折叠。中、后足腿节下缘无刺，有翅类雌虫往往缺中垫。卵生种类。

分布：全世界。本次调查发现舟山分布2属2种。

5. 中华真地鳖 *Eupolyphaga sinensis* (Walker，1868)

分布：中国浙江（舟山、湖州、杭州、宁波、丽水）、辽宁、内蒙古、北京、河北、山西、山东、河南、陕西、甘肃、青海、江苏、湖北、湖南、四川、贵州、云南；俄罗斯、蒙古。

6. 黑褐大光蠊 *Rhabdoblatta melancholica* (Bey-Bienko，1838)

分布：中国浙江（舟山）、甘肃、湖北、江西、湖南、福建、广东、广西、重庆、四川、贵州。

等翅目 Isoptera

等翅目Isoptera，即白蚁，俗称白蚂蚁、大水蚁等，是一类原始的社会性昆虫。同一白蚁群体内通常同时存在蚁王、蚁后、工蚁、兵蚁等品级以及蚁卵、幼蚁和若蚁等虫态，不同品级分工不同。由于存在多个品级，白蚁的外部形态结构非常复杂，可分为原始型和蜕变型两大类。原始型包括繁殖蚁和工蚁，二者头部和胸部无特化，体形结构和形态特征保持原始状态。头部圆形或卵圆形，触角念珠状，口器咀嚼式；胸部分前胸、中胸和后胸3节，每节各着生1对足，繁殖蚁在中胸和后胸还分别着生1对形状、大小相似的膜质翅；腹部圆筒形或橄榄形，由10个腹节组成，腹末两侧具尾须1对，雄性繁殖蚁生殖孔开口于第9、10腹板间，雌性繁殖蚁生殖孔开口于第7腹板下。蜕变型仅包括兵蚁1个品级，其头部和胸部形态常发生剧烈变化。根据上颚发育程度和头部形状可分为上颚兵和象鼻兵两类。上颚兵的上颚极其发达，头壳不向前伸突，左右上颚基本对称（如原白蚁属、乳白蚁属、散白蚁属、土白蚁属、大白蚁属等）或极不对称、扭曲成各种形状（如近扭白蚁属、华扭白蚁属等）。象鼻兵的上颚退化，头壳极度向前伸突延长成象鼻状（如象白蚁属、钝颚白蚁属等）。还有个别类群（如*Armitermes*属）介于上颚兵和象鼻兵之间，既有发达的象鼻，又有发达的上颚。蜕变型个体的胸部，尤其是前胸背板，形态也存在极大变化，有些种类为扁平状（如乳白蚁属、散白蚁属等），有些种类前半部显著翘起、两侧下垂，使整个前胸背板呈马鞍形（如土白蚁属、大白蚁属、象白蚁属等）。蜕变型由于形态复杂、变化大，不同类群间形态特征有很大区别，且比较稳定，常被作为高级阶元分类和物种鉴定的主要依据。

近年对于等翅目分类地位的研究已证实白蚁起源于木食性蟑螂（Inward et al.，2007；Legendre et al.，2008），其分类地位被建议降为蜚蠊目（Blattodea）的次目（infraorder）或总科（superfamily）（Lo et al.，2007；Krishna et al.，2013）。关于等翅目高级阶元间的系统地位也存在不同的划分意见，本书主要依据Krishna等（2013）的分类体系。本书调查发现舟山分布2科8属15种。

鼻白蚁科 Rhinotermitidae Froggatt，1897

主要特征：兵蚁：头部椭圆形至长方形；有囟，触角12～19节；前胸背板扁平；胫节距3：2：2或2：2：2；爪缺中垫；尾须2节。成虫：头部有囟；复眼小至中等；有单眼。前胸背板扁平；左上颚具1枚端齿和3枚缘齿，右上颚具1枚端齿和2枚缘齿，第1缘齿具有亚缘齿。足跗节4节；胫节距2：2：2或3：2：2；爪无中垫。尾须2节。翅膜质，网状；前翅鳞大于后翅鳞，在多数类群与后翅鳞重叠。

分布：该科中国记录5属145种，本文记述2属7种。

1. 台湾乳白蚁 *Coptotermes formosanus* Shiraki，1909

分布：中国浙江及全国各地广布；日本、巴基斯坦、斯里兰卡、菲律宾、美国、肯尼亚、南非、乌干达、巴西。

2. 圆唇散白蚁 *Reticulitermes labralis* Hsia et Fan，1965

分布：中国浙江（舟山、宁波、衢州、丽水）、河南、陕西、江苏、上海、安徽、湖北、江西、广东、香港、四川。

3. 细颚散白蚁 *Reticulitermes leptomandibularis* Hsia *et* Fan，1965

分布：中国浙江（舟山、嘉兴、绍兴、宁波、金华、衢州、丽水）、河南、江苏、安徽、江西、湖南、福建、台湾、广东、海南、广西、四川、贵州。

4. 丹徒散白蚁 *Reticulitermes dantuensis* Gao *et* Zhu，1982

分布：中国浙江（舟山、宁波）、江苏、安徽、四川。

5. 黄胸散白蚁 *Reticulitermes flaviceps* (Oshima，1911)

分布：中国浙江及全国各地广布；日本、越南。

6. 花胸散白蚁 *Reticulitermes fukienensis* Light，1924

分布：中国浙江（舟山、湖州、嘉兴、金华、衢州、丽水、温州）、江苏、福建、广东、海南、香港、广西、云南。

7. 近黄胸散白蚁 *Reticulitermes periflaviceps* Ping *et* Xu，1993

分布：中国浙江（舟山、嘉兴、宁波、衢州）、广东。

白蚁科 Termitidae Latreille，1802

主要特征：白蚁科是等翅目Isoptera中最大的科，约占全部种类的3/4。兵蚁：头部形状多样，单型、二型或三型；有囟；上颚粗短、细长或退化，左右对称或不对称；触角11～20节。前胸背板马鞍形，窄于头宽。跗节3～4。尾须1～2节。多数类群具兵蚁，少数无。成虫：头部有囟；复眼大小不一；有单眼；触角14～23节；后唇基拱形，长或短；除少数类群外，上颚具1枚端齿和2枚缘齿。前胸背板马鞍形。足跗节3～4节；胫节距3：2：2或2：2：2，中足胫节有时具额外的刺。尾须1～2节。翅弱网状或不呈网状；前翅鳞短小，不与后翅鳞重叠。

分布：该科中国记录29属226种，本文记述6属8种。

8. 黄翅大白蚁 *Macrotermes barneyi* Light，1924

分布：中国浙江（全省广布）、河南、江苏、安徽、湖北、江西、湖南、福建、台湾、广东、海南、香港、广西、四川、贵州、云南；越南。

9. 小象白蚁 *Nasutitermes parvonasutus* （Nawa，1917）

分布：中国浙江（舟山、湖州、杭州、宁波、金华、丽水）、安徽、江西、湖南、福建、台湾、广东、香港、广西、四川、贵州、云南。

10. 天童象白蚁 *Nasutitermes tiantongensis* Zhou *et* Xu，1993

分布：中国浙江（舟山、宁波）。

11. 黑翅土白蚁 *Odontotermes formosanus* （Shiraki，1909）

分布：中国浙江（全省广布）、河北、河南、陕西、甘肃、江苏、安徽、湖北、江西、湖南、福建、台湾、广东、海南、香港、广西、重庆、四川、贵州、云南；日本、越南、缅甸、泰国、斯里兰卡。

12. 浦江土白蚁 *Odontotermes pujiangensis* Fan，1987

分布：中国浙江（舟山、宁波、金华、衢州）、江苏、香港。

13. 近扭白蚁 *Pericapritermes nitobei* （Shiraki，1909）

分布：中国浙江（舟山、湖州、嘉兴、杭州、绍兴、宁波、金华、衢州）、河南、江苏、安徽、湖北、江西、湖南、福建、台湾、广东、海南、香港、广西、四川、贵州、云南；日本、越南、泰国、马来西亚、印度尼西亚。

14. 台湾华扭白蚁 *Sinocapritermes mushae* （Oshima *et* Maki，1919）

分布：中国浙江（舟山、绍兴、宁波、衢州、丽水、温州）、湖北、江西、湖南、福建、台湾、广东、海南、广西、重庆、四川、云南；日本。

15. 夏氏华象白蚁 *Sinonasutitermes xiai* Ping *et* Xu，1991

分布：中国浙江（舟山、宁波、丽水）、江西、福建。

蟾目 Phasmatodea

蟾目又称竹节虫目，一般为大型无翅或有翅昆虫。通常体延长，圆筒形，少数种类体扁平似叶状。咀嚼式口器。前胸短，通常中、后胸长，第1腹节与后胸合并。3对足相似，跗节除少数3节外，常为5节。若有前翅时常为小型并有亚前缘脉。产卵器小，常为扩大的第8腹板遮盖。雄性外生殖器不对称，常由第9腹节包盖。尾须短，不分节。无特化听器和发音器。卵单产或聚产。不完全变态。大多数为树栖性或生活于灌木上，少数生活于地面或杂草丛中。

目前全世界约2 500种，主要分布于东洋区和中南美地区，但是在干燥与温带地区也有发现。我国分布约335种，本次调查发现舟山分布1科1属1种。

异蟾科 Diapheromeridae

主要特征：无翅或有翅，触角常为丝状，比前足胫节长或超过体长，一般在中部以后分节不明显，若分节明显则短于前股节；通常3对足股节腹面光滑，中、后足股节的腹脊无明显锯齿，无齿或仅有少量端齿。

分布：本科地理分布广，主要分布于东南亚、南亚和所罗门群岛等地。全世界共有5亚科，我国共分布3亚科，本次调查发现舟山分布1属1种。

1. **莫干山皮蟾** *Phraortes moganshanensis* Chen *et* He，1991

分布：中国浙江（舟山、湖州、嘉兴、宁波）。

脉翅目 Neuroptera

成虫小至大型。口器咀嚼式；触角长，多节；复眼发达。翅膜质透明，翅脉网状。无尾须。幼虫蛃型，口器为捕吸式，上颚长镰刀状或刺状；胸足发达，但无腹足。完全变态。卵多为长卵形或有小突起，有时具丝质长柄。幼虫多数陆生，捕食性；少数水生。老熟幼虫在丝质茧内化蛹，蛹为强颚离蛹。

世界性分布。现生脉翅目全世界已知16科6 000余种，中国已知14科约800种，包括草蛉、褐蛉、蚁蛉等常见的益虫。本次调查发现舟山分布3科4属4种。

粉蛉科 Coniopterygidae

主要特征：小型昆虫，体长仅2～3 mm，翅展3～5 mm。体及翅均覆有灰白色蜡粉。静止时，粉蛉可将翅后折呈屋脊状。翅脉简单，纵脉和横脉数远少于脉翅目其他类群，纵脉一般仅有8～10条，而且到翅缘不再分成小叉，粉蛉在脉翅目中个体最小，形态最为特殊，极易与脉翅目其他科区别。口器为咀嚼式，下口式，触角丝状。足细长，密生细毛，跗节5节，其中第1节最长，等于其余4节之和。腹部圆筒形，中部膨大，在活体时因内含物不同可呈灰、红、橘黄等各种颜色，但浸于酒精溶液后，蜡粉溶解，一般呈黄褐色或褐色。腹部有10节，大部分骨化很弱，只有雄虫腹端的外生殖器部分骨化强，呈深褐色，第11节退化消失，也无尾须的痕迹。

粉蛉的生活环境是多种多样的，从高大的乔木，到低矮的灌木、草丛；从茂密的森林到植被稀疏的荒漠，甚至在裸露的岩石上都可寻找到它们的踪迹，我国粉蛉的最高记录是海拔3 000 m以上的青藏高原，但是更多的种类还是生活在木本植物上。常见的栖息植物有：苹果、山楂、梨、海棠、李子、樱桃、桃、板栗、核桃、榛、栎、槐、杨、柳、柽柳、柑橘、椴等阔叶落叶树以及松、杉、柏等常绿针叶树。粉蛉的成虫与幼虫均为捕食性，可取食叶螨、蚜虫、介壳虫和飞虱等小型昆虫。

分布：世界性分布。本科全世界已知2个亚科20属近600种，我国目前已知2亚科11属79种。本次调查发现舟山分布1属1种。

1. 阿氏粉蛉 *Coniopteryx*（*Coniopteryx*）*aspoecki* Kis，1967

分布：中国浙江（舟山、杭州）、吉林、内蒙古、北京、河北、山西、河南、陕西、宁夏、甘肃、上海、贵州；蒙古。

螳蛉科 Mantispidae

主要特征：螳蛉因其成虫的三角形头部、捕捉足式前足和延长的前胸等特征均似螳螂，故得名螳蛉。螳蛉成虫前翅最长可达35 mm，最短的仅有7 mm。多数螳蛉的体色大部分为黄褐色，具有黑斑；部分种类身体大部分为黑色，具黄斑。螳蛉头部三角形，复眼突出于头顶两侧，具有金属光泽，无单眼。触角一般短于前胸，多呈线状或者念珠状，部分种为栉角状。前胸延伸数倍于宽，前端膨大，其后缘具1对前背突，长管状部分常具横皱或环沟；中后胸粗壮。螳蛉在静止时靠中后足支撑身体，捕捉式前足弯曲挟持于伸长的前胸两侧，其基节细长，腿节粗大，腹缘具齿列及1个大而粗的刺状齿，胫节细长而弧弯，跗节短而紧凑。翅2对相似，后翅稍短，均为膜质，透明或具色斑；翅前缘近端部具明显的翅痣，狭长或宽短三角形；翅脉简单，径分脉多排列整齐，翅基具轭叶，但不发达。腹部筒形，雌虫的腹部膨大，部分拟态胡蜂的螳蛉其腹部似胡蜂般强烈膨大。

螳蛉科昆虫属于全变态类昆虫，其发育过程经历了卵、幼虫、蛹和成虫4个时期。螳蛉的卵为长椭圆形，每粒卵都像草蛉的卵一样生于一个短丝柄上，一般聚产在树叶背面、小树枝周围或树皮的凹缝等位置。幼虫为复变态。1龄幼虫蛃型，与脉翅目其他类群的1龄幼虫体型相似，但个体非常小，活动能力强。1龄幼虫孵出后，即迅速离开卵壳，寻找蜘蛛或者蜘蛛的卵囊寄生。幼虫进入蜘蛛卵囊后蜕皮进入2龄。螳蛉的2龄和3龄幼虫呈肥胖的蛴螬型，足明显退化，活动能力减弱（Hoffman，1992）。3龄幼虫老熟末期可以观察到幼虫身体里积累了大量的白色脂肪粒，化蛹时，第10腹节发生变化产生吐丝器，从马氏管产丝进行结茧，蛹为典型的离蛹。自然界中，螳蛉在乔木、灌木丛上比较常见，多在树冠上层。成虫为捕食性，口器为咀嚼式，并具一对捕捉式前足，螳蛉的捕食行为类似螳螂，当发现昆虫靠近时，迅速伸出前足夹住猎物，使之不能动，然后送到口边，慢慢吃完。螳蛉捕食的昆虫种类非常多，目前已有观察记录包括：半翅目（长蝽科、蝽科和蚜科等）、脉翅目（蚁蛉）、鞘翅目（瓢甲科）、鳞翅目（多种蛾类）、直翅目（蟋蟀科）、膜翅目（蜜蜂总科、蚁科和胡蜂科等）及多种双翅目昆虫。

分布：世界性分布。本科全世界已知4个亚科44属400多种，我国目前已知1亚科8属36种。本次调查发现舟山分布1属1种。

2. 日本螳蛉 *Mantispa japonica* (McLachlan, 1875)

分布：中国浙江（舟山、湖州、杭州）、黑龙江、吉林、辽宁、贵州、湖北、安徽；日本、韩国、俄罗斯（远东地区）。

草蛉科 Chrysopidae

主要特征：体小至大型，纤细，多为绿色，有时呈黄色、褐色或红色。头部无单眼，触角线状。翅无翅疤和缘饰；前缘横脉多不分叉，无肩迴脉，Rs仅1支从R分出，阶脉多2组以上，中脉基部多形成1中室，并具伪中脉（Psm）和伪肘脉（Psc）。幼虫陆生，体狭长，腹节宽大于长，体表粗糙，多毛，且多具瘤突，足爪间具长筒形中垫。

分布：世界性分布。本次调查发现舟山分布2属2种。

3. 大草蛉 *Chrysopa pallens* Rambur, 1838

分布：中国浙江（舟山、杭州）、黑龙江、吉林、辽宁、内蒙古、北京、河北、山西、山东、河南、陕西、宁夏、甘肃、青海、新疆、江苏、安徽、湖北、江西、湖南、福建、台湾、广东、海南、广西、四川、贵州、云南；日本、朝鲜、欧洲。

4. 日意草蛉 *Italochrsa japonica* (Mclachlan, 1875)

分布：中国浙江（舟山、杭州）、甘肃、安徽、湖北（武汉）、湖南、福建、广东（广州）、广西、贵州、云南；日本。

螳螂目 Mantodea

典型的捕食性昆虫。头部较小，三角形。复眼较大，单眼3个，极少退化或缺如。前胸背板极为细长。2对翅发达，有短翅或无翅类型。前足特化为捕捉足，着生于前胸的腹侧；中足和后足细长，跗节5节。尾须较短，分节。

世界已知24科449属2 500余种，中国记录8科近150种，浙江经整理鉴定分布4科15属22种。本次调查发现舟山分布2科4属4种。

花螳科 Hymenopodidae

主要特征：头顶光滑或具锥形突起。前足股节具3~4枚中刺和4枚外列刺，内列刺为1大1小交替排列。前足胫节外列刺排列较紧密，呈倒伏状。中足和后足股节有时具叶状突起。

分布：本次调查发现舟山分布2属2种。

1. 日本姬螳 *Acromantis japonica* Westwood，1889

分布：中国浙江（舟山、宁波、衢州）、湖南、福建、广东、海南；日本、印度尼西亚。

2. 中华原螳 *Anaxarcha sinensis* Beier，1933

分布：中国浙江（舟山、宁波、衢州、温州）、湖南、福建、广东、广西、四川。

螳科 Mantidae

主要特征：头顶无突起，触角丝状。前足股节外列刺不少于4枚，内列刺呈1大1小交替排列；前足胫节外列刺呈直立状。中足和后足股节无叶状突起，胫节基部非膨大；尾须锥形或稍扁。

分布：本次调查发现舟山分布2属2种。

3. 广斧螳 *Hierodula patellifera* (Serville，1839)（彩图4）

分布：中国浙江（舟山、湖州、嘉兴、杭州、绍兴、宁波、丽水）、辽宁、北京、河北、山西、山东、河南、甘肃、江苏、上海、安徽、湖北、江西、湖南、福建、台湾、广东、海南、广西、四川、贵州、云南、西藏；日本、菲律宾。

4. 中华大刀螳 *Tenodera sinensis* (Saussure，1842)

分布：中国浙江（舟山、湖州、绍兴、宁波、金华、衢州、丽水、温州）、黑龙江、吉林、辽宁、北京、河北、山东、河南、陕西、江苏、上海、安徽、湖北、江西、湖南、福建、台湾、广东、香港、广西、四川、贵州、西藏；朝鲜、日本、越南、美国。

革翅目 Dermaptera

已知70个革翅目最古老的化石标本，发现于距今2.08亿年前的侏罗纪。它们属直翅总目，与直翅目和竹节虫目关系亲密。本目昆虫包括蠼螋和蝠螋，体长而扁平，口器咀嚼式，触角丝状，无单眼。前胸大，长方形，有翅或无翅，前翅短而后端平截，革质，仅达腹基部，后翅膜质，宽大扇形，休止时可纵横褶叠于前翅下，通常仅覆盖及第2腹节。跗3节，爪1对。腹部11节，第1节与后胸愈合，11节极小，可见9节。尾须坚硬铗状，不分节（少数在幼虫期分多节）。无翅种类与双尾虫近似，但体色较深，有复眼可相区别。有翅种类与鞘翅目隐翅虫相似，可由尾须铗状来区别。渐变态，陆生，多栖息在石块下、土中、树皮下、杂草中和树叶下。有趋光性。一般为杂食性，雌性有护卵育幼习性。本目昆虫多分布在热带和亚热带地区，寒带较少。

蠼螋科 Labiduridae

主要特征：体狭长，稍扁平，头部圆隆，触角15~36节，鞘翅发达，具侧纵脊，腹部狭长，尾铗中等长，足发达，腿节较粗。

分布：本次调查发现舟山分布1属1种。

1. 日本蠼螋 *Labidura japonica* Dehaan

分布：中国浙江（舟山、杭州、丽水）。

直翅目 Orthoptera

直翅目Orthoptera，是一类常见的昆虫，包括蝗虫、蚱、蜢、螽斯、蟋螽、驼螽、蟋蟀、蝼蛄等，飞蝗与竹蝗等是农林业重要害虫。体小型到大型。头呈圆柱形或圆锥形，颜面垂直，或向后倾斜。口器为咀嚼式。蝗虫类，触角通常短于体长，丝状、棒状或剑状；螽斯类触角通常长于体长。前胸背板发达，有的显著向后延伸（如蚱）。翅发达，有的翅短缩，或缺翅；蝗虫腹部第1节背板两侧具听器，产卵器短，凿状。蟋蟀、螽斯前足胫节通常具听器，产卵瓣刀状、矛状或剑状，较长或宽短；螽斯、多数蟋蟀雄性通常前翅基部具发声器，蝗虫的后足或翅上具发声齿。

多为植食性的，有的是杂食性的，也有的是捕食性的，驼螽是腐生性的。不完全变态，卵瓣于土壤或植物组织中。全球各大洲均有分布，热带与亚热带地区种类丰富。目前全世界已记录4 400多属28 400多种。

驼螽科 Rhaphidophoridae

主要特征：体黄褐色或暗褐色。体呈驼背状，胸部向背侧显著隆起，无翅，足细长，前足胫节缺听器，后足跗节第1节背面缺端距或仅具1枚端距。

分布：本次调查发现舟山分布2属3种。

1. 华南突灶螽 *Diestramima austrosinensis* Gorochov, 1998

分布：中国浙江（舟山、宁波、衢州、丽水）、福建、广东。

2. 大疾灶螽 *Tachycines maximus* Qin, Wang, Liu & Li, 2009

分布：中国浙江（舟山、宁波）。

3. 思疾灶螽 *Tachycines meditationis* Würmli, 1973

分布：中国浙江（舟山、杭州、宁波、衢州）、河南、甘肃、江苏、上海、安徽、湖北、江西、湖南、福建、台湾、广西、重庆、四川、贵州、云南。

蛩螽科 Meconematidae

主要特征：体小型，细瘦。头顶圆锥形突出，端部钝圆。胸听器发达。前、后翅发育完全，或退化短缩，雄性前翅具发声器。前足胫节内、外侧听器为开放式，近于等宽。产卵瓣较长，剑状。

分布：主要分布于东洋区、非洲区与澳洲区。在我国主要分布于西南、华中与华南地区，只有个别种分布到华北区，蒙新区没有分布记录，东北区可能有个别种分布。全世界记录80多属，超过500种，中国目前记录约200种。本次调查发现舟山分布1属1种。

4. 贺氏东栖螽 *Xizicushowardi* (Tinkham, 1956)

分布：中国浙江（杭州）、河南、陕西、安徽、湖北、湖南、福建、广西、四川、贵州。

草螽科 Conocephalidae

主要特征：体小型至大型。头为下口式，颜面不同程度的倾斜。头顶突出，有的突出不明显，腹面基部通常具齿形突，有的缺失。前足胫节内、外侧听器均为封闭式，呈裂缝状，胸足第1～2跗节具侧沟。翅发达，有的短缩。产卵瓣较长，有的较短，背腹缘近于平等，有的中部扩展。

分布：目前世界记录170多属，1 200多种，分布于世界各动物地理区。中国记录12属约70种，浙江省记录7属12种。本次调查发现舟山分布2属2种。

5. 悦鸣草螽 *Conocephalus melaenus* (Haan，1843)

分布：中国浙江（舟山、嘉兴、杭州、衢州）、河南、江苏、上海、安徽、湖北、湖南、福建、台湾、广东、广西、四川、贵州、云南；日本。

6. 颈尾库螽 *Kuzicus* (*Kuzicus*) *cervicercus* (Tinkham，1943)

分布：中国浙江（舟山）、江苏、江西、广西、重庆。

露螽科 Phaneropterida

主要特征：体小型至大型。触角窝内侧边缘不显著，片状隆起。前胸腹板缺刺。前、后翅发育完全，或退化缩短，雄性前翅具发声器。前足胫节听器有的内、外侧均为开放型，有的内、外侧均为封闭型，有的外侧为开放型，内侧为封闭型。后足胫节背面具端距；跗节不具侧沟。产卵瓣通常宽短、侧扁，向背方弯曲，边缘具细齿。

分布：世界广布。世界已知340属约2 200种，中国记录53属约270种，本次调查发现舟山分布8属16种。

7. 端尖斜缘螽 *Deflorita apicalis* (Shiraki，1930)

分布：中国浙江（舟山、宁波、丽水）、安徽、江西、湖南、福建、四川。

8. 斜缘螽 *Deflorita deflorita* (Brunner von Wattenwyl，1878)

分布：中国浙江（嘉兴、杭州、宁波、金华、衢州）、陕西、上海、安徽、江西、湖南、福建、台湾、广东、海南、广西、四川、贵州、云南；斯里兰卡、印度尼西亚。

9. 陈氏掩耳螽 *Elimaea cheni* Kang & Yang，1992

分布：中国浙江（舟山、宁波）、陕西、甘肃、湖北、湖南、广西、重庆、四川、贵州。

10. 秋掩耳螽 *Elimaea fallax* Bey-Bienko，1951

分布：中国浙江及全国各地广布；俄罗斯、朝鲜。

11. 叶肛掩耳螽 *Elimaea foliata* Mu，He & Wang，1999

分布：中国浙江（舟山、宁波、丽水）、安徽、福建。

12. 长裂掩耳螽 *Elimaea longifissa* Mu，He & Wang，2002

分布：中国浙江（舟山、杭州、宁波、丽水）、江西。

13. 宽肛掩耳螽 *Elimaea megalpygmaea* Mu，He & Wang，1999

分布：中国浙江（宁波、嘉兴、绍兴、温州）、安徽、江西、福建。

14. 中华半掩耳螽 *Hemielimaea chinensis* Brunner，1878

分布：中国浙江（舟山、湖州、杭州、宁波、丽水）、河南、安徽、湖北、湖南、福建、广东、海南、广西、四川、贵州、西藏。

15. 细齿平背螽 *Isopsera denticulata* Ebner，1939

分布：中国浙江（舟山、湖州、杭州、宁波、金华、衢州、丽水）、陕西、甘肃、安徽、湖北、江西、湖南、福建、广东、广西、重庆、四川、贵州；日本。

16. 中华桑螽 *Kuwayamaea chinensis*（Brunner von Wattenwyl，1878）

分布：中国浙江（舟山、湖州、杭州）、山西、河南、陕西、甘肃、江苏、上海、安徽、江西、湖南、福建、贵州；俄罗斯（远东地区）、日本。

17. 镰尾露螽 *Phaneroptera falcata*（Poda，1761）

分布：中国浙江（舟山、杭州）、黑龙江、吉林、内蒙古、北京、河北、河南、陕西、甘肃、新疆、江苏、上海、安徽、湖北、湖南、福建、台湾、重庆、四川、贵州；朝鲜、韩国、日本、中亚地区、西亚地区、欧洲。

18. 欧亚片翅螽（树螽）*Phaneroptera fasciata* Poda，1761

分布：中国浙江（舟山）、吉林、内蒙古、北京、陕西。

19. 凸翅糙颈螽 *Ruidocollaris convexipennis*（Caudell，1935）

分布：中国浙江（舟山、湖州、杭州、宁波、丽水）、陕西、安徽、湖北、江西、湖南、福建、广东、海南、广西、四川、贵州、云南、西藏。

20. 中华糙颈螽 *Ruidocollaris sinensis* Liu & Kang，2014

分布：中国浙江（舟山、杭州、宁波、衢州、丽水、温州）、陕西、安徽、湖北、江西、湖南、福建、台湾、广东、海南、广西、四川、贵州、云南、西藏。

21. 截叶糙颈螽 *Ruidocollaris truncatolobata*（Brunner von Wattenwyl，1878）

分布：中国浙江（舟山、湖州、杭州、宁波、衢州、丽水）、河南、陕西、甘肃、安徽、湖北、江西、湖南、福建、台湾、广东、海南、广西、重庆、四川、贵州、西藏；日本。

22. 江苏华绿螽 *Sinochlora kiangsuensis* Tinkham，1945

分布：中国浙江（舟山、湖州、杭州、宁波、衢州、丽水）、河南、陕西、甘肃、江苏、安徽、湖北、江西、湖南、福建、台湾、广西、重庆、四川、贵州、云南。

23. 四川华绿螽 *Sinochlorasze chwanensis* Tinkham，1945

分布：中国浙江（舟山、湖州、杭州、宁波、衢州、丽水）、河南、陕西、甘肃、江苏、安徽、湖北、江西、湖南、福建、台湾、广西、重庆、四川、贵州、云南。

蝼蛄科 Gryllotalpidae Leach，1815

主要特征：体中型至大型，具短绒毛。头较小，前口式，触角较短，复眼突出，单眼2枚。前胸背板卵形，较强隆起，前缘内凹。前、后翅发达或退化；雄性具发声器。前足为挖掘足，胫节具2～4个趾状突，后足较短；跗节3节。产卵瓣退化。

分布：世界性分布。在中国有1属8种，本次调查发现舟山分布1属1种。

24. 东方蝼蛄 *Gryllotalpa orientalis* Burmeister，1839（彩图5）

分布：中国浙江（舟山、湖州、嘉兴、杭州、金华、台州、丽水、温州）、黑龙江、吉林、辽宁、内蒙古、河北、山东、青海、江苏、江西、湖北、湖南、福建、台湾、广东、广西、四川、贵州、云南、西藏；东南亚。

蟋蟀科 Gryllidae

主要特征：体小型至大型，体色通常黄褐色至黑色，部分类群呈绿色或黄色，缺鳞片。头通常球形，触角丝状，明显长于体长；复眼较大，单眼3枚。前胸背板背片较宽，扁平或稍隆起，少部分种类两侧缘明显；侧片一般较平。前翅通常发达，部分种类前翅退化或缺失，后翅呈尾状或缺失。前足听器位于胫节近基部，个别种类缺失；后足为跳跃足，胫节背面多具背刺。雌性产卵瓣发达，矛状。

分布：本次调查发现舟山分布2属2种。

25. 黄脸油葫芦 *Teleogryllus emma*（Ohmachi & Matsumura，1951）（彩图6）

分布：中国浙江（舟山、杭州、宁波、金华、衢州、丽水）、北京、河北、山西、山东、陕西、江苏、上海、安徽、湖北、湖南、福建、广东、海南、香港、广西、四川、贵州、云南；朝鲜、日本。

26. 污褐油葫芦 *Teleogryllus（Macroteleogryllus）mitratus*（Burmeister），1838

分布：中国浙江（舟山、湖州、杭州、宁波、金华、台州、丽水、温州）、河北、河南、陕西、宁夏、安徽、湖南、福建、台湾。

癞蟋科 Mogoplistidae

主要特征：体较小，或多或少具些鳞片；复眼发达，额突较宽，唇基强烈地突出；前胸背板较长，并向后扩宽；雄性有时具短翅，雌性通常缺翅；后足胫节背面两侧缘具细刺，缺背距；产卵瓣矛状。

分布：本次调查发现舟山分布1属1种。

27. 凯纳奥蟋 *Ornebius kanetataki* (Matsumura，1904)

分布：中国浙江（舟山、宁波）、江苏、上海、安徽。

锥头蝗科 Pyrgomorphidae

主要特征：体小型至中型，一般较细长，呈纺锤形。头部锥形，颜面极向后倾斜或颜面近波状；颜面隆起具细纵沟，头顶向前突出较长，触角剑状。前胸背板具颗粒状突起，前胸腹板突明显。前后翅发达，后足股节外侧中区具不规则短棒状隆起或颗粒状突起。鼓膜器发达，缺摩擦板。

分布：本次调查发现舟山分布1属2种。

28. 长额负蝗 *Atractomorpha lata* (Motschulsky，1866)

分布：中国浙江（舟山、嘉兴、金华、丽水、温州）、黑龙江、吉林、内蒙古、北京、河北、山西、山东、河南、陕西、上海、江苏、安徽、湖北、江西、湖南、福建、台湾、广东、广西、四川、贵州；日本、朝鲜。

29. 短额负蝗 *Atractomorpha sinensis* Bolivar，1995（彩图7）

分布：中国浙江（舟山、湖州、嘉兴、杭州、宁波、台州、衢州、丽水）、北京、河北、山西、山东、陕西、甘肃、青海、江苏、上海、安徽、湖北、江西、湖南、福建、广东、广西、四川、贵州、云南；日本、越南。

斑腿蝗科 Catantopidae

主要特征：体中型至大型，变异较多。颜面侧观垂直或向后倾斜；头顶前端缺细纵沟，头侧窝不明显或缺如；触角丝状。前胸腹板的前缘明显地突起，呈锥形、圆柱形或横片状。前、后翅均很发达，有时退化为鳞片状或缺如。鼓膜器在具翅种类均很发达，仅在缺翅种类不明显或缺如。后足股节外侧中区具羽状纹，其外侧基部的上基片明显地长于下基片，仅少数种类的上、下基片近乎等长。雄性阳具基背片的形状变化较多，均具冠突，具锚状突或缺如，缺附片。发音方式为，前翅-后足股节型、前翅-后足胫节型或后翅-后足股节型。

分布：中国已知95属335种。本次调查发现舟山分布12属14种。

30. 异角胸斑蝗 *Apalacris varicornis* Walker，1870

分布：中国浙江（舟山、绍兴、金华）。

31. 红褐斑腿蝗 *Catantops pingnis*（Stål，1860）

分布：中国浙江（舟山、杭州、宁波）、北京、河北、河南、陕西、江苏、湖北、江西、湖南、福建、台湾、广东、广西、海南、香港、四川、云南、贵州、西藏。

32. 棉蝗 *Chondracris rosea*（De Geer，1773）（彩图8）

分布：中国浙江（舟山、杭州）、内蒙古、河北、山东、陕西、江苏、湖北、湖南、福建、台湾、广东、广西、四川、贵州、云南。

33. 斜翅蝗 *Eucoptacra praemorsa* Stål，1860

分布：中国浙江（舟山、宁波、丽水）、江西、广东、广西、福建、台湾、云南、贵州。

34. 绿腿腹露蝗 *Fruhstorferiola veridifemorata* Caudell，1921

分布：中国浙江（舟山、湖州、杭州、宁波、金华、丽水）、河南、江苏、安徽、江西、湖南、福建、四川、广东。

35. 芋蝗 *Gesonula punctifrons*（Stal，1861）

分布：中国浙江（舟山、宁波、金华）、江苏、江西、湖南、福建、台湾、广东、海南、广西、四川、云南。

36. 斑角蔗蝗 *Hieroglyphus annulicornis*（Shiraki，1910）（彩图9）

分布：中国浙江（杭州）、河北、山东、江苏、安徽、湖北、江西、湖南、福建、台湾、广东、广西、四川、云南；日本、印度、越南、泰国。

37. 中华稻蝗 *Oxya chinensis*（Thunberg，1825）（彩图10）

分布：中国浙江（舟山、湖州、杭州、宁波、衢州、丽水）、辽宁、内蒙古、北京、天津、河北、山西、山东、河南、陕西、江苏、安徽、湖北、江西、湖南、福建、广东、海南、香港、广西、四川、云南、贵州。

38. 小稻蝗 *Oxya intricata* Stål，1861

分布：中国浙江（舟山、杭州、宁波、丽水、温州）、陕西、江苏、湖北、江西、湖南、福建、台湾、广东、海南、香港、广西、四川、贵州、云南、西藏。

39. 宁波稻蝗 *Oxya ningpoensis* Chang，1934

分布：中国浙江（舟山、宁波）。

40. 日本黄脊蝗 *Patanga japonica* (I. Bolivar，1898)

分布：中国浙江（杭州）、山东、河南、陕西、甘肃、江苏、安徽、江西、福建、台湾、广东、广西、四川、贵州、云南、西藏；伊朗北部、印度、朝鲜、日本。

41. 长翅素木蝗 *Shirakiacris shirakii* (I. Bolivar，1914)

分布：中国浙江（舟山、杭州）、河北、山东、河南、陕西、甘肃、江苏、安徽、江西、福建、广东、广西、四川；日本、俄罗斯贝加尔湖南部、朝鲜、泰国、印度阿萨姆邦、克什米尔。

42. 长角直斑腿蝗 *Stenocatautops splendens* (Thunberg，1815)

分布：中国浙江（舟山、杭州、宁波、金华、衢州、丽水、温州）、河南、江西、湖南、台湾、福建、广东、海南、广西、贵州、云南、西藏；越南、印度、尼泊尔。

43. 大斑外斑腿蝗 *Xenocatantops humilis* Serville，1838

分布：中国浙江（杭州、奉化、定海、普陀、丽水）。

斑翅蝗科 Oedipodidae

主要特征：体中小型至大型，一般较粗壮。颜面侧观较直，有时明显向后倾斜；头侧窝常缺如，少数种类较明显；触角丝状。前胸腹板在两足基部之间平坦或略隆起。前、后翅均发达，少数种类较缩短，均具有斑纹，中脉域具有中闰脉，少数不明显或消失，至少在雄虫的中闰脉具细齿或粗糙，形成发音器的一部分。后足股节较粗短，上侧中隆线平滑或具细齿，膝侧片顶端圆形或角形，内侧缺音齿列，但具狭锐隆线，形成发音齿的另一部分。鼓膜器发达。阳具基背片桥形，桥部常较狭，锚状突较短，冠突单叶或双叶。

分布：中国已知37属124种。本次调查发现舟山分布4属5种。

44. 云斑车蝗 *Gastrimargus marmoratus* (Thunberg，1815)

分布：中国浙江（舟山、杭州）、山东、江苏、福建、广东、海南、香港、广西、重庆、四川；朝鲜、日本、印度、缅甸、越南、泰国、菲律宾、马来西亚、印度尼西亚。

45. 方异距蝗 *Heteropternis respondens* (Walker, 1859)

分布：中国浙江（舟山、宁波、金华、丽水）、陕西、甘肃、江苏、湖北、江西、福建、台湾、广东、海南、广西、四川、贵州、云南；日本、印度、尼泊尔、孟加拉国、斯里兰卡、缅甸、菲律宾、印度尼西亚、马来西亚、泰国。

46. 隆纹小车蝗 *Oedaleus abruptus* Thunberg, 1815

分布：中国浙江（舟山、宁波、金华）。

47. 红胫小车蝗 *Oedaleus manjius* Chang, 1939

分布：中国浙江（舟山、宁波、金华、衢州、丽水）、陕西、甘肃、江苏、湖北、湖南、福建、广东、海南、广西、四川、贵州、云南。

48. 疣蝗 *Trilophidia annulata* (Thunberg, 1815)

分布：中国浙江（舟山、湖州、杭州、宁波、金华、衢州、丽水、温州）、黑龙江、吉林、辽宁、内蒙古、河北、山东、陕西、宁夏、甘肃、江苏、安徽、江西、湖南、福建、广东、海南、广西、四川、贵州、云南、西藏；朝鲜、日本、印度。

网翅蝗科 Arcypteridae

主要特征：体型大多较小。头圆锥形，前端背面缺细纵沟，颜面后倾。触角丝状。前胸背板较平坦。前、后翅均发达，缩短或缺如，前翅常缺中闰脉和音齿。后足股节外侧基部的上基片长于下基片，外侧具羽状平行隆线，胫节缺外端刺。腹部第1节背板两侧听器发达，不明显或缺如，腹部第2节背板两侧缺摩擦板。

分布：本次调查发现舟山分布2属2种。

49. 大青脊竹蝗 *Ceracris nigricornis laeta* (Bolira, 1914)

分布：中国浙江（舟山、湖州、杭州、宁波、衢州、丽水）、江西、湖南、福建、台湾、广东、海南、四川、贵州、云南。

50. 中华雏蝗 *Chorthippus chinensis* Tarbinsky, 1927

分布：中国浙江（舟山、宁波、丽水）。

剑角蝗科 Acrididae

主要特征：体小型至中型，头部多呈圆锥形，头顶中央前端缺顶角沟，头侧窝明显，但有时也缺，侧观颜面与头顶形成锐角，触角丝状。前胸背板中隆线低，前胸腹板在两足基部之间通常不隆起，较平坦或仅具有小隆起，前翅若发达则不具中闰脉，若具中闰脉则缺音齿，后翅通常透明或暗褐色。后足股节上基片长于下基片，外侧具羽状纹。腹部第1节背板两侧常具有发达的鼓膜器，腹部第2节外侧缺摩擦板。

分布：本次调查发现舟山分布3属5种。

51. 中华蚱蜢 *Acrida cinerea*（Thunberg，1815）（彩图 11）

分布：中国浙江（舟山、湖州、杭州、绍兴、宁波、金华、丽水、温州）、北京、河北、山西、山东、陕西、宁夏、甘肃、江苏、安徽、湖北、江西、湖南、福建、广东、四川、贵州、云南。

52. 小戛蝗 *Paragonisa infumata* Willemse，1932

分布：中国浙江（舟山、杭州、宁波、金华、丽水、温州）。

53. 褐色佛蝗 *Phlaeoba tenebrosa* Walker，1871

分布：中国浙江（舟山、宁波、丽水）。

54. 僧帽佛蝗 *Phlaeoba infumata* Br. W.，1893

分布：中国浙江（舟山、湖州、丽水）、湖北、湖南、福建、广东、海南、广西、四川、贵州、云南。

55. 短翅佛蝗 *Phlaeoba angustidorsis* Boliuar，1902

分布：中国浙江（舟山、湖州、杭州、宁波、丽水、温州）、江苏、江西、湖南、福建、四川、贵州。

蚤蝼科 Tridactylidae

主要特征：体小型，体长很少超过10 mm，色暗，口器前伸，触角12节，前翅短，后翅超过腹部末端；前足开掘足，后足跳跃足，胫节端部有2个能动的长片；雄虫有前后翅摩擦的发音器，雌虫无产卵器，尾须2节。

分布：本次调查发现舟山分布1属1种。

56. 蚤蝼 *Tridactylus japonicus*（Haan，1842）

分布：中国浙江（舟山、宁波、丽水）、江西；日本。

虱毛目 Phthiraptera

虱毛目俗称虱子。体小型，多呈长形、卵圆形或椭圆形，背腹扁平。无翅。头能活动，触角短小，3～5节。复眼很小，退化或消失。口器咀嚼式或刺吸式。前胸小但为单独一节，中、后胸愈合。胸部气门位于腹面或背面。足短小，3对相似，适攀缘或步行。跗节1～2节，有1～2爪。成虫腹部9节，无尾须。

虱子体型变化大，虱亚目甲胁虱属的一些幼虫体仅长0.3 mm，寄生于啮齿类，而钝角亚目洞喉属的成虫体长可达11 mm，寄生于鸟类。一般认为，虱子体型大小与其寄主体型有关。虱子体色多样，淡白色、暗黄色、褐色或黑色，有些种斑纹明显，并和其寄主羽毛或毛发颜色相匹配。有雌雄二型现象，多数种类雌性大于雄性10%～20%。

生物学：渐变态。卵淡白色，卵孵化与环境温度相关，幼虫与成虫形态相似，是鸟类和兽类的外寄生昆虫，以鸟和兽的羽毛、绒毛、毛发和分泌物以及血液为食。虱亚目和象虱亚目吸食寄主血液，钝角亚目和丝角亚目取食寄主的羽毛、绒毛、毛发、皮屑及分泌物。体背腹扁平，适于生活于毛发或羽毛间，可防止寄主梳理羽毛或毛发时掉下。寄主不同部位，如鸟的背部、头部和臀部各具不同的羽毛，以及寄主对梳理身体各部分的能力不同，都影响虱子的形态和特性。同一寄主体上会有几种虱共存，多数虱子只寄生于一种或几个近缘种上，少数种寄生于几种鸟和兽上。

一般认为虱毛目起源于啮虫目。推测其出现在晚石炭纪和白垩纪末期之间（3.2亿～0.66亿年）。卵的化石发现于波罗的海产的琥珀中，似虱昆虫的化石发现于贝加尔湖的晚白垩纪地层中。目前，无化石提供虱子演化的直接证据，然而，虱子寄主的化石记录可作为间接证据。

虱毛目包括4亚目，即钝角亚目Amblycera，丝角亚目Ischnocera，象虱亚目Rhynchophthirina和虱亚目Anoplura，其中前3个亚目为咀嚼式口器，仅虱亚目Anoplura为刺吸式口器。虱亚目和象虱亚目只寄生于哺乳类。两亚目在形态学上相似，是近亲。丝角亚目和钝角亚目寄生于鸟类及哺乳类。它们是姐妹类群。据1999年从3 910种寄主体上（3 508种鸟类和402种哺乳类）统计得到共4 384种咀嚼式口器的虱。刺吸式口器的虱类群较小，据2002年从812种哺乳类体上统计得到543种。以上统计的数目只是多样性的虱类真实种数的一小部分，有更多的新种等待我们去发现。

世界性分布。本次调查发现舟山分布1科1属1种。

阴虱科 Phthiridae

主要特征：中型吸虱，头短小，比胸部窄，后收成颈状。具眼，突出于头的两侧。触角5节，无性二型现象，无后头突。胸短，但甚宽，背面强度硬化，但仅限于两侧。无背窝，无胸板。前足较小，具尖爪；中、后足较粗壮，胫跗节尤甚，胫突发达；爪亦粗壮；各足基节均位于胸部的两侧边缘。腹部较短小，约与胸部等宽，除生殖节及体侧外，均膜质，呈革样，无背、腹片；5～8节各具强度硬化侧背片突，最后一个甚长。气门6对，其前2对向体中部移位，与节3气门成斜列。腹刚毛成横列。寄生于人体及猩猩。

分布：世界各地。本次调查发现舟山分布1属1种。

1. 阴虱 *Phthirus pubis* （Linnaeus，1758）

分布：中国浙江（舟山、杭州）；世界各地。

同翅目 Homoptera

同翅目蚧总科的昆虫俗称介壳虫，世界分布。其主要特征为：雌成虫幼态无翅，口器位于两前足之间，爪1个；雄成虫口器退化，状如小蚊，前翅存在，后翅变成平衡棒。我国已记录近千种，其中不少种类为重要的农林害虫。

本次调查发现舟山分布12科44属52种。

蜡蝉科 Fulgoridae

主要特征：体中型至大型。美丽而奇特。头大多圆形，部分具大型头突，直或弯曲；胸部大，前胸背板横形，前缘极度突出，达到或超过复眼后缘；中胸盾片三角形，具中脊线或亚中脊线。翅发达，膜质。腹部通常大而宽扁。

分布：本次调查发现舟山分布1属1种。

1. 斑衣蜡蝉 *Lycorma delicatula* （White，1845）（彩图12）

分布：中国浙江（舟山、湖州、杭州、绍兴、宁波、金华、台州、衢州、丽水、温州）、东北、北京、河北、山西、山东、河南、陕西、江苏、安徽、湖北、江西、福建、台湾、广东、广西、四川、贵州、云南；日本、越南、印度。

广翅蜡蝉科 Ricaniidae

主要特征：体中型到大型，前翅宽大呈三角形，形似蛾，静止时翅覆于体背呈屋脊状；头宽广，与前胸背板等宽或近等宽，头顶宽短，边缘具脊，唇基比额窄，呈三角形，一般只有1条中纵脊；触角柄节短，第2节常近球形，鞭节短；前胸背板短，具中脊线，中胸背板很大，隆起，有3条脊线；肩板发达，前翅大，广三角形，端缘和后缘近等长，前缘多横脉，但不分叉，爪脉无颗粒，后翅小，翅脉简单，只有肘脉有较多分支，横脉较少。后足第1跗节很短，短于第2、3跗节之和，端部无刺。

分布：本次调查发现舟山分布2属2种。

2. 眼纹疏广蜡蝉 *Euricania ocellus* （Walker，1851）

分布：中国浙江（舟山、杭州、宁波、衢州）、河北、江苏、湖北、江西、湖南、广东、广西、四川；日本、印度、缅甸、越南。

3. 八点广翅蜡蝉 *Ricania speculum* (Walker, 1851)

分布: 中国浙江（舟山、湖州、杭州、绍兴、宁波、金华、台州、衢州、丽水、温州）、河南、陕西、江苏、湖北、江西、湖南、福建、台湾、广东、广西、云南；印度、斯里兰卡、尼泊尔、印度尼西亚、菲律宾。

飞虱科 Delphacidae Leach, 1815

主要特征: 飞虱科成虫体连翅长大多数为3～5 mm，国内最大的种类不超过7.5 mm，更有一些小至不足2.5 mm。口器刺吸式，着生在头的腹面；头、胸部具明显隆起的脊；复眼发达；单眼通常2个；触角3节，着生在头部两侧复眼下方的凹陷内，第2节上具瘤状感觉器。前胸背板短。中胸背板大，小盾片三角形，具翅基片（肩板）。前翅翅脉上有小颗粒状突起；爪缝达后缘；爪室封闭；爪脉端部共柄，"Y"形。中足基节长，基部远离；后足基节短，不能活动；胫节上具侧刺，末端生有一个能活动的大距；第1跗节端缘凹陷，具6～8刺。

分布: 世界性分布，已知约400属，2 000余种。本次调查发现舟山分布4属4种。

4. 灰飞虱 *Laodelphax striatellus* (Fallén, 1826)

分布: 中国浙江（舟山、杭州、宁波、丽水）及全国各地广布；东亚至菲律宾北部和印度尼西亚（北苏门答腊）、中亚细亚、欧洲、北非。

5. 长绿飞虱 *Saccharosydne procerus* (Matsumura, 1910)

分布: 中国浙江（舟山、湖州、嘉兴、杭州、宁波、金华、衢州、丽水、温州）、黑龙江、吉林、辽宁、河北、山西、山东、河南、陕西、甘肃、江苏、安徽、湖北、江西、湖南、福建、台湾、广东、海南、广西、四川、贵州、云南；俄罗斯、韩国、日本。

6. 白背飞虱 *Sogatella furcifera* (Horváth, 1899)

分布: 中国浙江（舟山、湖州、嘉兴、杭州、金华、衢州、丽水）及全国各地（新疆未明）广布；蒙古、朝鲜半岛、日本、印度、巴基斯坦、越南、尼泊尔、沙特阿拉伯、泰国、斯里兰卡、菲律宾、印度尼西亚、马来西亚、斐济、密克罗尼西亚联邦、瓦努阿图、澳大利亚（昆士兰和北部地区）。

7. 白条飞虱 *Terthron albovittatum* (Matsumura, 1900)

分布: 中国浙江（舟山、杭州、丽水）、吉林、河北、河南、甘肃、江苏、安徽、湖北、江西、湖南、福建、台湾、广东、海南、广西、四川、贵州、云南；韩国、日本、印度、越南、马来西亚。

粒脉蜡蝉科 Meenoplidae

主要特征：小型，身体狭窄；头小，头顶和额常宽阔，具明显的侧脊线；触角短而简单；单眼3枚，有时中单眼只留痕迹；下唇端节甚长；前胸背板短，宽于头部；中胸盾片大，菱形；前翅在停息时呈屋脊状放置，爪片脉纹上具颗粒；腹部第6～8节具蜡腺孔。

分布：在旧世界分布，全世界已知约23属161种。本次调查发现舟山分布1属1种。

8. 粉白花虱 *Nisia atrovenosa* (Lethierry，1888)

分布：中国浙江（舟山、湖州、嘉兴、杭州、绍兴、金华、台州、衢州、丽水、温州）、陕西、甘肃、江苏、安徽、江西、湖南、福建、台湾、广东、广西、重庆、四川、贵州、云南；朝鲜、日本、越南、巴基斯坦、斯里兰卡、太平洋岛屿、欧洲、非洲、美洲。

蝉科 Cicadidae

主要特征：体大中型，是同翅目中体最大的一类。触角短，刚毛状或鬃状，自头前方伸出；具3个单眼，呈三角形排列；前后翅均为膜质，常透明，后翅小，翅全拢时呈屋脊状，翅脉发达；前足腿节发达，常具齿或刺；跗节3节，雄蝉一般在腹部腹面基部有发达的发音器官；在腹部末端有发达的生殖器，蝉的阳茎多为阳茎鞘所代替，阳茎本身退化，少数种类的阳茎仍很发达；雌蝉的产卵器发达。成虫生活在树上，产卵于植物组织。幼期生活在土壤中，能刺吸植物汁液，前足腿节很大，开掘式。若虫的蜕称"蝉蜕"，若虫被真菌寄生形成"蝉花"，均可入中药。

分布：本次调查发现舟山分布5属5种。

9. 红蝉 *Huechys sanguine* (De Geer，1773)

分布：中国浙江（舟山、湖州、嘉兴、杭州、宁波、金华、台州、衢州、丽水、温州）、陕西、江苏、安徽、湖北、江西、湖南、福建、台湾、广东、海南、广西、四川、贵州、云南；缅甸、印度、马来西亚、印度尼西亚。

10. 蒙古寒蝉 *Meimuna mongolica* (Distant，1881)

分布：中国浙江（舟山、湖州、杭州、金华、衢州、丽水）、河北、陕西、江苏、安徽、江西、湖南、福建；东亚其他国家。

11. 绿草蝉 *Mogannia hebes* (Walker，1858)（彩图13）

分布：中国浙江（舟山、湖州、嘉兴、杭州、绍兴、宁波、金华、台州、衢州、丽水、温州）、江苏、安徽、湖北、江西、湖南、福建、广东、广西；朝鲜、日本。

12. 鸣蝉（斑蝉） *Oncotympana maculaticollis* （Motschulsky，1866）（彩图14）

分布：中国浙江（舟山、湖州、杭州、金华、衢州、丽水、温州）、辽宁、河北、山西、山东、河南、陕西、江苏、安徽、湖北、江西、湖南、福建、台湾、广东、海南、广西、四川、贵州、云南；朝鲜、日本。

13. 蟪蛄 *Platypleura kaempferi* （Fabricius，1794）（彩图15）

分布：中国浙江（舟山、湖州、嘉兴、杭州、绍兴、宁波、金华、丽水、温州）、辽宁、河北、山西、山东、河南、陕西、江苏、安徽、湖北、江西、湖南、福建、台湾、广东、广西、四川、贵州、云南；朝鲜、日本、俄罗斯、马来西亚。

沫蝉科 Cercopidae

主要特征：体小型至中型，色泽艳丽。单眼2枚，喙2节。前胸背板大，常呈六边形，前缘平直，前侧缘与后侧缘近等长；前翅革质，Sc脉消失，后翅膜质，缘脉正常，常在前缘基半部有三角形突出；后足胫节有1~2个侧刺。

分布：本次调查发现舟山分布1属1种。

14. 土黄斑沫蝉 *Phymatostetha delsustta* Walker，1934

分布：中国浙江（舟山、宁波、金华、丽水）。

叶蝉科 Cicadellidae Latreille，1825

主要特征：体长3~15 mm，形态变化很大。头部颊宽大，单眼2枚，少数种类无单眼；触角刚毛状。前翅革质，后翅膜质，翅脉不同程度退化；后足胫节有棱脊，棱脊上生3~4列刺状毛，后足胫节刺毛列是叶蝉科最显著的鉴别特征。

分布：世界已知43个亚科约2 345属20 000种左右，中国记录24亚科287属1 600种左右，本次调查发现舟山分布8属9种。

15. 华辜小叶蝉 *Aguriahana sinica* Zhang et Zhou，1992

分布：中国浙江（舟山）、湖南、福建。

16. 大青叶蝉 *Cicadella viridis* （Linnaeus，1758）

分布：中国浙江（舟山、湖州、嘉兴、杭州、宁波、金华、衢州、丽水、温州）；世界广布。

17. 稻叶蝉 *Deltocephalus oryzae* Matsumura，1902

分布：中国浙江（舟山、杭州、宁波、金华）、东北、华北、安徽；朝鲜、日本。

18. 棉叶蝉 *Empoasca biguttula* (Shiraki，1913)

分布：中国浙江（舟山、杭州、宁波、金华、台州、衢州、丽水、温州）、东北、河北、山西、山东、河南、陕西、江苏、安徽、湖北、江西、湖南、台湾、广东、广西、四川、贵州、云南；日本。

19. 桃一点斑叶蝉 *Erythroneura sudra* (Distant，1908)

分布：中国浙江（舟山、宁波、丽水）、江苏、安徽；印度。

20. 葡萄斑叶蝉 *Erythroneura apicalis* (Nawa，1913)

分布：中国浙江（舟山、杭州、绍兴、宁波）、辽宁、河北、山东、河南、陕西、江苏、安徽、湖北、台湾；日本。

21. 苦楝斑叶蝉 *Erythroneura melia* Kuoh，1997

分布：中国浙江（舟山、杭州、宁波、台州、衢州、丽水）。

22. 紫叶蝉 *Macrosteles fuscinervis* (Matsumura，1914)

分布：中国浙江（舟山、湖州、嘉兴、杭州、宁波）。

23. 背峰锯角蝉 *Pantaleon dorsalis* (Matsumura，1912)

分布：中国浙江（舟山、湖州、杭州）、北京、河北、山东、陕西、江苏、安徽、湖北、江西、福建、台湾、广东、广西、四川、贵州；日本。

瘿绵蚜科 Pemphigidae

主要特征：常有发达蜡腺，体表多有粉或蜡丝；触角5～6节，末节端部甚短，有原生感觉孔，其附近有副感觉孔3～4个，触角次生感觉孔呈条状环绕触角或片状。无翅蚜及幼蚜复眼只有3个小眼。有翅蚜前翅具4斜脉，中脉减少，至多分叉1次，后翅肘脉1～2支，静止时翅合拢于体背呈屋脊状。中胸前盾片三角形，盾片分为2片。腹管退化呈小孔状，短圆锥状或缺，尾片宽半月形。性蚜体很小，无翅，喙退化，只产1粒卵。产卵器缩小为被毛的隆起。

分布：世界已知96属303种，中国已知31属130种。本次调查发现舟山分布1属1种。

24. 菜豆根蚜 *Smynthurodes betae* Westwood，1849

分布：中国浙江（舟山、杭州、宁波）及全国各地广布；日本、中亚、欧洲、北美、新西兰。

蚜科 Aphididae

主要特征：有时体被蜡粉，但缺蜡片。触角6节，有时5节甚至4节，感觉圈圆形，罕见椭圆形。复眼由多个小眼组成。翅脉正常，前翅中脉1或2分叉。爪间毛毛状。前胸及腹部常有缘瘤。腹管通常长管形，有时膨大，少见环状或缺。尾片圆锥形、指形、剑形、三角形、盔形或半月形，少数宽半月形。尾板末端圆形。

分布：世界已知242属2 700余种，中国已知119属471种。本次调查发现舟山分布8属11种。

25. 悬钩子无网蚜 *Acyrthosiphon rubiformosanum* (Takahashi，1921)

分布：中国浙江（舟山、杭州）、台湾；日本。

26. 豆蚜 *Aphis craccivora* Koch，1854

分布：中国浙江（舟山、湖州、嘉兴、杭州、宁波、金华、台州、丽水、温州）；世界广布。

27. 夹竹桃蚜 *Aphis nerii* Boyerde Fronscolombe，1841

分布：中国浙江（舟山、嘉兴、杭州、绍兴、宁波、金华、台州、温州）、江苏、上海、台湾、广东、广西；朝鲜、印度、印度尼西亚、非洲、欧洲、南美洲、北美洲。

28. 菊小长管蚜 *Macrosiphoniella sanborni* (Gillette，1908)

分布：中国浙江（舟山、嘉兴、杭州、绍兴、宁波、台州、丽水、温州）、辽宁、北京、河北、山东、河南、甘肃、江苏、台湾、广东；东亚起源，世界广布。

29. 麦长管蚜 *Macrosiphum avenae* (Fabricius，1775)

分布：中国浙江（舟山、嘉兴、杭州、绍兴、宁波、金华、衢州、丽水、温州）。

30. 铁线莲长管蚜 *Macrosiphum clematifolias* Shinji，1924

分布：中国浙江（舟山、杭州、宁波、温州）、台湾；日本。

31. 月季长管蚜 *Macrosiphum rosivorum* Zhang，1980

分布：中国浙江（舟山、杭州、宁波、金华、台州、衢州、丽水）、山东。

32. 玉米蚜 *Rhopalosiphum maidis* (Fitch，1856)

分布：中国浙江（舟山、嘉兴、杭州、丽水）；世界广布。

33. 荻草谷网蚜 *Sitobion miscanthi*（Takahashi，1921）

分布：中国浙江（舟山、嘉兴、杭州、绍兴、宁波、金华、衢州、丽水、温州）。

34. 竹凸唇斑蚜 *Takecallis arunbicolens*（Clarke，1856）

分布：中国浙江（舟山、湖州、宁波）。

35. 桃瘤头蚜 *Tuberocephalus momonis*（Matsumura，1917）

分布：中国浙江（舟山、杭州、宁波）、辽宁、北京、河北、山东、河南、江苏、江西、福建、台湾；朝鲜、日本。

粉虱科 Aleyrodidae

主要特征：粉虱科是一类体型微小的刺吸式昆虫。"粉虱"whitefly一词来源于其颜色和体型。"粉"，指翅为白色，为其蜡腺分泌的白色蜡粉，被其足涂抹到身体上而成，与鳞翅目昆虫的鳞片性质不同，但有的种类的翅为黑色、红色或淡黄色。"虱"，形容其体型微小，最大不超过3 mm。

分布：世界各大动物区分布，主要分布在热带和亚热带地区。全世界已记录该科3亚科、161属、1 560余种，我国已记录43属、205种，本次调查发现舟山分布6属7种。

36. 黑刺粉虱 *Aleurocanthus spintferus*（Quaintance，1903）

分布：中国浙江（舟山、杭州、宁波、台州、衢州、丽水、温州）、河南、江苏、江西、湖南、福建、广西；日本、南洋、印度群岛。

37. 珊瑚瘤粉虱 *Aleuroclava aucubae*（Kuwana，1911）

分布：中国浙江（舟山）、河南、陕西、甘肃、江苏、安徽、湖北、江西、湖南、香港、四川。

38. 大头茶棒粉虱 *Aleuroclava gordoniae*（Takahashi，1932）

分布：中国浙江（舟山、衢州）、江苏、安徽、江西、福建、台湾、香港、广西。

39. 棉粉虱 *Aleyrodes gossypii* Fitch，1857

分布：中国浙江（舟山、嘉兴、杭州、绍兴、宁波、金华、台州）。

40. 梳扁粉虱 *Aleuroplatus pectiniferus*（Quaintance & Baker，1917）

分布：中国浙江（舟山）、台湾、海南。

41. 含笑褶粉虱 *Crenidorsum micheliae*（Takahashi，1932）

分布：中国浙江（舟山）、江苏、上海、湖北、江西、台湾、香港。

42. 杨梅粉虱（桑粉虱）*Parabemisia myricae* Kuwana，1927

分布：中国浙江（舟山、嘉兴、杭州、宁波）。

珠蚧科 Margarodidae

主要特征：雌成虫触角基节很大，两触角基部相互接近，甚至相连接，否则前足膨大变为开掘式；腹气门2~8对，如缺失，则常缺后数对腹气门；足发达，跗节1~2节。雄成虫触角非瘤式，有的为栉齿状。翅色浅。腹末背面有管群板，由此分泌出一束长蜡丝。第2龄若虫体近圆球形，无足，触角仅存遗迹，口针发达，不动，固着寄生，称为珠体。珠体阶段的存在是本科昆虫生活史中的一大特点。

分布：本次调查发现舟山分布3属6种。

43. 日本蜡蚧 *Ceroplastes japonicus* Green，1921

分布：中国浙江（舟山、湖州、杭州、宁波、金华、台州、衢州、丽水）、河北、山西、山东、河南、陕西、甘肃、江苏、安徽、湖北、江西、湖南、福建、广东、广西、四川、贵州；俄罗斯、日本。

44. 红蜡蚧 *Ceroplastes rubens* Maskell，1893

分布：中国浙江（舟山、杭州、宁波、衢州、丽水、温州）、河北、陕西、青海、安徽、湖南、福建、台湾、广东、广西、四川、贵州、云南；印度、斯里兰卡、缅甸、菲律宾、印度尼西亚、美国、大洋洲。

45. 吹绵蚧 *Icerya purchasi* Maskell，1878

分布：中国浙江（舟山、湖州、杭州、宁波、台州、衢州、丽水、温州）、黑龙江、辽宁、内蒙古、河北、山西、山东、河南、陕西、宁夏、甘肃、青海、新疆、江苏、安徽、湖北、江西、湖南、福建、台湾、广东、海南、广西、四川、云南；俄罗斯、缅甸、巴基斯坦、越南、老挝、柬埔寨、朝鲜、日本、菲律宾、印度、印度尼西亚、斯里兰卡、北美洲、南美洲。

46. 马尾松干蚧 *Matsucoccus massnoianae* Young *et* Hu，1976

分布：中国浙江（舟山、杭州、绍兴、宁波、金华、台州、衢州）。

47. 日本松干蚧 *Matsucoccus matsumurae* (Kuwana，1903)

分布：中国浙江（舟山、杭州、宁波、台州、衢州）、辽宁、山东、江苏、上海。

48. 中华松针蚧 *Matsucoccus sinensis* Chen，1937

分布：中国浙江（舟山、宁波、金华、台州、丽水）。

盾蚧科 Diaspididae

主要特征：雌虫一生和雄虫幼期有介壳，介壳上有早龄若虫所脱的皮，呈盾状。雌虫通常圆形或长形；腹部无气门，最后几节愈合成臀板，肛门位于背面，无肛板、肛环和肛环刺毛；喙和触角退化，仅1节，气门2对；足退化或消失。雄成虫具翅，足发达，触角10节；腹末无蜡质丝；交配器狭长。

分布：本次调查发现舟山分布4属4种。

49. 仙人掌白盾蚧 *Diaspis echinocacti* (Bouche，1833)

分布：中国浙江（舟山、杭州、宁波、温州）。

50. 长白盾蚧 *Lopholecaspis japonica* Cockerell，1879

分布：中国浙江（舟山、湖州、杭州、宁波、金华、台州、衢州、丽水）、辽宁、河北、山西、山东、河南、江苏、湖北、江西、福建、台湾、广东、广西、四川；日本。

51. 黑片盾蚧 *Parlatoria zizyphus* (Lucas，1853)

分布：中国浙江（舟山、杭州、宁波、台州、丽水）、江苏、福建、广东。

52. 桑盾蚧 *Pseudaulacaspis pentagona* (Targioni-Tozzetti，1886)

分布：中国浙江（舟山、嘉兴、杭州、宁波、台州、丽水）、黑龙江、吉林、辽宁、内蒙古、河北、山西、山东、河南、陕西、宁夏、甘肃、新疆、江苏、安徽、湖北、江西、湖南、福建、台湾、广东、香港、广西、四川、云南、西藏；日本、印度、新加坡、斯里兰卡、叙利亚、以色列、土耳其、澳大利亚、新西兰、欧洲、美洲、非洲。

半翅目 Hemiptera

半翅目昆虫通称为"蝽"，已知38 000余种，也是昆虫纲中的较大的类群之一，半翅目的前翅在静止时覆盖在身体背面，后翅藏于其下，由于一些类群前翅基部骨化加厚，成为"半鞘翅"状态，故而得名"半翅目"，属半变态昆虫。刺吸式口器，以植物或其他动物的体内汁液为食。以植物体内汁液为食的多半是害虫，而以其他昆虫体内汁液为食的，绝大部分是害虫的天敌。但是专以吸食人类血液的则是重要的卫生害虫，如"臭虫"。因绝大部分若虫腹部有臭腺，因此被统称为"臭虫"。

半翅目昆虫分布在世界各地，以热带、亚热带种类最为丰富。目前中国已记录的种类有3 100多种。本次调查发现舟山分布16科67属97种。

黾蝽科 Gerridae

主要特征：体小型至大型，无翅或有翅，多狭长，身体覆盖由微刚毛组成的拒水毛层。头部具毛。喙较短。前胸背板无领及刻点。中胸背板及腹板相对延长。前翅翅室2～4个。中足基节强烈后延，与后足基节贴近，基节窝开口朝向后方。前足粗短变形。中足和后足极细长，向侧方伸开，股节约等长于胫节。腹部在部分种类变短而缩入胸部后端。雄虫生殖囊多伸出，左右对称或不对称。雌虫产卵器多退化变形，第2卵瓣片消失，第1产卵瓣多狭片状。

分布：本次调查发现舟山分布2属4种。

1. 水黾 *Aquarium paludus* Fabricius，1794

分布：中国浙江（舟山、湖州、杭州、宁波）、黑龙江、吉林、辽宁、北京、河北、江苏、江西、福建、台湾、广东；朝鲜、日本。

2. 圆臀大黾蝽 *Aquarius paludum* (Fabricius，1794)

分布：中国浙江（舟山、宁波）及全国各地广布；俄罗斯、日本、朝鲜、泰国、缅甸、越南、印度。

3. 细角黾蝽 *Gerris gracilicornis* (Horváth，1879)

分布：中国浙江（舟山、宁波）、黑龙江、辽宁、内蒙古、河北、山东、河南、陕西、湖北、江西、湖南、福建、广东、广西、重庆、四川、贵州、云南；俄罗斯、日本、朝鲜半岛、印度。

4. 扁腹黾蝽 *Gerris latiabdominis* (Miyamoto，1958)

分布：中国浙江（舟山、宁波）、黑龙江、吉林、辽宁、河北、山东、陕西、湖北、江西、湖南、福建、重庆、四川、贵州、云南；俄罗斯、日本、韩国。

仰蝽科 Notonectidae

主要特征：仰蝽科Notonectidae，体小型至中型，体长3.8～18 mm，身体向后渐缩狭，呈流线型。背部体色多变，腹面白色、乳白色或具蓝色斑。整个身体背面纵向隆起，呈船底状，腹部腹面凹入，具1纵中脊。终生以背面向下、腹面向上的姿势游泳生活。触角2～4节，多隐藏在复眼下方，有的部分露出体外；复眼极大，肾形，几乎占据整个头部，可提供360°的视角；无单眼；喙4节，较短；前、中足变形不大，爪1对，发达。后足长，为桨状游泳足，端部爪退化，胫节及跗节具长缘毛。腹部背面凸起，腹面凹陷，中央具龙骨状突起，附有长毛，可形成储气结构；具气孔1～4对。雌雄个体的腹部末端对称，除个别属外，生殖囊也对称。多生活于静水池塘、湖泊或溪流水流缓慢的水中。静息时，常以前足和中足攀附于水生植物上，捕食性强。

分布：本次调查发现舟山分布1属3种。

5. 中华大仰蝽 *Notonecta chinensis* Fallou，1887

分布：中国浙江（舟山、丽水）、辽宁、北京、天津、河北、山西、山东、河南、陕西、江苏、安徽、湖北、江西、湖南、福建、广东、广西、重庆、四川、贵州；日本。

6. 碎斑大仰蝽 *Notonecta montandoni* Kirkaldy，1897

分布：中国浙江（舟山、宁波、衢州、丽水）、北京、天津、河北、山西、山东、河南、陕西、江苏、安徽、湖北、江西、湖南、广东、广西、重庆、四川、贵州、云南、西藏；日本、印度、缅甸。

7. 松藻虫 *Notonecta triguttata* Motschulsky，1861

分布：中国浙江（舟山、杭州、宁波、衢州）。

猎蝽科 Reduviidae

主要特征：体小型至大型，体形多样。多数种类体壁较坚硬，黄、褐或黑色。头部在眼后变细，伸长。多有单眼。触角常有很多环节状痕迹，外观看好像节数很多。喙多3节，粗壮，弯曲或直，喙端多放在前胸腹面的纵沟（发音沟）内。前翅无前缘裂，膜区常有2个大的翅室，可有短脉从翅室发出，端室亦可开放，成少数平行纵脉状。跗节3或2节。腹部中段常膨大。

分布：本次调查发现舟山分布15属20种。

8. 暴猎蝽 *Agricsphodrus dohrni* （Signoret，1862）

分布：中国浙江（舟山、湖州、杭州、绍兴、宁波、台州、衢州、丽水、温州）、陕西、甘肃、江苏、湖北、江西、福建、广东、四川、云南；印度、越南、日本。

9. 环勺猎蝽 *Cosmolestes annulipes* Distant，1879

分布：中国浙江（舟山、绍兴、宁波、金华、衢州、温州）。

10. 艳红猎蝽 *Cydnocoris russatus* Stål，1867

分布：中国浙江（湖州、杭州、绍兴、金华、台州）、江苏、江西、福建、广东、广西、四川；日本、越南。

11. 黑光猎蝽 *Ectrychotes andreae* (Thunberg, 1784)

分布：中国浙江（舟山、湖州、杭州、绍兴、宁波、衢州、丽水、温州）、辽宁、河北、甘肃、江苏、湖北、湖南、福建、广东、海南、广西、四川、云南；朝鲜、日本。

12. 二色赤猎蝽 *Haematoloecha nigrorufa* Stål, 1867

分布：中国浙江（舟山、湖州、杭州、绍兴、宁波、金华）、北京、河北、山西、山东、陕西、江苏、上海、江西、福建、台湾、广东、广西、四川；日本。

13. 黑环赤猎蝽 *Haematoloecha rubescens* Distant, 1883

分布：中国浙江（舟山）。

14. 红彩真猎蝽 *Harpactor fuscipes* (Fabricius, 1787)

分布：中国浙江（舟山、嘉兴、宁波、金华、台州、丽水、温州）、江苏、江西、湖南、福建、台湾、广东、海南、广西、四川、云南、西藏；日本、越南、老挝、泰国、印度尼西亚、缅甸、印度、斯里兰卡。

15. 褐菱猎蝽 *Isyndus obscurus* (Dallas, 1850)

分布：中国浙江（舟山、湖州、绍兴、宁波、金华、衢州）、北京、河北、山西、山东、陕西、江苏、安徽、江西、福建、广东、四川、云南、西藏；日本、不丹、印度。

16. 亮钳猎蝽 *Labidocoris pectoralis* Stål, 1863

分布：中国浙江（舟山、杭州）。

17. 红股隶猎蝽 *Lestomerus femoralis* Walker, 1873

分布：中国浙江（舟山、湖州、杭州、绍兴、宁波、台州、衢州）、江苏、湖北、江西、福建、广东、四川、贵州；缅甸、印度、印度尼西亚。

18. 环足普猎蝽 *Oncocephalus annulipes* Stål, 1855

分布：中国浙江（舟山、杭州、宁波、丽水）。

19. 南普猎蝽 *Oncocephalus philippinus* Lethierry, 1877

分布：中国浙江（舟山、绍兴、金华、衢州、温州）、上海、湖北、江西、湖南、福建、广东、广西、四川、贵州、云南；朝鲜、日本。

20. 盾普猎蝽 *Oncocephalus scutellaris* Reuter，1882

分布：中国浙江（舟山、杭州、台州、丽水、温州）。

21. 宽额锥绒猎蝽 *Opistoplatys seculusus* Miller，1954

分布：中国浙江（舟山、杭州、宁波）。

22. 日月盗猎蝽 *Pirates arcuatus*（Stål，1871）

分布：中国浙江（舟山、湖州、杭州、宁波、台州、丽水、温州）、江苏、湖北、江西、湖南、福建、台湾、广东、广西、四川、云南；日本、越南、缅甸、印度尼西亚、印度、巴基斯坦、斯里兰卡、菲律宾。

23. 污黑盗猎蝽 *Pirates turpis* Walker，1873

分布：中国浙江（舟山、湖州、杭州、绍兴、宁波、金华、台州）、山东、河南、陕西、江苏、湖北、江西、广东、广西、四川、贵州；日本、越南。

24. 齿缘刺猎蝽 *Sclomina erinacea* Stål，1861

分布：中国浙江（舟山、湖州、杭州、衢州）、陕西、江苏、安徽、湖北、江西、福建、台湾、广东、广西、四川、云南；日本、菲律宾、印度。

25. 半黄足猎蝽 *Sirthenea dimidiate* Horvath，1911

分布：中国浙江（舟山、湖州、杭州、绍兴、宁波、台州、丽水）。

26. 黄足猎蝽 *Sirthenea flavipes*（Stål，1855）

分布：中国浙江（舟山、湖州、嘉兴、杭州、绍兴、宁波、金华、台州、衢州、丽水、温州）、江苏、安徽、湖北、江西、湖南、福建、台湾、广东、广西、四川、云南；日本、越南、马来西亚、印度尼西亚、菲律宾、斯里兰卡、印度。

27. 环斑猛猎蝽 *Sphedanolestes impressicollis*（Stal，1861）

分布：中国浙江（舟山、湖州、杭州、绍兴、宁波、台州、衢州、丽水、温州）、河北、山东、河南、陕西、江苏、安徽、湖北、江西、湖南、福建、台湾、广东、广西、四川、贵州、云南；朝鲜、日本、印度、越南。

盲蝽科 Miridae

主要特征：体小型至中型，多样，体相对脆弱。触角4节，细长。无单眼。喙4节。前胸背板近前缘被横沟分出狭长的领片，其后具2个低的突起（胝）。前翅有楔片，缘片不明显，膜片仅有1或2个翅室，纵脉消失。雄虫常为长翅型，雌虫为短翅型或无翅型。附节3或2节。

分布：本次调查发现舟山分布3属3种。

28. 中黑苜蓿盲蝽 *Adelphocoris suturalis* Jakovlev，1882

分布：中国浙江（舟山、嘉兴、杭州、绍兴、宁波）。

29. 绿后丽盲蝽 *Apolygus lucorum*（Meyer-Dür）

分布：中国浙江（舟山、湖州、嘉兴、杭州、宁波）。

30. 烟草盲蝽 *Nesidiocoris tenuis* Reuter

分布：中国浙江（舟山、嘉兴、杭州、绍兴、宁波、金华、衢州、丽水）、内蒙古、天津、河北、山西、山东、河南、陕西、甘肃、江苏、湖北、江西、湖南、福建、广东、海南、广西、四川、云南；世界广布。

姬蝽科 Nabidae

主要特征：体小型至中型，灰黄色或黑色，有时具红、黄色斑点，被绒毛。头平伸，头背面有2或3对大型刚毛。触角4节，具梗前节，有时此节大，致使触角呈5节状。复眼大，单眼有或无。喙4节。前胸背板狭长，前翅膜片常有纵脉组成的2或3个小室，并有少数横脉。常有长翅型和短翅型，或翅退化。前足适于捕捉，跗节3节，无爪垫。雄虫生殖节发达，抱器显著、对称。雌虫产卵器显著。

分布：本次调查发现舟山分布1属2种。

31. 黄翅花姬蝽 *Prostemma flavipennis* Fukui，1889

分布：中国浙江（舟山、杭州）。

32. 角带花姬蝽 *Prostemma hilgendorffi* Stein，1878

分布：中国浙江（舟山、杭州）、吉林、辽宁、北京、天津、河南、上海、江西、四川；日本、朝鲜、俄罗斯。

长蝽科 Lygaeidae

主要特征：头部平伸，体壁不特别坚厚。具单眼，触角4节，着生于眼的中线下方。前翅膜片有4～5根纵脉。足跗节3节。喙4节。腹部腹面无侧接缘缝。腹部腹面具毛点。腹部气门全部位于侧接缘背面，腹节几乎等长，腹节缝直，并直达侧缘。腹部第5～7节侧缘正常，无任何叶状突的痕迹。若虫臭腺孔位于4/5与5/6节之间（*Kleidocerys*

和*Stephens*属除外，其3/4节间也具臭腺孔）。长蝽亚科体型较大，常红、黑相间，前翅无刻点。

分布：本次调查发现舟山分布3属3种。

33. 韦肿鳃长蝽 *Arocatus melanostoma* Scott，1874

分布：中国浙江（舟山、杭州、宁波）、黑龙江、江西、湖南、广东；日本、俄罗斯（西伯利亚）。

34. 大眼长蝽 *Geocoris pallidioennis*（Costa，1843）

分布：中国浙江（舟山、杭州、宁波）、北京、天津、河北、山西、山东、河南、陕西、江苏、安徽、湖北、江西、湖南、四川、贵州、云南、西藏。

35. 东亚毛肩长蝽 *Neolethaeus dallasi*（Scott，1874）

分布：中国浙江（舟山、湖州、杭州、宁波、台州、丽水）、河北、山西、山东、江苏、湖北、江西、福建、台湾、广东、广西、四川；日本。

束长蝽科 Malcidae

主要特征：体中小型，体壁坚实，具深刻点。头垂直。翅束腰状。腹部第2～7节气门全部位于背面。束长蝽亚科复眼着生于头的前侧角，两枚单眼靠近，共同着生在一隆起上。头前方在触角基部有一骨片，为触角基的变形。触角长，第1节圆柱形，第2、3节细杆状，第4节短，纺锤形。后翅无钩脉。腹部第5～7节背面侧缘各具向外平伸的叶状突起，边缘具齿。腹气门全部位于背面。臭腺沟缘成小突起状，明显伸出于体表之外。若虫体具刺毛状突起。突眼，长蝽亚科眼具柄。触角基大，常伸出成刺突状。革片顶角圆钝至十分宽圆，端缘基部凹弯。第5～7腹节侧缘各具上翘的叶状突。股节下方常有一刺。若虫体无棘刺。

分布：本次调查发现舟山分布1属1种。

36. 豆突眼长蝽 *Chauliops fallax* Scott，1874

分布：中国浙江（舟山、杭州、宁波、金华、衢州、丽水、温州）。

红蝽科 Pyrrhocoridae

主要特征：红蝽科为中等大小的一个科。体中型至大型。椭圆形，多为鲜红色而有黑斑。头部平伸，无单眼。唇基多伸出于下颚片末端之前。触角4节，着生处位于头侧面中线之上。前胸背板具扁薄而且上卷的侧边。前翅膜片具有多余纵脉，可具分支，或成不甚规则的网状，基部形成2～3个翅室。后胸侧板上的臭腺孔几不可辨认。雌虫的产卵器退化，产卵瓣片状，第7腹板完整，不纵裂为两半。植食性，多以锦葵科及其临近类群的植物为寄主。

分布：本次调查发现舟山分布3属6种。

37. 大红蝽 *Parastrachia japonensis* (Scott, 1880)

分布：中国浙江（舟山、湖州、杭州、绍兴、宁波、金华、台州、衢州、丽水、温州）、福建、广东、云南；印度、孟加拉国、菲律宾、印度尼西亚。

38. 小斑红蝽 *Physo peltacincticollis* Stål, 1863

分布：中国浙江（舟山、湖州、杭州、宁波、台州、衢州、温州）、陕西、江苏、湖北、江西、湖南、福建、台湾、广东、广西、四川、贵州；印度、日本。

39. 突背斑红蝽 *Physo peltagutta* (Burmeister, 1834)

分布：中国浙江（舟山、湖州、绍兴、宁波、金华、台州、温州）、上海、湖北、江西、湖南、福建、台湾、广东、广西、四川、云南、西藏；越南、老挝、印度、马来西亚、印度尼西亚、澳大利亚。

40. 曲缘红蝽 *Pyrrho corissinuaticollis* Keuter, 1885

分布：中国浙江（舟山、杭州、绍兴、宁波）。

41. 地红蝽 *Pyrrho coristibialis* Stål, 1874

分布：中国浙江（湖州、杭州、绍兴、宁波、丽水）、辽宁、内蒙古、河北、山东、江苏、西藏；朝鲜。

42. 直红蝽 *Pyrrho pepluscarduelis* (Stål, 1863)

分布：中国浙江（舟山、湖州、绍兴、宁波、金华、衢州）、河南、江苏、安徽、湖北、江西、湖南、福建、广东、贵州。

蛛缘蝽科 Alydinae

主要特征：体中小型至中型。身体多狭长而呈束腰状。多为褐或黑褐色。头平伸，多向前渐尖。触角常较细长。小颊很短，不伸过触角着生处。单眼不着生在小突起上。后胸侧板臭腺沟缘明显。雌虫第7腹板完整，不纵裂为两半。产卵器片状。受精囊端段不膨大成球部。多生活于植物上，行动活泼，善飞翔。植食性。寄主以豆科和禾本科为主。喜食未成熟的种子，少数种类有时在地表活动，觅食落地的种子。

分布：本次调查发现舟山分布1属2种。

43. 条蜂缘蝽 *Riptortus linearis* Fabricius，1775

分布：中国浙江（舟山、杭州、丽水）、江苏、安徽、湖北、江西、湖南、福建、台湾、广东、广西、四川、云南；缅甸、印度、泰国、斯里兰卡、马来西亚、菲律宾。

44. 点蜂缘蝽 *Riptortus pedestris* Fabricius，1775

分布：中国浙江（舟山、湖州、杭州、绍兴、宁波、金华、台州、衢州、温州）、河北、河南、江苏、安徽、湖北、江西、湖南、福建、广西、四川、贵州、云南、西藏。

缘蝽科 Coreidae

主要特征：体中型至大型。体形多样，多为椭圆形。大型种类身体坚实。黄、褐、黑褐或鲜绿色，个别种类有鲜艳花斑。常分泌强烈的臭味。头常短小，唇基下倾，或与头部背面垂直。触角节与足可有扩展的叶状突起，前胸背板侧方可有各式的叶状突起。后足腿节有时膨大，或具齿列。后足胫节有时弯曲。后胸侧板臭腺沟缘显著。雌虫第7腹节为两半，或不完全，或完全不纵裂。产卵器片状。受精囊末端具膨大的球部。全部为植食性，栖于植物上。除吸食寄主的营养器官外，尤喜吸食繁殖器官。大型种类在吸食植物的嫩梢后，可很快造成其萎蔫。许多种类可对作物造成为害。

分布：本次调查发现舟山分布10属20种。

45. 瘤缘蝽 *Acanthocoris scaber* (Linnaeus，1763)

分布：中国浙江（舟山、杭州、宁波）、天津、山东、陕西、江苏、安徽、湖北、江西、福建、广东、广西、四川、云南。

46. 黄伊缘蝽 *Aeschyntelus chinensis* Dallas，1837

分布：中国浙江（舟山、杭州、宁波、丽水）、黑龙江、辽宁、吉林、北京、天津、河北、河南、江苏、上海、安徽、湖北、江西、湖南、广东、广西、四川、贵州、云南。

47. 点伊缘蝽 *Aeschyntelus notatus* Hsiao，1963

分布：中国浙江（舟山、杭州、宁波、丽水）、山西、甘肃、江西、四川、云南、西藏。

48. 斑背安缘蝽 *Anoplocnemi sbinotata* Distant，1918

分布：中国浙江（舟山、杭州、宁波、金华、台州、衢州、丽水）、江苏、安徽、福建。

49. 红背安缘蝽 *Anoplocnemis phasiana* Fabricius，1781

分布：中国浙江（舟山、湖州、杭州、宁波、金华、台州、衢州、丽水、温州）、江西、福建、广东、广西、云南、西藏。

50. 稻棘缘蝽 *Cletus punctiger* (Dallas，1852)（彩图 16）

分布：中国浙江（舟山、湖州、杭州、绍兴、宁波、金华、台州、衢州、丽水）、河北、山西、山东、河南、陕西、江苏、上海、安徽、湖北、江西、湖南、福建、广东、海南、广西、四川、云南、西藏；日本、印度。

51. 宽棘缘蝽 *Cletus rusticus* Stal，1916

分布：中国浙江（舟山、湖州、杭州、宁波、衢州、丽水）、陕西、安徽、江西、湖南、台湾、贵州、云南；日本。

52. 平肩棘缘蝽 *Cletus tenuis* Kiritshenko，1916

分布：中国浙江（湖州、绍兴、金华、衢州、温州）、河北、山东、陕西、江西、湖南。

53. 长肩棘缘蝽 *Cletus trigonus* Thunberg，1783

分布：中国浙江（舟山、宁波、金华、丽水）。

54. 褐奇缘蝽 *Derepteryx fulininosa* (Uhler，1860)

分布：中国浙江（舟山、杭州、宁波、台州、丽水）、黑龙江、河南、甘肃、江苏、江西、福建、四川；朝鲜、日本、俄罗斯。

55. 月肩奇缘蝽 *Derepteryx lunata* (Distant，1900)（彩图 17）

分布：中国浙江（舟山、湖州、杭州、宁波、台州，丽水）、河南、湖北、江西、福建、四川、云南。

56. 广腹同缘蝽 *Homoeocerus dilatatus* Horvath，1879

分布：中国浙江（舟山、湖州、杭州、绍兴、宁波、台州、衢州、丽水）、黑龙江、吉林、辽宁、北京、河北、河南、陕西、江苏、湖北、江西、湖南、福建、广东、四川、贵州；俄罗斯（西伯利亚）、朝鲜、日本。

57. 小点同缘蝽 *Homoeocerus marginellus* Herrich-Schaeffer，1840

分布：中国浙江（舟山、湖州、杭州、宁波、衢州、丽水、温州）、湖北、江西、广东、四川、贵州、云南。

58. 纹须同缘蝽 *Homoeocerus striicornis* Scott，1874

分布：中国浙江（舟山、湖州、杭州、绍兴、宁波、金华、台州、衢州、丽水、温州）、河北、甘肃、湖北、江西、台湾、广东、海南、四川、云南；日本、印度、斯里兰卡。

59. 瓦同缘蝽 *Homoeocerus walkerianus* Lethierry *et* Severin，1894

分布：中国浙江（舟山、湖州、杭州、绍兴、宁波、金华、台州、衢州）、江苏、湖北、江西、四川。

60. 环胫黑缘蝽 *Hygia lativentris*（Motschulsky，1866）

分布：中国浙江（舟山、宁波）、江西、广西、云南、西藏；印度。

61. 暗黑缘蝽 *Hygia opaca* Uhler，1860

分布：中国浙江（舟山、杭州、宁波、台州、丽水）、江苏、江西、湖南、福建、广东、广西、四川；日本。

62. 闽曼缘蝽 *Manocoreus vulgaris* Hsiao，1964

分布：中国浙江（舟山、湖州、杭州、宁波、丽水）、江西、福建、广东。

63. 曲胫侎缘蝽 *Mictis tenebrosa* Fabricius，1787

分布：中国浙江（舟山、绍兴、宁波、金华、丽水、温州）、江西、福建、云南、西藏。

64. 山竹缘蝽 *Notobitus montanus* Hsiao，1963

分布：中国浙江（舟山、杭州、宁波）、四川。

土蝽科 Cydnidae

主要特征：体小型至中型，长圆形或卵圆形，褐、黑褐或黑色，个别种有白色或蓝白色花斑，体表常具刚毛或硬短刺。头部宽短。触角5或4节，第2节很短，3、4、5节之间常具1个小白环。喙4节。小盾片长过爪片，但不伸达到腹末。后翅脉纹特化。前足胫节扁平，两侧具强刺，适宜掘地，中、后足顶端具刷状毛，跗节3节。

分布：本次调查发现舟山分布2属2种。

65. 大鳖土蝽 *Adrisa magna* Uhler，1861

分布：中国浙江（舟山、湖州、杭州、宁波、丽水）、北京、江西、广东、四川、云南；越南、缅甸、印度。

66.侏地土蝽 *Geotomns pygmaeus* (Fabricius，1972)

分布：中国浙江（舟山、湖州、杭州、绍兴、宁波、台州、衢州、丽水）。

龟蝽科 Plataspidae

主要特征：体小型至中型，圆形或卵圆形，背面隆起，黑色有黄斑或黄色具黑斑，略具光泽。触角5节。前胸背板中部前方有横缢，小盾片将腹部完全覆盖或腹部仅微露边缘。前翅大部分膜质，可折叠在小盾片下。足较短，附节2节。腹部腹面两侧具黄色纹，第6腹板后缘中央向前凹成角状或弧形。

分布：本次调查发现舟山分布1属4种。

67.双痣圆龟蝽 *Coptosoma biguttula* Motschulsky，1859

分布：中国浙江（舟山、杭州、宁波、金华、衢州、丽水、温州）、黑龙江、北京、山西、江西、福建、四川、西藏；朝鲜、日本。

68.麻盾圆龟蝽 *Coptosoma cincta* Eschscholtz，1822

分布：中国浙江（舟山、宁波）。

69.达圆龟蝽 *Coptosoma davidi* Montandon，1897

分布：中国浙江（舟山、宁波、丽水、温州）、河南、江西、福建。

70.显著圆龟蝽 *Coptosoma notabilis* Montandon，1894

分布：中国浙江（舟山、杭州、宁波、金华、衢州、丽水）、湖北、江西、湖南、福建、广东、四川、贵州、西藏。

盾蝽科 Scutelleridae

主要特征：体小型至大型，背面强烈圆隆，腹面平坦，卵圆形。头多短宽。触角5或4节。前胸腹面的前胸侧板向前扩张成游离的叶状。中胸小盾片极度发达，遮盖整个腹部与前翅的绝大部分。前翅只有最基部的外侧露出，革片骨化弱，膜片上具多条纵脉。跗节3节。

分布：世界性分布，多数种类分布于热带和亚热带地区。本次调查发现舟山分布3属4种。

71.角盾蝽 *Cantao ocellatus* (Thunberg，1784)（彩图18）

分布：中国浙江（舟山、金华、台州）。

72.扁盾蝽 *Eurygaster maurus* (Linnaeus，1758)

分布：中国浙江（舟山、湖州、杭州、宁波、台州、衢州、丽水）、黑龙江、吉林、辽宁、内蒙古、河北、山西、山东、河南、陕西、宁夏、甘肃、青海、新疆、江苏、湖北、江西、湖南、福建、广东、四川；日本、欧洲、叙利亚、北非。

73.稻盾蝽 *Eurygaster sinica* Walker，1973

分布：中国浙江（舟山、杭州）、江苏、江西、广东；日本。

74.桑宽盾蝽 *Poecilocoris druraei* (Linnaeus，1771)

分布：中国浙江（舟山、宁波、衢州、丽水）、江西、湖南、福建、台湾、广东、海南、广西、四川、贵州、云南；缅甸、印度。

兜蝽科 Dinidoridae

主要特征：体中型至大型，外形与蝽科相似。椭圆形，褐色或黑色，多无光泽。触角多数5节，少数4节，有的触角节常抑扁，触角着生在头的腹面，从背面看不到。前胸背板表面多皱纹或凹凸不平。中胸小盾片长不超过前翅长度之半，末端比较宽钝。跗节2或3节。前翅膜片上的脉序因多横脉而成不规则的网状。第2腹节气门不被后胸侧板遮盖而露出。

分布：本次调查发现舟山分布3属5种。

75.九香虫 *Aspongopus chinensis* Dallas，1851

分布：中国浙江（舟山、杭州、宁波、台州、丽水、温州）、河南、江苏、安徽、湖北、江西、湖南、福建、台湾、广东、广西、四川、贵州、云南、西藏；越南、缅甸、印度。

76.棕兜蝽 *Aspongopus fuscus* Westwood，1837

分布：中国浙江（舟山、杭州、宁波）、福建、广东、广西、四川、云南；越南、泰国、缅甸、印度、马来西亚、斯里兰卡、印度尼西亚。

77.小皱蝽 *Cyclopelta parva* Distant，1900

分布：中国浙江（舟山、湖州、杭州、绍兴、宁波、金华、台州、衢州、丽水、温州）、内蒙古、辽宁、河北、山东、河南、甘肃、江苏、安徽、湖北、江西、湖南、福建、台湾、广东、海南、广西、四川、贵州、云南；缅甸、不丹。

78.短角瓜蝽 *Megymenum brevicornis* (Fabricius，1787)

分布：中国浙江（舟山、杭州、宁波）、河北、江西、福建、广东、广西、云南、贵州；缅甸、印度尼西亚、印度。

79. 角瓜蝽 *Megymenum gracilicorne* Dallas，1851

分布：中国浙江（舟山、湖州、杭州、绍兴、宁波、衢州）、山西、山东、河南、陕西、江苏、上海、安徽、湖北、江西、湖南、福建、台湾、广东、广西、四川、贵州；朝鲜、日本。

荔蝽科 Tessaratomidae

主要特征：体多为大型。卵圆形，与蝽科体形相似。触角4或5节。上唇短，不超过前足基节。小盾片三角形，不覆盖革片。前翅膜片翅脉不呈网状。腹部第2节气门外露，雄虫第8腹节背板骨化，有时中部为膜质。跗节2节或3节。植食性。多数种类分布于热带和亚热带。

分布：本次调查发现舟山分布1属1种。

80. 硕蝽 *Eurostus validus* Dallas，1851 （彩图 19）

分布：中国浙江（湖州、杭州、绍兴、宁波、台州、衢州、丽水、温州）、辽宁、河北、山西、山东、河南、陕西、甘肃、江苏、安徽、湖北、江西、湖南、福建、台湾、广东、海南、广西、四川、贵州、云南；老挝。

蝽科 Pentatomidae

主要特征：体中小型至大型，形态多样。具单眼；触角4或5节，我国分布的蝽科种类绝大多数为5节。小盾片在多数种类中三角形，遮盖前翅革片约一半，少数成宽舌状，覆盖腹部背面大部分。爪片狭窄，端部被小盾片遮盖，无爪片接合缝。膜片具少数纵脉，简单而少分支。跗节一般为3节。腹部第2腹节气门被后胸侧板遮盖。雌虫产卵器片状。

分布：本次调查发现舟山分布17属17种。

81. 华麦蝽 *Aelia fieberi* Scott，1874

分布：中国浙江（舟山、湖州、杭州、绍兴、宁波、丽水）、黑龙江、辽宁、吉林、北京、山西、山东、河南、陕西、甘肃、江苏、湖北、江西、湖南、福建、四川、云南。

82. 驼蝽 *Brachycerocoris camelus* Costa，1863

分布：中国浙江（舟山、湖州、杭州）、河南、江苏、安徽、湖北、福建、广东、广西；斯里兰卡、印度。

83. 薄蝽 *Brachymna tenuis* Stal，1861

分布：中国浙江（舟山、湖州、杭州、绍兴、宁波、衢州、丽水、温州）、河南、江苏、安徽、江西、湖南、福建、广东、四川、贵州、云南。

84. 剪蝽 *Diplorhinus furcatus* (Westwood，1837)

分布：中国浙江（舟山、杭州、宁波、丽水）、江西、湖南、福建、广东、广西、贵州、云南；印度、印度尼西亚。

85. 斑须蝽 *Dolycoris baccarun* (Linnaeus，1758)

分布：中国浙江（舟山、湖州、杭州、绍兴、宁波、金华、衢州、丽水、温州）、内蒙古、河北、山西、山东、河南、陕西、宁夏、甘肃、青海、新疆、江苏、安徽、湖北、江西、湖南、福建、台湾、广东、四川、贵州、云南、西藏；朝鲜、蒙古、越南、印度、克什米尔地区、沙特阿拉伯、以色列、土耳其、叙利亚、伊拉克、欧洲、北非、北美洲。

86. 平蝽 *Drinostia fissiceps* Stål，1865

分布：中国浙江（舟山、杭州、绍兴）、江西、湖南、贵州。

87. 滴蝽 *Dybowskyia reticulata* (Dallas，1863)

分布：中国浙江（舟山、湖州、杭州、衢州、丽水）、黑龙江、吉林、内蒙古、山东、陕西、江苏、上海、安徽、湖北、江西、福建、广东、广西、四川、云南、贵州；日本、俄罗斯。

88. 麻皮蝽 *Erthesina fullo* (Thunberg，1783)

分布：中国浙江及全国各地广布（除宁夏、新疆、青海、西藏外）；日本、缅甸、印度、斯里兰卡、阿富汗、印度尼西亚。

89. 菜蝽 *Eurydema dominulus* (Scopili，1763)

分布：中国浙江（舟山、湖州、杭州、宁波、台州、衢州）、黑龙江、吉林、北京、河北、山西、山东、陕西、江苏、江西、湖南、福建、广东、广西、四川、贵州、云南、西藏；朝鲜、印度、叙利亚、小亚细亚南部、欧洲。

90. 赤条蝽 *Graphosoma rubrolineata* (Westwood，1837)

分布：中国浙江（舟山、湖州、杭州、绍兴、宁波、衢州）、黑龙江、吉林、辽宁、内蒙古、河北、山西、山东、河南、陕西、宁夏、甘肃、新疆、江苏、安徽、湖北、江西、广东、广西、四川、贵州；俄罗斯（西伯利亚）、朝鲜、日本。

91. 谷蝽 *Gonopsis affinis* (Uhler，1860)

分布：中国浙江（舟山、湖州、杭州、宁波、台州、衢州、丽水、温州）、辽宁、北京、河北、山东、河南、陕西、江苏、上海、安徽、湖北、江西、湖南、福建、广东、海南、广西、四川、贵州、云南；朝鲜、日本。

92. 茶翅蝽 *Halyomorpha halys* (Stål，1855)

分布：中国浙江（舟山、湖州、杭州、绍兴、宁波、金华、台州、衢州、丽水、温州）及全国各地广布；朝鲜、日本、越南、缅甸、印度、斯里兰卡、印度尼西亚。

93. 卵圆蝽 *Hippotiscus dorsalis* (Stål，1869)

分布：中国浙江（舟山、湖州、杭州、宁波、台州、衢州）、河南、安徽、江西、湖南、福建、广东、四川、贵州、西藏；印度。

94. 广蝽 *Laprius varicornis* (Dallas，1851)

分布：中国浙江（舟山、湖州、杭州、绍兴、台州、衢州、丽水、温州）、陕西、江苏、湖北、江西、福建、广西、四川；日本、越南、缅甸、印度、菲律宾。

95. 梭蝽 *Megarrhamphus hastatus* (Fabricius，1803)

分布：中国浙江（杭州、宁波、绍兴、丽水、温州）、安徽、江苏、湖北、江西、福建、台湾、广东、广西、四川、贵州；日本、越南、泰国、缅甸、马来西亚、印度尼西亚、印度、菲律宾。

96. 大臭蝽 *Metonymia glandulosa* (Wolff)

分布：中国浙江（舟山、湖州、杭州、宁波、金华、台州、衢州、丽水）、山东、江苏、江西、福建、广东、广西、贵州、云南；越南、缅甸、印度、泰国、斯里兰卡、印度尼西亚。

97. 稻绿蝽 *Nezara viridula* (Linnaeus，1758)

分布：中国浙江（舟山、湖州、杭州、绍兴、宁波、金华、台州、衢州、丽水、温州）、河北、山西、河南、陕西、甘肃、江苏、安徽、湖北、江西、湖南、福建、台湾、广东、海南、广西、四川、贵州、云南、西藏；朝鲜、日本、越南、印度、缅甸、斯里兰卡、马来西亚、菲律宾、印度尼西亚、南非、马达加斯加、委内瑞拉、圭亚那、欧洲、大洋洲。

鞘翅目 Coleoptera

鞘翅目昆虫体型大小差异较大，体壁坚硬；口器咀嚼式；触角形状多样，10~11节；前胸发达，中胸小盾片外露；前翅为角质硬化的鞘翅，后翅膜质；幼虫为寡足型，少数为无足型。

虎甲科 Cicindelidae

主要特征：体中型，长圆柱形，具金属光泽和鲜艳斑纹。前口式，比胸部略宽，复眼大，触角11节，生在上颚基部上方，唇基达到触角基部，上颚弯曲，下颚内叶端部有1能动的钩。鞘翅光滑，后翅发达，足细长，胫节有距。可见腹节雄虫7节，雌虫6节。幼虫身体细长，乳白色，具毛瘤。头部和胸部比腹部宽大。头部圆盘形，每侧单眼6枚，上颚发达，下颚须3节，下唇须2节，触角4节；胸足细长，5节，爪1对，活动而不对称。腹部10节，第5腹节背面突起上着生1~3对倒钩。多数种的成虫很活跃，白天喜在田坎、河边觅食小昆虫，行动迅速。无翅个体常在夜间活动。幼虫栖于沙质草地的洞穴中，捕食接近洞口的猎物，腹部背面的倒钩可防止猎物挣扎时将幼虫拖出洞外。

分布：本次调查发现舟山分布1属5种。

1. 金斑虎甲 Cicindela aurulenta Fabricius，1801（彩图 20）

分布：中国浙江（舟山、杭州、金华、衢州、丽水、温州）、江苏、湖南、四川、台湾、福建、广东、海南、贵州、云南、西藏；泰国、缅甸、印度、尼泊尔、不丹、斯里兰卡、马来西亚、新加坡。

2. 中华虎甲 Cicindela chinensis DeGeer，1774

分布：中国浙江（舟山、湖州、杭州、绍兴、宁波、金华、台州、衢州、丽水、温州）、甘肃、河北、山东、江苏、江西、湖北、福建、广东、广西、四川、贵州、云南。

3. 云纹虎甲 Cicindela elisae Motschulsky，1859（彩图 21）

分布：中国浙江（舟山、湖州、嘉兴、杭州、绍兴、宁波、金华、台州、衢州、丽水、温州）、内蒙古、甘肃、新疆、河北、山西、河南、山东、江苏、安徽、江西、湖北、湖南、台湾、四川；日本、朝鲜。

4. 黑翅兰腹虎甲 Cicindela japonica Thunberg，1781

分布：中国浙江（舟山、湖州、杭州、绍兴、宁波、金华、台州、衢州、丽水、温州）。

5. 白底花斑虎甲 *Cicindela laetescripta* Motschulsky，1859

分布：中国浙江（舟山、台州、丽水）。

步甲科 Carabidae

主要特征：体略扁平、细长，一般体长3.0～60.0 mm。色泽幽暗，多为黑色或棕色，部分种类带绿色、蓝色、紫色或黄铜色金属光泽，有些种类鞘翅具黄色圆斑或条带。头一般比前胸背板狭，前口式，上颚外侧有沟，有些类群沟内有刚毛；复眼突出，洞居和土栖种类复眼退化或消失；触角多为丝线状，共11节，少数膨粗；前胸背板一般方形或心形，部分种类呈长筒形；中后胸各具翅1对，前翅为鞘翅，后翅膜质，许多地栖种类后翅退化。鞘翅长度一般盖过腹部，但一些类群鞘翅末端平截，露出腹部；鞘翅表面一般有条沟或刻点行，基部有小盾片行，有些种类消失。足一般细长，善于爬行，前中、后足跗节均为5节。步甲科昆虫行动敏捷，在热带和亚热带树栖的种类较多，而温带和冷凉地区的步甲主要在地表活动。河边、森林和溪流边数量多，而沙漠和海边数量很少。步甲大多夜行性，白天隐藏于石下、枯枝落叶下或土中。步甲成虫和幼虫一般为捕食性，取食小型昆虫、蚯蚓、蜗牛等，部分种类也取食植物的花、果实和种子。幼虫一般3个龄期，但个别种类仅2个龄期。步甲被认为是对人类有益的天敌昆虫，在控制农林业害虫方面发挥重要作用，但个别种类有害，如星步甲可取食柞树上的柞蚕，青步甲可为害饲养的林蛙，严重时可毁灭蚕场和蛙场。许多步甲的成虫具有趋光性，可用灯诱方法捕获。

分布：全世界已知步甲科有3.4万多种，全世界广布，中国有步甲3 000种以上。本次调查发现舟山分布7属11种。

6. 拉步甲 *Carabus lafossei* Feisthamel，1845

分布：中国浙江（舟山、湖州、嘉兴、杭州、绍兴、宁波、金华、台州、衢州、丽水、温州）、江苏、江西、福建。

7. 中华金星步甲 *Calosoma chinense* Kirby，1818

分布：中国浙江（舟山、湖州、嘉兴、杭州、绍兴、金华、台州、丽水、温州）、黑龙江、辽宁、内蒙古、宁夏、甘肃、河北、山西、河南、山东、江苏、安徽、江西、广东、四川、云南；俄罗斯东部沿海地区、朝鲜、日本。

8. 大步甲 *Carabus lafossei* Stew，1855

分布：中国浙江（舟山、湖州、嘉兴、杭州、绍兴、宁波、金华、台州、衢州、丽水、温州）、江苏、江西、福建。

9. 灿丽步甲 *Callida splendidula* (Fabricius, 1801)

分布：中国浙江（舟山、湖州、杭州）、吉林、江苏、福建、江西、河南、湖北、湖南、广东、广西、海南、四川、贵州、云南、甘肃、台湾；日本、越南、老挝、柬埔寨、缅甸、印度、马来西亚、菲律宾、印度尼西亚、巴布亚新几内亚。

10. 宽重唇步甲 *Diplocheila zeelandica* (Redtenbacher, 1868)

分布：中国浙江（舟山、杭州）、河北、江苏、安徽、福建、江西、河南、湖北、湖南、广东、广西、四川、贵州、云南、甘肃、台湾；朝鲜、俄罗斯、日本、越南。

11. 铜绿婪步甲 *Harpalus chalcentus* Bates, 1873

分布：中国浙江（舟山）、河北、吉林、江苏、福建、山东、湖北、湖南、广东、广西、四川、贵州、云南、陕西、甘肃、宁夏；日本、朝鲜。

12. 中华婪步甲 *Harpalus sinicus* Hope, 1845

分布：中国浙江（舟山、宁波、衢州、丽水、温州）、辽宁、甘肃、河北、山东、河南、安徽、江苏、江西、湖北、四川、台湾、福建、广东、广西、贵州、云南；俄罗斯（远东地区）、朝鲜、日本。

13. 爪哇屁步甲 *Pheropsophus javanus* (Dejean, 1825)

分布：中国浙江（舟山、湖州、嘉兴、杭州、绍兴、宁波、金华、台州、温州）、江苏、江西、湖北、湖南、福建、台湾、广东、广西、四川、贵州、云南；日本、越南、柬埔寨、老挝、缅甸、泰国、印度、菲律宾、马来西亚。

14. 耶气步甲 *Pheropsophus jessoensis* Morawitz, 1862

分布：中国浙江（舟山、湖州、嘉兴、宁波、金华、台州、衢州、丽水、温州）。

15. 黑蝼步甲 *Scarites sulcatus* Olivier, 1795

分布：中国浙江（舟山、衢州、丽水）。

16. 单齿蝼步甲 *Scarites terricola* Bonelli, 1813

分布：中国浙江（舟山、温州）。

豉甲科 Gyrinidae

主要特征：体长3.0~26.0 mm。黑色、蓝黑色或黑绿色，通常具有金属光泽，有时具有黄边。复眼分为上下两部分，故外观上看4个复眼。上唇明显低于唇基。唇基与额之间具有明显的横缝。额与头顶完全愈合，无缝纹。触角短，明显短于头宽，不达前胸背板前缘，11节（端部4节常愈合），每一节长明显小于宽；基部2节宽大，常形成片状，第2节边缘具有长毛。前足显著长于中、后足，较细，柱状，跗节侧缘具毛。中后足扁而短，浆状，基节大，与胸部愈合，腿节和胫节扁，三角形。腹部腹面观可见6~7节。雌雄二型。雄性前足跗节较雌性宽，腹面扁平，具密集的小吸盘。肉食性。生活于水面，可在静水或流速缓慢的小溪，有时也可在流水相对较急的河流中发现。有些种类生活于水塘或流速缓慢的河流边缘的水草下的水面。

分布：本科是水生肉食亚目昆虫中第2大科，世界上已知950种左右，我国已记录3亚科5属52种。本次调查发现舟山分布1属1种。

17. 淡边黑豉甲 *Dineutus emarginatus* Say，1823

分布：中国浙江（舟山、杭州、宁波）。

龙虱科 Dytiscidae

主要特征：体长1~48 mm，体卵圆形至长卵形，多数种类体型连续，仅少数种类在前胸背板与鞘翅连接处中断，背部表面光滑，有光泽。触角丝状，11节。后翅发达。后足特化为游泳足，基节发达，左右相接。雄虫前足为抱握足。腹部背板可见8节，腹板可见6节。

分布：世界已知龙虱科10亚科，4 223种，我国已知龙虱科42属326种，本次调查发现舟山分布1属1种。

18. 灰龙虱 *Eretes sticticus* Linnaeus，1767

分布：中国浙江（舟山、湖州、宁波、金华、台州、衢州、丽水）、湖南、台湾、福建、广东、广西；世界广布。

水龟甲科 Hydrophilidae

主要特征：体长0.9~40 mm，卵圆形，背面隆凸，腹面平扁，有时狭长形或平扁形，背面一般光滑无毛，个别被短毛；腹面多有拒水毛被，形成气盾。头顶多有"Y"形缝。触角7~9节，末端3节锤状，较长，并不紧密收缩在一起；第1节长，端锤之前一节杯形，触角着生点隐藏式。颏扩大，隐盖下颚颚叶；下颚须通常长于触角。前胸腹板在前足基节之前很短，在基节之间突起，狭窄，下折，有时不完整或缺失。前足基节从横形至锥形多变化，轻微至强烈突起。基腹连片隐藏式或由一裂缝稍露出，基节窝后方极少关闭。中胸腹板发达，有时中央有1个龙骨状脊，向前伸达前足基节之间，向后与后胸腹板龙骨状脊相连接。中足基节相互间隔狭窄，多为横形。鞘翅刻点成行排列或线状，多9或10行。后足基节相互靠近，两侧与鞘翅相接。雄器有独立的侧叶。

分布：本次调查发现舟山分布1属1种。

19. 小水龟虫 *Hydrochara affinis* (Sharp，1873)

分布：中国浙江（舟山、杭州）。

锹甲科 Lucanidae

主要特征：多具显著的雌雄异型及雄性多型现象。体形多变，呈圆钝、狭长、扁平或向上隆凸，光滑或被毛。体长2.0～100 mm。体色多呈棕褐、黑褐至黑色，也有一些种体色鲜艳并具金属光泽。头部的形态多样，常在前缘、头顶、侧缘等位置出现特化结构，上颚多发达。雄性上颚常特化为各种奇异的形态。额、上唇、下唇通常没有明显分区。复眼多为圆形，向外突出或较平凹，复眼完整或被眼眦分开。触角10节，膝状，鳃片部分3～6节。前胸背板多宽于或与头及鞘翅等宽，侧缘的形态变大。鞘翅略成铁锹状，多具短毛、刻点或纵脊。跗节5节，以第5节最长。通常雄性腹部第5节圆钝，端缘中部向内凹入而平截，雌性第5节圆而较尖，端缘中部不凹入。幼虫蛴螬形，但体节背面无皱纹，多生活在朽木或腐殖质中，肛门纵裂状并可与其他金龟子幼虫相区分。

分布：全球记载约1 800种（含亚种），我国记载300多种（含亚种）。本次调查发现舟山分布1属2种。

20. 斑腿锹甲 *Lucanus maculifemoratus* Motschulsky，1861

分布：中国浙江（舟山、湖州、杭州、绍兴、宁波、金华、台州、衢州、温州）。

21. 巨扁锹甲 *Serrognathus titanus* Boiscuval，1835（彩图22）

分布：中国浙江（舟山、湖州、杭州、绍兴、宁波、台州、丽水、温州）、江西、湖北、湖南、四川、台湾、福建、广东、广西、贵州、云南；日本、朝鲜、越南、缅甸、印度。

金龟总科 Scarabaeidae

主要特征：金龟总科又称鳃角类，种类繁多，食性复杂，栖境多样。金龟子头部通常较小，多为前口式，后部伸入前胸背板，口器发达。触角通常较短，8～11节，鳃片部3～8节。前胸背板大，通常横阔，多数具小盾片，亦有不少种类缺如。前翅为鞘翅，后翅发达善飞，少数种类后翅退化，甚至股金龟亚科Pachypodinae雌性鞘翅、小盾片和后翅均退化。前足基节窝后方不开放。足开掘式，前足胫节外缘具齿，具端距1枚，少数种类前足胫节端距和/或跗节缺失；跗节5-5-5，少数种类跗节3或4节。腹部可见5～7节，腹部气门位于背板、腹板之间的联膜上，或腹板侧上端，或背板上；末背板形成臀板，水平或垂直；臀板被鞘翅覆盖或暴露。具4条马氏管。很多种类具性二型，雄虫头部、前胸背板具各式瘤突、脊或角突，或腹部肛节端部具凹，或足具齿，或触角鳃片部节数多于雌性等。幼虫"C"形，称为蛴螬，有胸足3对，无尾突，气门筛形，全发育过程3龄，少数种类多于3龄，土栖。

分布：本文依据12科金龟总科系统（Bouchard，2011）的分类系统进行分类。现已知金龟总科12科约2 200属31 000种，世界广布。

蜣螂亚科 Scarabaeinae Latreille，1802

主要特征：体小型至大型，体长1.5～68 mm，卵圆形至椭圆形，体躯厚实，背腹均隆拱，尤以背面为甚，也有体躯扁圆者。体多黑、黑褐到褐色，或有斑纹，少数属种有金属光泽。头前口式，唇基与眼上刺突联成一片似铲，或前缘多齿形，口器被盖住，背面不可见。触角8～9节，鳃片部3节组成。前胸背板宽大，有时占背面之半乃至过半。小盾片于多数种类不可见。鞘翅通常较短，多有7～8条刻点沟。臀板半露，即臀板分上臀板、下臀板两部分，由臀中横脊分隔，上臀板仍为鞘翅盖住，下臀板外露，此为本科之重要特征。许多属、种，主要是体型较大的种类其上臀板中央有或深或浅纵沟，用以通气呼吸，称之为气道。腹部气门位于侧膜，全为鞘翅覆盖。腹面通常被毛，背面有时也被毛。部分类群前足无跗节。中足基节左右远隔，多纵位而左右平行，或呈倒"八"字形着生。后足胫节只有1枚端距。很多属、种性二态现象显著，其成虫之头面、前胸背板生有各式突起。

分布：本次调查发现舟山分布3属3种。

22. 中华粪蜣螂 Copris（S. str.）sinicus Hope，1842

分布：中国浙江（舟山、湖州、嘉兴、杭州、宁波）、江西、湖北、福建、四川、云南；越南、柬埔寨、缅甸、泰国。

23. 疣侧裸蜣螂 Gymnopleurus brahminus Waterhouse，1890（彩图23）

分布：中国浙江（舟山、湖州、丽水、温州）、江苏、江西、湖南、四川、台湾、福建、西藏。

24. 婪翁蜣螂 Onthophagus lenzi Harold，1875

分布：中国浙江（舟山、湖州、杭州、宁波、金华、衢州、丽水、温州）、辽宁、河北、山西、河南、江苏、福建；朝鲜、日本。

犀金龟亚科 Dynastinae

主要特征：犀金龟亚科亦称独角仙亚科，是一特征鲜明的类群，其上颚多少外露而于背面可见；上唇为唇基覆盖，唇基端缘具2钝齿。触角9～10节，鳃片部3节组成。前足基节窝横向，前胸腹板于基节之间生出柱形、三角形、舌形等垂突。多大型至特大型种类，性二态现象在许多属中显著（除*Phileurini*属全部种类，*Cyclocephalini*和*Pentodontini*属部分种类），其雄虫头面、前胸背板有强大角突或其他突起或凹坑，雌虫则简单或可见低矮突起。

分布：世界已知约1 670种。广布，主要分布于非洲区和东洋区。本次调查发现舟山分布1属1种。

25. 双叉犀金龟 *Allomyrina dichotoma* (Linnaeus，1771)（彩图24）

分布：中国浙江（舟山、湖州、杭州、绍兴、宁波、衢州、丽水）、吉林、辽宁、河北、河南、山东、江苏、安徽、江西、湖北、湖南、福建、台湾、广东、海南、广西、贵州、云南；朝鲜、日本、老挝。

丽金龟亚科 Rutelinae

主要特征：丽金龟亚科隶属于鞘翅目、多食亚目、金龟总科、金龟科。丽金龟成虫大多数色彩鲜艳，具金属光泽，以体色绿色居多。触角9～10节，端部3节长而薄，称为鳃片。跗节具2个大小不对称、能活动的爪，大多数种类前、中足大爪分裂，少数种类或仅雌虫简单，小爪简单，不分裂。

分布：本次调查发现舟山分布5属18种。

26. 毛喙丽金龟 *Adoretus hirsutus* Ohaus，1914

分布：中国浙江（舟山、宁波、金华、丽水）、河北、山西、山东、河南、福建。

27. 中喙丽金龟 *Adoretus sinicus* Burmeister，1855

分布：中国浙江（舟山、湖州、嘉兴、杭州、绍兴、宁波、金华、台州、衢州、丽水、温州）山东、河南、江苏、湖北、江西、湖南、福建、台湾、广东、海南、香港、广西；朝鲜、印度、美国（夏威夷）。

28. 斑喙丽金龟 *Adoretus tenuimaculatus* Waterhouse，1875

分布：中国浙江（舟山、湖州、嘉兴、杭州、绍兴、宁波、金华、台州、衢州、丽水）、辽宁、河北、山西、河南、山东、江苏、安徽、江西、湖北、湖南、四川、台湾、福建、广西、广东、云南；日本、美国（夏威夷）。

29. 桐黑异丽金龟 *Anomala antiqua* Gyllenhal，1817

分布：中国浙江（舟山、湖州、杭州、金华、台州、丽水、温州）、河南、江苏、江西、四川、广东、海南、广西、云南；柬埔寨、老挝、泰国、缅甸、印度、印度尼西亚、马来西亚、澳大利亚。

30. 绿脊异丽金龟 *Anomala aulax* (Wiedemann, 1823)

分布：中国浙江（舟山、湖州、杭州、绍兴、宁波、金华、台州、衢州、丽水、温州）、安徽、江西、湖北、湖南、福建、台湾、广东、海南、广西、四川、贵州、云南；越南。

31. 铜绿异丽金龟 *Anomala corpulenta* Motschulsky, 1854

分布：中国浙江（舟山、湖州、嘉兴、杭州、绍兴、宁波、金华、台州、衢州、丽水、温州）、黑龙江、吉林、辽宁、内蒙古、宁夏、河北、山西、陕西、河南、山东、江苏、安徽、江西、湖北、四川；朝鲜、蒙古。

32. 红脚异丽金龟 *Anomala cupripes* Hope, 1839

分布：中国浙江（舟山、湖州、嘉兴、杭州、绍兴、宁波、金华、台州、衢州、丽水、温州）、河南、山东、江苏、安徽、江西、四川、广东、广西、海南、云南；越南、柬埔寨、老挝、泰国、缅甸、印度尼西亚、马来西亚。

33. 毛褐异丽金龟 *Anomala hirsutula* Nonfried, 1892

分布：中国浙江（舟山、湖州、杭州、绍兴、宁波、金华、台州、衢州、丽水）、江西、福建、广西；越南。

34. 蒙异丽金龟 *Anomala mongolica* Faldermann, 1835

分布：中国浙江（舟山、湖州、嘉兴、杭州、宁波）、黑龙江、吉林、辽宁、内蒙古、河北、山东；俄罗斯（远东地区）。

35. 斑翅异丽金龟 *Anomala spiloptera* Burmeister, 1855

分布：中国浙江（舟山、湖州、嘉兴、杭州、绍兴、宁波、金华、台州、丽水）、江西；朝鲜。

36. 绿筋异丽金龟 *Anomala viridicostata* Nonfried, 1892

分布：中国浙江（舟山、湖州、杭州、金华）。

37. 中华彩丽金龟 *Mimela chinensis* Kirby, 1823

分布：中国浙江（舟山、湖州、杭州、宁波、丽水）、江西、湖南、四川、福建、广东、海南、广西、贵州、云南；中南半岛。

38. 墨绿彩丽金龟 *Mimela splendens* (Gyllenhal，1817)

分布：中国浙江（舟山、湖州、杭州、绍兴、宁波、金华、台州、衢州、丽水、温州）、黑龙江、吉林、辽宁、河北、陕西、山东、安徽、江西、湖北、湖南、福建、台湾、广东、广西、四川、贵州、云南；朝鲜、日本、越南。

39. 浅褐彩丽金龟（黄闪彩丽金龟）*Mimela testaceoviridis* Blanchard，1851

分布：中国浙江（舟山、湖州、杭州、绍兴、宁波、金华、台州、丽水、温州）、河北、陕西、山东、江苏、安徽、湖北、江西、湖南、福建、台湾、四川。

40. 琉璃弧丽金龟 *Popillia flavosellata* Fairmaire，1886

分布：中国浙江（舟山、湖州、杭州、绍兴、宁波、金华、台州、衢州、丽水）、黑龙江、吉林、辽宁、河北、山东、江苏、安徽、湖北、江西、四川、贵州、云南；朝鲜、日本、越南。

41. 棉花弧丽金龟（无斑弧丽金龟）*Popillia mutans* Newman，1838

分布：中国浙江（舟山、湖州、嘉兴、杭州、绍兴、宁波、金华、台州、衢州、丽水、温州）、吉林、辽宁、内蒙古、宁夏、甘肃、河北、山西、陕西、山东、河南、江苏、安徽、江西、湖北、湖南、四川、台湾、福建；朝鲜、日本、越南

42. 曲带弧丽金龟 *Popillia pustulata* Fairmaire，1887

分布：中国浙江（舟山、湖州、杭州、绍兴、宁波、金华、台州、衢州、丽水）、陕西、山东、河南、江苏、湖北、江西、湖南、福建、广东、广西、四川、贵州、云南；越南。

43. 中华弧丽金龟 *Popillia quadriguttata* Fabricius，1787（彩图25）

分布：中国浙江（舟山、湖州、杭州、绍兴、宁波、金华、台州、衢州、丽水、温州）、黑龙江、吉林、辽宁、内蒙古、江苏、安徽、湖北、江西、福建、台湾、广东、广西、四川、贵州、云南；朝鲜、越南。

鳃金龟亚科 Melolonthinae Samouelle，1819

主要特征：体长3~60 mm，体色常为红棕色或黑色，有些种类带蓝色金属光泽或绿色光泽，或身体上带些许鳞毛。体表被显著刚毛或鳞毛。头部常无角突。眼分开，小眼为晶锥眼。上唇位于唇基之下，或与唇基前缘愈合，横向的，窄形或圆锥形。触角窝从背面不可见，触角11、10、7或更少；触角鳃片部3~7节；鳃片部从椭圆形到长形，光滑或略带刚毛。上颚发达，几丁质化，从背侧看不到或只能看到少许。胸部和前

胸背板无角突。小盾片外露。中胸后侧片被鞘翅基部所覆盖。爪简单，分裂，齿状或梳状。后足爪常成对，等大或仅单爪（*Hopliini*属）。后足胫节端部有1~2根刺，相邻或被跗节基部分开。中胸气门完整，节间片严重退化。鞘翅边缘直，肩部后侧无凹陷。翅基第1叶片前背侧边缘强烈弧形，后背侧表面中部明显变窄。腹部常有功能性腹气门7对（第8对明显退化），有时候气门数量减少至5对或6对（*Gymnopyge*属）；第1和2、1~4、1~5或1~6对位于肋膜，其他的气门位于腹板，或第7气门位于腹板和背板的愈合线上，或在背板上（*Hoplia*属）；1对气门暴露在鞘翅边缘以下。5个或6个可见腹板愈合，愈合线经常至少在侧面可见。第6腹板可见时，常部分或完全缩入第5腹板。臀板可见。雌雄二型性不是很明显。

分布：世界已知750属11 000余种，分布于各大动物地理区，以热带、亚热带地区种类最为丰富。中国目前记录74属895种。本次调查发现舟山分布10属17种。

44. 筛阿鳃金龟 *Apigonia cribricollis* Burmeister, 1855

分布：中国浙江（舟山、湖州、杭州、绍兴、丽水、温州）、江苏、江西、湖南、湖北、四川、福建、广东、云南；越南。

45. 尾歪鳃金龟 *Cyphochilus apicalis* Waterhouse, 1867（彩图26）

分布：中国浙江（舟山、湖州、宁波、丽水）、江西、湖南、福建、广西。

46. 棕等鳃金龟 *Exolontha castanea* Chang, 1965

分布：中国浙江（舟山）。

47. 大等鳃金龟 *Exolontha serrulata* Gyllenhal, 1817

分布：中国浙江（舟山、湖州、杭州、绍兴、金华、丽水、温州）、江西、湖北、湖南、福建、广东、贵州；印度、菲律宾。

48. 江南大黑鳃金龟 *Holotrichia gebleri*（Faldermann, 1835）

分布：中国浙江（舟山、湖州、嘉兴、杭州、绍兴、宁波、金华、丽水、温州）、内蒙古、山西、山东、江苏、安徽。

49. 宽齿爪鳃金龟 *Holotrichia lata* Brenske, 1892

分布：中国浙江（舟山、湖州、杭州、绍兴、宁波、金华、台州、丽水）、江苏、安徽、江西、湖北、湖南、四川、台湾、福建、广东、广西、贵州、云南；越南。

50. 暗黑鳃金龟 *Holotrichia parallela* Motschulsky, 1854

分布：中国浙江（舟山、湖州、杭州、绍兴、宁波、金华、台州、衢州、丽水、

温州）、黑龙江、吉林、辽宁、甘肃、青海、河北、山西、陕西、山东、河南、江苏、安徽、湖北、江西、湖南、福建、四川、贵州；俄罗斯（远东地区）、朝鲜、日本。

51. 红褐大黑鳃金龟 *Holotrichia rubida* Chang，1965

分布：中国浙江（舟山、湖州、嘉兴、杭州、宁波、金华、丽水、温州）。

52. 华脊鳃金龟 *Holotrichia sinensis* Hope，1842

分布：中国浙江（舟山、湖州、杭州、绍兴、宁波、金华、台州、衢州、丽水、温州）、江西、福建、广东。

53. 灰胸突鳃金龟 *Hoplosternus incanus* Motschulsky，1853

分布：中国浙江（舟山、湖州、杭州、金华、台州、衢州、丽水、温州）、黑龙江、吉林、辽宁、内蒙古、宁夏、河北、山西、陕西、河南、山东、江西、湖北、四川、贵州；朝鲜、俄罗斯（远东地区）。

54. 斑鳞鳃金龟 *Lepidiota bimaculata* Saunders，1839

分布：中国浙江（舟山、绍兴、宁波、金华、衢州、丽水）、广东、广西、云南。

55. 小阔胫玛绢金龟 *Maladera ovatula* (Fairmaire)，1891

分布：中国浙江（舟山、湖州、杭州、绍兴、宁波、金华、衢州、温州）、黑龙江、吉林、辽宁、内蒙古、河北、山东、河南、江苏、安徽、广东、海南。

56. 锈褐鳃金龟 *Melolontha rubiginosa* Fairmaire，1889

分布：中国浙江（舟山、湖州、杭州、绍兴、宁波、金华、台州、丽水）。

57. 鲜黄鳃金龟 *Metabo lustumidifrons* Fairmaire，1889（彩图 27）

分布：中国浙江（舟山、湖州、杭州、绍兴、宁波、丽水、温州）、吉林、辽宁、河北、山西、山东、江西；朝鲜。

58. 戴云鳃金龟 *Polyphylla davidis* Fairmaire，1888

分布：中国浙江（舟山、湖州、绍兴、金华、丽水）、湖北、福建、四川。

59. 大云鳃金龟 *Polyphylla laticollis* Lewis，1887（彩图 28）

分布：中国浙江（舟山、湖州、杭州、宁波、金华、台州、丽水）、黑龙江、吉林、辽宁、内蒙古、河北、山西、陕西、山东、河南、安徽、江苏、四川、云南；朝鲜、日本。

60. 黑绒绢金龟 *Serica orientalis* Motschulsky, 1857

分布：中国浙江（舟山、湖州、嘉兴、杭州、绍兴、宁波、金华、台州、衢州、丽水、温州）、黑龙江、吉林、辽宁、内蒙古、甘肃、宁夏、河北、山西、山东、河南、江苏、安徽；蒙古、俄罗斯（远东地区）、朝鲜、日本。

花金龟亚科 Cetoniinae Leach, 1815

主要特征：体长通常4～46 mm，椭圆形或长形，体色多呈古铜色、铜绿色、绿色或黑色等，一般具有鲜艳的金属光泽，表面多具刻纹或花斑，部分种类表面光滑或具粉末状分泌物，通常多数有绒毛或鳞毛。头部较小且扁平，唇基多为矩形或半圆形，唇基前缘有时会具有不同程度的中凹或边框，部分种类具有不同形状的角突。复眼通常发达，触角为10节，柄节通常膨大，鳃片部3节。前胸背板通常呈梯形或椭圆形，侧缘弧形，后缘横直或具上中凹或向后方伸展，少数种类甚至盖住小盾片。中胸后侧片发达，从背面可见。小盾片呈三角形。鞘翅表面扁平，肩后缘向内弯凹，后胸前侧片与后侧片于背面可见，少数种类外缘弯凹不明显或不弯凹，部分种类鞘翅上具有2～3条纵肋。臀板为三角形。中胸腹突呈半圆形、三角形、舌形等。足较短粗，部分种类细长，前足胫节一般雌粗雄窄，外缘齿的数目，一般雌多雄少，跗节为5节（跗花金龟属跗节为4节），爪1对，对称简单。

分布：世界已知509属3 600余种，分布于各大动物地理区，以热带、亚热带地区种类最为丰富。中国目前记录69属413种。本次调查发现舟山分布3属4种。

61. 褐鳞花金龟 *Cosmiomorpha* (*Cosmiomorpha*) *modesta* Saunders, 1852

分布：中国浙江（杭州）、江苏、福建、山东、河南、湖北、湖南、贵州、云南、香港。

62. 斑青花金龟 *Oxycetonia bealiae* (Gory *et* Percheron, 1833)

分布：中国浙江（舟山、湖州、杭州、绍兴、宁波、金华、台州、衢州、丽水）、江苏、安徽、江西、湖北、湖南、四川、福建、广东、海南、广西、云南、西藏；越南、印度。

63. 青花金龟 *Oxycetonia jucunda* (Faldermann, 1835)

分布：中国浙江（舟山、湖州、杭州、宁波、金华、台州、衢州、丽水、温州）、北京、黑龙江、辽宁、吉林、甘肃、山西、陕西、湖北、天津、河南、山东、上海、安徽、江西、湖南、湖北、四川、福建、广东、贵州、云南；日本、朝鲜、印度、斯里兰卡、尼泊尔、北美洲。

64. 褐锈花金龟 *Poecilophilides rusticola* （Burmeister，1842）

分布：中国浙江（舟山、湖州、嘉兴、杭州、绍兴、宁波、金华、台州、衢州、温州）。

叩甲科 Elateridae Leach，1815

主要特征：体小型至大型；触角一般11节，锯齿状，少数栉齿状或丝状，着生于额缘下方，靠近复眼处；前胸后角尖锐而突出，前胸腹板向后变尖，形成腹后突，中胸腹板中央凹入，形成腹窝，二者组成"叩头"关节，相应前胸背板后部向后倾斜凹入，与中胸连接不甚紧密，便于做叩头运动；足较短，跗节5节，少数下方具膜状叶片，爪镰刀状，少数栉齿状，或具基齿，或二裂，爪间有着生刚毛的爪间突，后足基节横阔呈片状；可见腹板一般5节，很少6节；雄外生殖器三瓣式。叩甲科大多种类是农林重要地下害虫，可为害多种农作物、林木、中药材、牧草等，也有一些是捕食性益虫，可在虫道中捕食钻蛀性害虫，或在叶片上捕食害螨。该科昆虫幼虫期较长，一般经2～3年才能化蛹。

分布：该科为世界性分布，目前全世界记录12 000多种，中国记录1 300多种。本次调查发现舟山分布4属5种。

65. 细胸锥尾叩甲 *Agriotes subvittatus* Motshulsky，1860

分布：中国浙江（舟山、湖州、绍兴、金华、台州、衢州、丽水、温州）、黑龙江、吉林、辽宁、内蒙古、宁夏、甘肃、河北、山西、陕西、山东、河南、江苏、湖北、福建；俄罗斯、日本。

66. 松丽叩甲 *Campsosternus auratus* （Drury），1773 （彩图29）

分布：中国浙江（舟山、湖州、杭州、绍兴、金华、台州、衢州、丽水、温州）、湖北、江西、湖南、福建、台湾、广东、广西、海南、四川、云南、贵州；越南、老挝、柬埔寨、日本。

67. 中华梳爪叩甲 *Melanotus sinensis* Platia *et* Schimmel，2001

分布：中国浙江（舟山、杭州、宁波）、内蒙古、上海、江苏、安徽、福建、江西、河南、四川。

68. 朱腹梳爪叩甲 *Melanotus ventralis* Candèze，1860

分布：中国浙江（舟山、杭州、宁波）、内蒙古、上海、江苏、安徽、福建、江西、河南、四川。

69.沟线角叩甲 *Pleonomus canaliculatus* Faldemann，2001

分布：中国浙江（舟山、杭州、绍兴、金华、台州、衢州、丽水、温州）、辽宁、内蒙古、甘肃、青海、河北、陕西、山东、河南、江苏、安徽、湖北。

吉丁科 Buprestidae

主要特征：体小型至中型，少数大型。成虫常具强烈金属光泽。头较小，下口式，嵌入前胸深及眼缘。触角短，多为锯齿状，11节。前胸背板后角圆，不呈刺状突出。前胸腹板突端部嵌入中胸腹窝；前、中胸连接紧密，不能活动；后胸腹板具横缝。可见腹板5节。前足基节窝开放；前足基节近球形，中足基节较平，圆形，后足基节横阔呈片状；前、中足转节显著，后足转节小，近三角形；跗式5-5-5。

分布：本次调查发现舟山分布2属3种。

70. 小纹吉丁 *Coraebus diminutus* Gebhardt，1928

分布：中国浙江、陕西、山西、江苏、上海、湖北、江西、湖南、福建、台湾、广东、广西、四川、贵州、云南；日本、越南、老挝、泰国。

71. 细绒窄吉丁 *Agrilus pilosovittatus* Saunders，1873

分布：中国浙江、湖南、江苏、江西；美国、日本。

72. 合欢窄吉丁 *Agrilus subrobustus* Saunders，1873

分布：中国浙江、安徽、福建、贵州、湖北、湖南、陕西、四川、云南、台湾；美国、日本、朝鲜半岛。

皮蠹科 Dermestidae

主要特征：体小型至中型。体长1.0～12.0 mm，卵形、椭圆形或长椭圆形。背面隆起，通常密被带色的毛或鳞片，并构成各种斑纹。表皮黑色、褐色，或带红色或黄色。头小，显著向下倾斜，下口式；复眼发达（唯圆胸皮蠹属*Thorictodes*的种类复眼退化，隐于头的侧突之下）；具中单眼，仅皮蠹亚科Dermestinae的种类缺如；触角4～11节，棒头1～3节，少数多达4～9节，或无棒头而末端3～4节延长呈丝状。前胸背板常横形，稍均匀隆起，前背折缘常凹陷或具明显触角窝。鞘翅通常盖及腹末。前足基节近球形或圆锥形，基节窝后方开放。后足基节横板状，具容纳腿节的凹陷，或后足基节球形，无容纳腿节的凹陷；跗节为5-5-5式。腹部腹面多数可见5个腹板。该科种类食性极杂。

分布：本次调查发现舟山分布4属7种。

73. 小园皮蠹 *Anthrenus verbasci*（Linnaeus，1767）

分布：中国浙江（湖州、舟山）。

74. 钩纹皮蠹 *Dermestes ater* Degeer，1774

分布：中国浙江（舟山、湖州、杭州、宁波）。

75. 拟白腹皮蠹 *Dermestes frischi* Kugelann，1792

分布：中国浙江（舟山、湖州、嘉兴、杭州、宁波）。

76. 白腹皮蠹 *Dermestes maculatus* Degeer，1774

分布：中国浙江（舟山、湖州、嘉兴、杭州、宁波、金华、温州）。

77. 赤毛皮蠹 *Dermestes tessellatocollis* Motschulsky，1860

分布：中国浙江（舟山、杭州、宁波、金华、温州）。

78. 远东螵蛸皮蠹 *Thauma glossaovivora*（Matsumura *et* Yokoyama，1980）

分布：中国浙江（舟山）。

79. 花斑皮蠹 *Trogoderma variabile* Ballion，1878

分布：中国浙江（舟山、宁波）。

露尾甲科 Nitidulidae

主要特征：成虫体形多变，体长0.9~15 mm；背部常适度弯曲，腹部平坦或轻微弯曲；有时背部强烈弯曲，腹部平坦，或近似半球形和卷曲为球形；通常卵圆形或长形。体表通常具统一刻点，有时刻点大小不一，排列无序，但鞘翅常有条纹和纵向的或大或小的刻痕。短柔毛通常适度稠密细小，适度可见，有时完全退化或有不同的大小形状和颜色，前胸和鞘翅边通常有纤毛。头部分可伸缩至前胸下，或多或少前口式。触角通常11节，3或4节紧密结合成棒状，背腹明显扁平，有时10节或小于10节，2节成棒状。前胸背板和鞘翅边缘几乎总是明显加宽，通常是展开平坦的。鞘翅很少完全，但经常缩短，具明显的分隔开的缘褶急剧向腹侧弯曲，而且向端部退化（特别是更短的鞘翅）。跗式5-5-5，跗分节1~3裂片或更简单，第4跗分节最小。

分布：古北区、东洋区、澳洲区、新北区、新热带区、古热带区。本次调查发现舟山分布2属4种。

80. 隆肩露尾甲 *Carpophilus humeralis* Fabricius，1798

分布：中国浙江（舟山）。

81. 大腋露尾甲 *Carpophilus marginellus* Motschulsky，1858

分布：中国浙江（舟山、杭州、宁波）。

82. 隆胸露尾甲 *Carpophilus obsoletus* Erichson，1843

分布：中国浙江（舟山、宁波）。

83. 缘胸露尾甲 *Haptoncus luteolus*（Erichson，1843）

分布：中国浙江（舟山、杭州、宁波）。

瓢虫科 Coccinellidae

主要特征：瓢虫科Coccinellidae隶属于鞘翅目Coleoptera、多食亚目Polyphaga、扁甲总科Cucujoidea。其中约4/5属于捕食性种类，主要捕食蚜虫、介壳虫、粉虱、叶螨等重要的有害生物，是一类重要的天敌昆虫。瓢虫科区别于其他近缘科的重要特征为：①第1腹板上有后基线；②下颚须末节斧状，两侧向末端扩大，或两侧相互平行，如两侧向末端收窄，则前端减薄而平截；③跗节隐4节式，跗节的第2节宽大，第3节特别细小，第4节特别细长，第3、4节连接成跗爪端节，自第2节的下陷或分裂中伸出，有些种类第3节退化或与第4节愈合，因而跗爪端节仅1节。瓢虫的大多数种类同时具备上述的3个特征，仅少数种类只具有其中的2个特征，上述特征可作为鉴别瓢虫科的依据。

分布：目前全世界共记录瓢虫科6 000余种，中国记录88属725种。本次调查发现舟山分布10属15种。

84. 隐斑瓢虫 *Ballia obscurosignata* Liu，1963

分布：中国浙江（舟山、嘉兴、杭州、绍兴、宁波、金华、台州、衢州、丽水、温州）、北京、福建、广西、广东、辽宁。

85. 十五星裸瓢虫 *Calvia quinquedecimguttata*（Fabricius，1777）

分布：中国浙江（舟山、杭州、绍兴、宁波、金华、台州、丽水、温州）、陕西、河南、甘肃、湖南、广东、广西、贵州、江西、四川、福建、云南；蒙古、日本、印度、欧洲。

86. 红点唇瓢虫 *Chilocorus kuwanae* Silvestri，1909

分布：中国浙江（舟山、湖州、嘉兴、杭州、绍兴、宁波、台州、衢州、温州）、黑龙江、北京、吉林、辽宁、甘肃、宁夏、山西、陕西、河北、山东、上海、安徽、四川、河南、江苏、江西、湖南、福建、广东；日本、朝鲜、印度、意大利、美国。

87.四斑月瓢虫 *Chilomenes quadriplaglata* Swartz, 1808

分布：中国浙江（舟山、杭州、绍兴、宁波、金华、台州、衢州、丽水、温州）、东北、四川、台湾、福建、云南；日本、印度。

88.黑缘红瓢虫 *Chilocorus rubidus* Hope, 1831

分布：中国浙江（舟山、湖州、杭州、绍兴、宁波、金华、衢州、丽水、温州）、北京、黑龙江、吉林、辽宁、宁夏、甘肃、河北、四川、湖南、海南、贵州、西藏、东北、内蒙古、河北、陕西、河南、山东、江苏、福建、云南；日本、俄罗斯、蒙古、印度、朝鲜、尼泊尔、印度尼西亚、大洋洲。

89.宽缘唇瓢虫 *Chilocorus rufitarsus* Motschulsky, 1853

分布：中国浙江（舟山、杭州、绍兴、宁波、衢州、丽水）、福建、广东、云南。

90.七星瓢虫 *Coccinella septempunctata* Linnaeus, 1758

分布：中国浙江（舟山、湖州、嘉兴、杭州、绍兴、宁波、金华、台州、衢州、丽水、温州）、黑龙江、辽宁、吉林、新疆、河北、山西、陕西、山东、河南、江苏、江西、湖北、湖南、四川、福建、广东、云南、西藏；蒙古、朝鲜、日本、印度、欧洲。

91.异色瓢虫 *Harmonia axyridis* (Pallas, 1773)

分布：中国浙江（舟山、湖州、嘉兴、杭州、绍兴、宁波、金华、台州、衢州、丽水、温州）、黑龙江、吉林、辽宁、河北、北京、山西、陕西、山东、湖南、福建、广东；东亚其他国家、俄罗斯、印度。

92.四斑显盾瓢虫 *Hyperaspi sleechi* Miyatake, 1903

分布：中国浙江（舟山、金华）、北京、吉林、河北、山东、江苏、福建；蒙古、朝鲜半岛、俄罗斯（远东地区）。

93.龟纹瓢虫 *Propylaea japonica* (Thunberg, 1781) (彩图30)

分布：中国浙江（舟山、湖州、嘉兴、杭州、绍兴、宁波、金华、台州、衢州、丽水、温州）、黑龙江、辽宁、吉林、内蒙古、宁夏、甘肃、新疆、北京、河北、陕西、山东、河南、江苏、上海、江西、湖北、湖南、四川、台湾、福建、广东、广西、贵州、云南；日本、印度、朝鲜、越南、俄罗斯。

94.大红瓢虫 *Rodolia rufopilosa* Mulsant, 1850

分布：中国浙江（舟山、湖州、丽水、温州）、陕西、江苏、湖北、湖南、四川、福建、广东、广西；日本、缅甸、印度、菲律宾、印度尼西亚。

95. 长爪小毛瓢虫 *Scymnus*（*Scymnus*）*dolichonychus* Yu *et* Pang，1994

分布：中国浙江（舟山、杭州、宁波）、安徽、福建、江西、河南、湖北、湖南、四川、贵州、云南、陕西。

96. 华鹿瓢虫 *Sospita chinensis* Mulsant，1846

分布：中国浙江（舟山、杭州、绍兴、宁波、台州、衢州、温州）。

97. 十二斑和瓢虫 *Synharmonia bissexnotata*（Mulsant，1851）

分布：中国浙江（湖州、嘉兴、杭州、宁波、金华）。

98. 八斑和瓢虫 *Synharmonia octomaculata*（Fabricius，1781）

分布：中国浙江（舟山、杭州、丽水）。

拟步甲科 Tenebrionidae

主要特征：体长1~80 mm，北方种类体色通常黑或棕色，白天活动种类有金属光泽，夜间活动者多黑色无光泽，热带种类绿色、蓝色或紫色等多种色泽。有眼或稀见无眼，眼有时被后颊分割为上下两部分。触角末节，稀见9或10节，丝状、抱茎状、锤状或梳齿状。身体光滑或具毛，覆盖各种类型的毛、刚毛和感觉器官。鞘翅大多有9~10条点条沟，通常具小盾片线；后翅在或退化，异脉序。跗节常见5-5-4式，稀见5-4-4式或4-4-4式；跗节正常，少数有叶状节；跗爪简单，少数有齿突。第1~3腹板愈合，第4~5腹板可动，稀见多于5节者。食性颇杂，或取食植物叶片、皮层和花器，或钻蛀朽木以感菌木质素为食，有些直接取食多孔菌类或地衣、苔藓，少数取食动物粪便、尸体和小型活体动物，一些生活在木质隧道或皮下，部分见于仓库。

分布：该科全球已知9亚科97族2 300属20 000余种，我国记录8亚科54族254属2 800余种。本次调查发现舟山分布5属8种。

99. 黑菌甲 *Alphitobius diaperinus* Panzer，1797

分布：中国浙江（舟山、嘉兴、杭州、宁波、台州、温州）。

100. 褐菌甲 *Alphitobius laevigatus* Fabricius，1797

分布：中国浙江（舟山、湖州、嘉兴、宁波、金华、温州）。

101. 二带黑菌虫 *Alphitophagus bifasciatus* Say，1824

分布：中国浙江（舟山、宁波）。

102. 东方小垫甲 *Luprops orientalis* Motschulsky，1868

分布：中国浙江（舟山、嘉兴、杭州、宁波、温州）、东北、福建、广西、贵州、河北、江苏、四川、云南；朝鲜、日本。

103. 小隐甲 *Microcrypticus scriptipennis* Fairmaire，1875

分布：中国浙江（舟山、宁波、金华）。

104. 小帕米粉 *Palorus cerylonoides*（Pascoe），1863

分布：中国浙江（舟山、湖州、嘉兴、杭州、宁波、温州）。

105. 姬帕粉甲 *Palorus ratzeburgi* Wissmann，1848

分布：中国浙江（舟山、湖州、嘉兴、杭州、宁波、金华、温州）。

106. 黑拟步甲 *Tenebrio obscurus*（Fabricius），1792（彩图 31）

分布：中国浙江（舟山、湖州、嘉兴、杭州、宁波、金华、衢州、温州）。

芫菁科 Meloidae

主要特征：成虫体小型至中型，体长5.0~45.0 mm，黑色、红色或绿色等。头下垂，宽过前胸背板，后头急剧缢缩；口器前口式；触角多为丝状、棒状，部分触角节呈栉（锯）齿状或念珠状，部分种类性二型明显。前胸背板窄于鞘翅基部，通常端部最窄。鞘翅柔软，完整或短缩，颜色多变。跗节5-5-4式，爪二裂，背叶下缘光滑或具齿。腹部可见腹板6节，缝完整。

分布：该科全世界已知4亚科127属近3 000种，我国记录2亚科26属196种。本次调查发现舟山分布4属9种。

107. 中国豆芫菁 *Epicauta chinensis* Laporte，2016

分布：中国浙江（舟山、湖州、杭州、绍兴、宁波、金华、台州、衢州、丽水、温州）。

108. 锯角豆芫菁 *Epicauta gorhami* Marseul，1873

分布：中国浙江（舟山、杭州、宁波、金华、台州、温州）。

109. 西伯利亚豆芫菁 *Epicauta sibirica* Pallas，1773

分布：中国浙江（舟山、杭州、台州、丽水）。

110. 红头豆芫菁 *Epicauta ruficeps* Illiger，1880

分布：中国浙江（舟山、湖州、杭州、绍兴、宁波、金华、台州、衢州、丽水、

温州）、北京、河北、山西、内蒙古、黑龙江、河南、四川、陕西、甘肃、青海、宁夏、新疆；蒙古、俄罗斯、日本、哈萨克斯坦。

111. 眼斑沟芫菁 *Hycleus cichorii* (Linnaeus)，1758

分布：中国浙江（舟山、湖州、嘉兴、杭州、绍兴、宁波、金华、台州、衢州、丽水、温州）、江苏、安徽、福建、江西、河南、湖北、湖南、广东、广西、海南、四川、贵州、云南、西藏、台湾、香港；日本、越南、老挝、泰国、尼泊尔、印度。

112. 大斑沟芫菁 *Hycleus phaleratus* (Pallas，1782)

分布：中国浙江（舟山、湖州、杭州、绍兴、宁波、金华、台州、衢州、丽水、温州）、江苏、安徽、福建、江西、河南、湖北、广东、广西、海南、四川、贵州、云南、西藏、台湾；泰国、尼泊尔、印度、巴基斯坦、斯里兰卡、印度尼西亚。

113. 眼斑芫菁 *Mylabris cichorii* Linnaeus，1767

分布：中国浙江（舟山、湖州、杭州、绍兴、宁波、金华、台州、衢州、丽水、温州）。

114. 大斑芫菁 *Mylabris phalerata* (Pallas，1781)

分布：中国浙江（舟山、湖州、杭州、绍兴、宁波、金华、台州、衢州、丽水、温州）。

115. 西北豆芫菁 *Epicauta sibirica* (Pallas，1773)

分布：中国浙江（舟山、湖州、杭州、绍兴、宁波、金华、台州、衢州、丽水、温州）、北京、河北、山西、内蒙古、黑龙江、河南、四川、陕西、甘肃、青海、宁夏、新疆；蒙古、俄罗斯、日本、哈萨克斯坦。

三栉牛科 Trictenotomidae

主要特征：上颚强大；触角11节，先端3节膨大呈锯齿状；眼幅广，前缘弯曲；前胸背板基部略狭于鞘翅，前胸侧缘略有尖齿状突起；前、后足基节横形，前基节窝开口，跗节略圆。

分布：本次调查发现舟山分布1属1种。

116. 三栉牛 *Trictenotoma davidi* Deyrolle，1875（彩图32）

分布：中国浙江（舟山、杭州、宁波、衢州）、华南。

天牛科 Cerambycidae

主要特征：天牛科隶属于昆虫纲、鞘翅目、多食亚目、叶甲总科。天牛科昆虫体型一般中至大型，部分小型，粗壮，狭长或扁薄。前口式或下口式，极少数为后口式。触角通常超出体长之半，常为11节，可向后披放；触角基瘤一般明显隆突。复眼发达，一般肾形环绕触角基部，有时圆形、椭圆形，或深凹缘，上、下两叶仅由1列小眼面相连，甚至上、下叶完全分离。前胸背板侧缘一般有侧刺突或侧瘤突，有些种类仅具隆突或完全无突。鞘翅发达或短缩，端缘圆或截形或呈尖刺状。足胫节有2个端距，跗节隐5节，爪通常简单。腹部可见5或6节。中胸通常具发音器。雄虫外生殖器具环式，由阳茎基、中茎（包括1对中茎突）和内囊3部分组成；阳茎基大多呈环状，由1对阳基侧突、盖和环组成，在狭天牛属中呈叉状；中茎在基部具有成对的中茎突，中茎突端部常分开，部分种类中茎突端部相接；内囊膜质，囊状，长形，基部具射精管1根或2根；内囊的表面常有一些起固定作用的骨化结构，其形态在种内相当稳定，可以作为分类的良好特征，常用的中茎和阳基侧突的形态及弯度，虽具有种的特征，但在种内个体间往往多少有变异。

天牛科为完全变态昆虫，幼虫植食性，有一定的寄主范围。大多数蛀食衰弱木、倒木、枯木和朽木，有利于促进森林更新，少数种类钻蛀活的植物茎、干，成为林木、果树、作物、药材和观赏植物的重要害虫。营地下生活的幼虫，蛀食植物的根部或茎干基部，可在土中转移为害。蛀食树木枝、干的种类，低龄幼虫通常在韧皮部取食，蜕1~2次皮后，钻入木质部取食，粪便多数直接填塞蛀道，部分种类通过透气孔排出。一个蛀道内通常只有1头幼虫，多头幼虫同在一个主干中生活时，蛀道也互不交叉。天牛幼虫期一般较长，大多需要经历1~3年，为害草本的种类稍短，数个月即可。同种个体间幼虫的龄数也很不一致，大多5~8龄，通常食物充足的幼虫龄数较多。幼虫老熟后在蛀道中筑蛹室越冬，或化蛹越冬，土居种类常用泥土筑成虫蛹室，为害小枝的种类则常切枝落土过冬，作者观察到云斑白条天牛在湖南以当年羽化的成虫在蛹室内蛰伏越冬。部分种类以成虫藏匿于树皮、石块下越冬。羽化后的成虫用口器咬穿茎干，从羽化孔内钻出。成虫基本上植食性，大多数啃食植物的树皮及叶片造成为害，相当一部分种类有访花行为，取食花粉的同时可进行传花授粉。性发育成熟的成虫通常在寄主植物上或附近进行交配，访花天牛则大多在花树上进行交配。交配行为每种不尽相同，交配时间相当长。雌虫通常把卵产在寄主植物表皮的裂缝中或以上颚咬出的刻槽内。部分种类具趋光性，可进行灯诱采集。

分布：天牛为世界性分布，已知40 000多种，我国已知3 200多种。本次调查发现舟山分布36属47种。

117. 无芒锦天牛 *Acalolepta floculata* (Gressitt)，1935

分布：中国浙江（舟山、丽水）、贵州。

118. 金绒锦天牛 *Acalolepta permutans* (Pascoe, 1857)

分布：中国浙江（舟山、台州、丽水）、陕西、安徽、河南、华北、江苏、江西、湖南、四川、福建、广东、广西、云南、香港；日本、越南。

119. 丝锦天牛 *Acalolepta vitalisi* (Pic)，1925

分布：中国浙江（舟山、湖州、杭州）、江西、湖南、台湾、广东、海南、广西、四川；越南、柬埔寨。

120. 楝星天牛 *Anoplophora horsfieldi* (Hope)，1843（彩图 33）

分布：中国浙江（舟山、杭州、绍兴、温州）。

121. 槐星天牛 *Anoplophora lurida* (Pascoe)，1857

分布：中国浙江（舟山、湖州、杭州、绍兴、宁波、金华、台州、衢州、丽水、温州）、甘肃、江苏、湖北、江西、台湾。

122. 黄颈柄天牛 *Aphrodisium faldermanni* (Saunders)，1853

分布：中国浙江（舟山、杭州、绍兴、宁波、金华、台州、丽水、温州）、河南、江苏、华北、福建、江西、内蒙古、贵州、广东；俄罗斯（西伯利亚）。

123. 三穴梗天牛 *Arhopalus foveatus* Chiang，1963

分布：中国浙江（舟山、台州）。

124. 瘤胸簇天牛 *Aristobia hispida* (Saunders, 1853)

分布：中国浙江（舟山、湖州、嘉兴、杭州、绍兴、宁波、金华、台州、衢州、丽水、温州）、河北、江苏、安徽、江西、湖北、湖南、福建、台湾、广东、海南、广西、四川、西藏；越南。

125. 桃红颈天牛 *Aromia bungii* Faldermann，1835（彩图 34）

分布：中国浙江（舟山、湖州、嘉兴、杭州、绍兴、宁波、金华、台州、衢州、丽水、温州）、辽宁、内蒙古、甘肃、河北、陕西、山东、江苏、湖北、四川、福建、广东、广西；朝鲜。

126. 梨眼天牛 *Bacchisa fortunei* Thomson，1857

分布：中国浙江（舟山、杭州、绍兴、宁波、金华、台州、丽水）、东北、山西、陕西、山东、江苏、安徽、江西、台湾、福建；朝鲜、日本。

127. 云斑白条天牛 *Batocera horsfieldi* (Hope, 1839)（彩图 35）

分布：中国浙江（舟山、湖州、嘉兴、杭州、绍兴、宁波、金华、台州、衢州、丽水、温州）、河北、陕西、山东、河南、江苏、安徽、江西、湖北、湖南、四川、台湾、福建、广东、广西、贵州、云南；日本、越南、印度东北部、朝鲜。

128. 竹绿虎天牛 *Chlorophorus annularis* (Fabricius, 1787)

分布：中国浙江（舟山、湖州、杭州、绍兴、宁波、金华、台州、衢州、丽水、温州）、辽宁、河北、陕西、江苏、安徽、福建、台湾、广东、广西、四川、贵州、云南；日本、越南、老挝、泰国、缅甸、印度、马来西亚、印度尼西亚。

129. 弧纹绿虎天牛 *Chlorophorus miwai* Gressitt, 1936

分布：中国浙江（舟山、湖州、杭州、丽水、温州）、安徽、江西、湖北、湖南、福建、台湾、广东、广西、四川、贵州、河南。

130. 裂纹虎天牛 *Chlorophorus separates* Gressitt, 1940

分布：中国浙江（舟山、杭州、台州）。

131. 弧斑红天牛（弧斑天牛）*Erythrus forunei* Wheti, 1853

分布：中国浙江（舟山、杭州、宁波、丽水）、江苏、台湾、福建、四川、广东、广西、香港。

132. 家扁天牛 *Eurypoda antennata* Saunders, 1853

分布：中国浙江（舟山、湖州、杭州、绍兴、宁波、温州）、上海、江苏、江西、湖南、台湾、广东、贵州、香港。

133. 双带粒翅天牛 *Lamiomimus gottchei* Kolbe, 1886

分布：中国浙江（舟山、杭州、宁波、丽水）、河南、黑龙江、辽宁、河北、江苏、安徽、江西、贵州、湖北、四川、陕西；朝鲜、俄罗斯。

134. 顶斑瘤筒天牛 *Linda fraterna* (Chevrolat, 1852)

分布：中国浙江（舟山、湖州、杭州、宁波、金华、台州、衢州、丽水）、东北、河南、河北、江苏、福建、江西、云南、广西、广东、台湾。

135. 金斑缘天牛 *Margites auratonotatus* Pic, 1923

分布：中国浙江（舟山、衢州）、上海、江苏、湖北、福建、四川、广东。

136.栗山天牛 *Massicus raddei*（Blessia，1872）

分布：中国浙江（舟山、湖州、嘉兴、杭州、宁波、金华、台州、衢州、温州）、河南、黑龙江、吉林、辽宁、河北、陕西、山东、江苏、江西、湖北、湖南、福建、台湾、四川、云南；日本、朝鲜、俄罗斯。

137.粗角薄翅天牛 *Megopis scabricornis* Scopoli，1763

分布：中国浙江（舟山、绍兴、宁波）。

138.中华薄翅天牛 *Megopis sinica*sinica（White，1853）

分布：中国浙江（舟山、湖州、杭州、绍兴、宁波、金华、台州、丽水、温州、湖州）、辽宁、内蒙古、甘肃、河北、山西、陕西、东北、河南、山东、江苏、安徽、江西、湖北、湖南、福建、台湾、广西、四川、贵州、云南；日本、朝鲜、越南、老挝、缅甸。

139.桔褐天牛 *Nadezhdiella cantori*（Hope，1845）

分布：中国浙江（舟山、杭州、台州、衢州、丽水、杭州、象山、定海、普陀、仙居、温岭、江山、松阳）。

140.台湾筒天牛 *Oberea formosana* Pic，1911

分布：中国浙江（舟山、湖州、杭州、台州、丽水、温州）、吉林、辽宁、河南、山东、江西、台湾；朝鲜、日本。

141.舟山筒天牛 *Oberea inclusm* Fairmaire，1911

分布：中国浙江（舟山、杭州）。

142.日本筒天牛 *Oberea japonica*（Thunberg，1787）

分布：中国浙江（舟山、杭州、绍兴、宁波、台州、丽水、温州）、吉林、辽宁、河南、山东、江西、台湾；朝鲜、日本。

143.凹尾筒天牛 *Obere awalkeri* Gahan，1894

分布：中国浙江（舟山、湖州、杭州）、江西、福建、河南、湖北、湖南、广东、广西、四川、贵州、云南、香港。

144.斜翅黑点粉天牛 *Olenecamptus clarussubobliteratus* Pic，1923

分布：中国浙江（舟山、绍兴、宁波）。

145. 八星粉天牛 *Olenecamptus octopustulatus*（Motschulsky，1860）

分布：中国浙江（舟山、湖州、杭州、宁波、丽水、温州）。

146. 狭胸橘天牛 *Philus autennatus*（Gyllenhal，1817）

分布：中国浙江（舟山、湖州、杭州、绍兴、宁波、台州、丽水、温州）、河北、江西、湖南、福建、海南、香港；印度。

147. 蔗狭胸天牛 *Philus pallescens* Bates，1866

分布：中国浙江（舟山、湖州、杭州、绍兴、金华、台州、丽水、温州）。

148. 菊小筒天牛 *Phytoecia rufiventris* Gautier，1870

分布：中国浙江（舟山、湖州、杭州、绍兴、宁波、金华、丽水、温州）、东北、内蒙古、河北、山西、山东、江苏、安徽、江西、湖北、福建、台湾、广东、广西、四川、贵州；日本、朝鲜、俄罗斯、蒙古。

149. 多带天牛 *Polyzonus fasciatus*（Fabricius，1871）

分布：中国浙江（舟山、杭州、绍兴、宁波、金华、台州、衢州、丽水、温州）、黑龙江、吉林、辽宁、内蒙古、河北、山西、山东、江苏、安徽、江西、湖北、福建、台湾、广东、广西、四川、贵州；日本、朝鲜、俄罗斯、蒙古。

150. 锯天牛 *Prionus insularis* Motschulsky，1857

分布：中国浙江（舟山、宁波、丽水、温州）。

151. 柑橘锯天牛 *Priotyrranus closteroides* Thomson，1977

分布：中国浙江（舟山、湖州、金华、丽水、温州）。

152. 斑角坡天牛 *Pterolophia annulata*（Chevrolat，1845）

分布：中国浙江（舟山、绍兴）。

153. 竹紫天牛 *Purpuricenus temminckii* Guerin-Moneville，1844

分布：中国浙江（舟山、湖州、杭州、绍兴、宁波、台州、衢州、丽水、温州）、辽宁、河北、陕西、河南、江苏、江西、湖北、福建、台湾、广东、广西、四川；日本、朝鲜、老挝。

154. 肖双条杉天牛 *Semanotus bifasciatus* Gressitt，1951

分布：中国浙江（舟山、湖州、杭州、绍兴、宁波、金华、台州、衢州、丽水、温州）。

155. 椎天牛 *Spondylis buprestoides* (Linnaeus, 1758)

分布：中国浙江（舟山、湖州、杭州、绍兴、宁波、台州、衢州、丽水、温州）、黑龙江、内蒙古、河北、陕西、江苏、安徽、福建、台湾、广东、云南；日本、朝鲜、欧洲。

156. 拟蜡天牛 *Stenygrinum quadrinotatum* Bates, 1873

分布：中国浙江（舟山、湖州、杭州、绍兴、宁波、台州、衢州、丽水、温州）、吉林、甘肃。

157. 红胸短刺天牛 *Terinaearufo nigra* Gressitt, 1940

分布：中国浙江（舟山）。

158. 线形猛天牛 *Tetraglenes insignis sublineatus* Gressitt, 1951

分布：中国浙江（舟山）。

159. 粗脊天牛 *Trachylophus sinensis* Galian, 1888

分布：中国浙江（舟山、杭州、台州、丽水）。

160. 刺角天牛 *Trirachys orientalis* Hope, 1843

分布：中国浙江（舟山、湖州、嘉兴、丽水、温州）。

161. 葡萄脊虎天牛 *Xylotrechus pyrrhoderus* Bates, 1873

分布：中国浙江（舟山、杭州、宁波、衢州）、江苏、四川；日本。

162. 浙江脊虎天牛 *Xylotrechus savioi* Pic, 1935

分布：中国浙江（舟山、杭州）。

163. 合欢双条天牛 *Xystrocera globosa* (Olivier, 1795)

分布：中国浙江（舟山、湖州、杭州、绍兴、宁波、丽水、温州）、河北、山东、江苏、福建、台湾、广东、广西、四川、云南；日本、朝鲜、老挝、缅甸、泰国、印度、斯里兰卡、马来西亚、印度尼西亚、菲律宾、埃及、美国（夏威夷）。

小蠹科 Scolytidae

主要特征：体小至中型，长椭圆形，有毛鳞；褐色至黑色；头半露于外，窄于前胸，无喙，上颚强大；下颚内具颚叶，下唇无唇舌分化；触角膝状，端部3～4节成锤状；前胸背板多为基部宽，端部窄，有侧缘或无侧缘；鞘翅稍长于前胸背板，短宽，两侧接近平行，翅面具刻点行，端部多具翅坡，翅坡周缘多有齿状突或瘤突；足短粗，胫节强大，外侧具齿列，个别类群光滑，端部具弯距；跗节5-5-5；腹部可见腹板5节。幼虫近似蛴螬型，头小，上颚关节臼发达，无臼齿及臼叶；下颚具合颚叶；胸部较腹部粗，腹部末端较细，背面隆突；胸足退化；无尾突。

分布：全世界已知约6 000种，中国有500余种。本次调查发现1属1种。

164. 纵坑切梢小蠹 *Tomicus piniperda* Linnaeus

分布：中国浙江（舟山、湖州、杭州、绍兴、宁波、台州、丽水、温州）、辽宁、陕西、河南、江苏、福建、云南；日本、朝鲜。

叶甲科 Chrysomelidae

主要特征：叶甲科昆虫多有艳丽的金属光泽。头型为亚前口式，唇基不与额愈合，前部明显分出前唇基，其前缘平直。前足基节窝横形或锥形突出，基节窝关闭或开放；跗节为假4节型，实际5节，其第4节极小，隐藏于第3节的两叶中。

分布：本次调查发现舟山分布4亚科26属35种。

水叶甲亚科 Donaciinae Kirby，1837

主要特征：水叶甲亚科是叶甲科内唯一适应于水生的类群，其主要鉴别特征：成虫头、尾较狭，流线形或梭形；腹面生有浓密的不透水的银色毛被；腹部第1节很长，一般超过或等于其余4节的总和；头向前下方伸出，头部有一细纵沟，但不呈"X"形；复眼完整无凹切。体背一般光洁，少数种类前胸背板具毛。鞘翅一般狭长，基部较宽，渐渐向后收狭，端缘平截或内凹，外端角有时突出，中缝在近端部的"下边缘"有时明显膨阔，刻点粗大，排列成行。足细长，腿节有时稍粗，下缘常具齿，胫节较细，跗节颇狭，爪节比前几节长很多。幼虫水生，食根或食茎。

分布：全世界已知7～8属，近170种。主要分布在北半球全北区，向北可到达纬度很高的地区。东洋区、澳州区和埃塞俄比亚区很少，新热带区没有分布。本次调查发现舟山分布1属1种。

165. 长腿水叶甲 *Donacia provosti* Fairmaire，1885

分布：中国浙江（舟山、杭州、衢州）、黑龙江、辽宁、北京、河北、陕西、山东、河南、江苏、安徽、湖北、江西、福建、台湾、广东、海南、四川、贵州；朝鲜、日本、俄罗斯（西伯利亚）。

负泥虫亚科 Criocerinae Latreille，1804

主要特征：体长形或长方形，不特别宽大；颜面有一个清楚的"X"形沟，其末端常与眼后沟相接；复眼内缘凹切；触角丝状，端部几节有时扁平；前胸无边框，近于方形或筒形，背板两侧在中部或基部收狭，背板常隆起，有1~2条横沟或凹；鞘翅狭长，两侧近于平行，后端稍收狭，末端相合成圆形，刻点行整齐，一般有11行，小盾片刻点行清楚，少数种类消失；足较短，腿节较粗，后腿节无齿，胫节端部常有距，爪单齿式，在基部合并或分离。幼虫食叶，因其幼虫将泥巴状的排泄物堆积于体背，故名负泥虫。

分布：广布世界各地。本次调查发现舟山分布2属6种。

166. 红带负泥虫 *Lema delicatulaema* Baly，1867

分布：中国浙江（舟山、嘉兴、杭州）、江苏、福建、广东；日本。

167. 红胸负泥虫 *Lema （Petauristes） fortunei* Baly，1859

分布：中国浙江（舟山、湖州、杭州、台州、丽水）、北京、河北、江苏、安徽、福建、江西、河南、湖北、广东、广西、海南、四川、贵州、陕西、甘肃、新疆、台湾；朝鲜、日本。

168. 鸭跖草负泥虫 *Lema diversa* Baly，1873

分布：中国浙江（舟山、杭州）、北京、河北、辽宁、吉林、黑龙江、江苏、安徽、福建、江西、山东、河南、广东、广西、四川、贵州、陕西；俄罗斯、朝鲜、日本。

169. 纤负泥虫 *Lilioceris egena* （Weise，1922）

分布：中国浙江（舟山、杭州、温州）、安徽、福建、江西、湖北、湖南、广西、广东、海南、四川、贵州、云南、台湾、香港；越南。

170. 中华负泥虫 *Lilioceris sinica* （Heyden，1887）

分布：中国浙江（舟山、杭州、台州）、北京、河北、辽宁、吉林、黑龙江、福建、山东、江西、湖北、广西、贵州、陕西、甘肃；朝鲜、俄罗斯（西伯利亚）。

171. 红负泥虫 *Lilioceris lateritia* （Baly，1863）

分布：中国浙江（舟山、杭州、台州）、江苏、安徽、福建、江西、湖北、湖南、广东、广西、四川、贵州。

萤叶甲亚科 **(Chrysomelidae：Galerucinae)**

主要特征：头部亚前口式；前唇基明显且前缘较直；前足基节窝开放或关闭；跗

节全为假4节（隐5节），第3节为双叶状，第4节很小隐藏于第3节的二分叶内；后足腿节较细，没有跳器；身体长形；触角丝状，11节；触角窝在两眼之间，距离较近；具有明显的角后瘤；阳基侧突不分节。该亚科的成虫、幼虫均为植食性，且多数类群具有寄主专化性，它们是鞘翅目植食性昆虫的重要代表性类群，也是研究昆虫与植物协同进化的代表性类群；同时，多数种类是农林业生产中的重要害虫，主要为害禾本科、十字花科、豆科等农作物及林木、果树、药用植物等经济作物；少数种类可用于杂草的生物防治和检疫。

分布：本次调查发现舟山分布2属2种。

172. 十星瓢萤叶甲 *Oides decempunctata* (Billberg, 1808)

分布：中国浙江（舟山）、河北、山西、吉林、江苏、安徽、福建、江西、山东、河南、湖北、湖南、广东、广西、海南、四川、贵州、陕西、甘肃、台湾；朝鲜、越南。

173. 黑腹米萤叶甲 *Mimastra soreli* Baly，1878

分布：中国浙江（杭州、舟山）、甘肃、江苏、湖南、福建、广东、海南、广西、四川、贵州、云南；越南、老挝、泰国、菲律宾。

叶甲亚科 Chrysomelinae Lacordaire，1845

主要特征：叶甲亚科成虫一般中等到大型，体长2~15 mm。体形圆、长圆、卵圆或长方形，背面较拱突或十分拱突，仅扁叶甲属背面扁平。体色多艳丽，金属光泽较强或具条带、花斑。头型为亚前口式，头部清楚的倒"Y"形沟纹，唇基三角形或半圆形，唇基横行狭窄。触角较短，仅伸达或略超过前胸背板基部，端部5、6节较粗；两触角基部远离，着生在头前部额区两侧，接近上颚基部。前足基节窝关闭或开放，前足基节横卵形、不突出，两足相距较远；腿节不十分粗壮，胫端无刺；假4跗型，基部3节腹面通常毛被发达，如垫状；爪简单，附齿式或双齿式。成虫、幼虫全部裸生食叶。多为卵生，成虫在叶面产卵，散产或成块。本亚科是叶甲科中较小的一个亚科，但其中许多种类是农、林、牧草的重要害虫，有些种类被用于生物除草。

分布：叶甲亚科昆虫广布世界各地，以温带、亚热带地区种类最为丰富。世界已知3 000余种，隶属于137属。中国已经记述了36属，计379种（亚种），分布于浙江的有13属32种。本次调查发现舟山分布21属26种。

174. 葡萄丽叶甲 *Acrothinium gaschkevitschii* (Motschulsky，1860)

分布：中国浙江（舟山、杭州、宁波、丽水）、江西、福建、台湾；日本。

175. 琉璃榆叶甲 (宽胸缺缘叶甲) *Ambrostoma fortunei* (Baly，1860)

分布：中国浙江（舟山、绍兴、杭州、丽水）、河南、湖南、安徽、江西、福建、贵州。

176. 黄足黑守瓜 *Aulacophora lewisii* Baly，1886 (彩图 36)

分布：中国浙江（舟山、湖州、杭州、宁波、金华、丽水）、江苏、安徽、江西、湖北、湖南、四川、台湾、福建、广东、海南、广西、贵州、云南；日本、越南、老挝、柬埔寨、泰国、缅甸、印度、尼泊尔、斯里兰卡。

177. 印度黄守瓜 *Aulacophora indica* (Gmelin，1790)

分布：中国浙江（舟山、湖州、嘉兴、杭州、宁波、金华、衢州、丽水、温州）、河北、山西、河南、山东、陕西、甘肃、上海、江苏、湖北、江西、湖南、福建、台湾、广东、海南、广西、四川、贵州、云南、西藏；俄罗斯、朝鲜、日本、越南、老挝、泰国、柬埔寨、缅甸、印度、不丹、尼泊尔、斯里兰卡、巴基斯坦、阿富汗、菲律宾、马来西亚、巴布亚新几内亚、斐济。

178. 杨叶甲 *Chrysomela populi* Linnaeus，1758

分布：中国浙江（舟山、湖州、杭州）、北京、河北、山西、内蒙古、辽宁、吉林、黑龙江、江苏、安徽、福建、江西、山东、湖北、湖南、广西、四川、贵州、云南、西藏、陕西、甘肃、青海、宁夏、新疆；朝鲜、日本、印度、亚洲（西部、北部）、欧洲、非洲北部。

179. 绿樟叶甲 *Chalcole macribrata* Chen，1940

分布：中国浙江（舟山、宁波）、四川、福建。

180. 甘薯叶甲 *Colasposoma dauricum* Motschulsky，1860

分布：中国浙江（舟山、湖州、杭州、绍兴、宁波、金华、台州、丽水、温州、德清、临安、鄞县、余姚、奉化、宁海、象山、三门、定海、东阳、兰溪、天台、仙居、临海、黄岩、温岭、玉环、遂昌、景宁、龙泉、苍南）。

181. 槭隐头叶甲 *Cryptocephalus mannerheimi* Gebler，1830

分布：中国浙江（舟山、绍兴、宁波、宁海、象山、定海）、黑龙江、辽宁、内蒙古、河北、山西；朝鲜、日本、俄罗斯（西伯利亚）。

182. 丽隐头叶甲 *Cryptocephalus festivus* Jacoby，1890

分布：中国浙江（舟山、杭州、宁波、衢州）、江苏、湖北、江西、福建。

183.桑窝额萤叶甲 *Fleutiauxia armata* （Baly），1874

分布：中国浙江（舟山、嘉兴、杭州、宁波）、吉林、甘肃、河南、黑龙江、湖南；俄罗斯、朝鲜、日本。

184.绿翅角胫叶甲 *Gonioctena（Sinomela）aeneipennis* Baly，1862

分布：中国浙江（舟山）、江苏。

185.桑黄米萤叶甲 *Mimastra cyanura* （Hope），1831

分布：中国浙江（舟山、湖州、杭州、绍兴、宁波、台州、衢州、丽水、温州）、江苏、江西、湖北、湖南、四川、福建、广东、广西、贵州、云南；印度、尼泊尔、巴基斯坦、缅甸。

186.黑腹米萤叶甲 *Mimastra soreli* Baly，1878

分布：中国浙江（舟山、杭州）、甘肃、江苏、湖南、福建、广东、海南、广西、四川、贵州、云南；越南、老挝、泰国、菲律宾。

187.黄齿猿叶甲 *Odontoedon fulvescens* （Weise，1922）

分布：中国浙江（舟山）、江西、湖南、广东、广西、贵州、云南、台湾；越南、老挝。

188.十星瓢萤叶甲 *Oides decempunctatus* （Billberg，1808）（彩图37）

分布：中国浙江（舟山、湖州、杭州、绍兴、宁波、金华、台州、衢州、丽水、温州）、吉林、甘肃、河北、山西、陕西、山东、河南、江苏、安徽、湖北、江西、湖南、福建、台湾、广东、海南岛、广西、四川、贵州；朝鲜、越南、老挝、柬埔寨。

189.小猿叶甲 *Phaedon brassicae* Baly，1874

分布：中国浙江（舟山、杭州、丽水）、江苏、安徽、福建、湖北、湖南、广西、四川、贵州、云南、台湾；日本，越南。

190.十八斑牡荆叶甲 *Phola octodecimguttata* （Fabricius，1775）

分布：中国浙江（舟山、湖州、杭州、温州）、河北、江苏、福建、江西、湖北、湖南、广东、广西、海南、四川、贵州、甘肃、台湾；日本、印度、越南、斯里兰卡、马来半岛、巴布亚新几内亚。

191.双带方额叶甲 *Physauchenia bifasciata* （Jacoby，1900）

分布：中国浙江（舟山、湖州、嘉兴、杭州、绍兴、宁波、金华、台州、衢州、丽水、温州）、江苏、湖北、江西、湖南、福建、台湾、广东、海南、广西、四川、云南；朝鲜、日本、越南、印度。

192. 茶扁角叶甲 *Platycorynus igneicollis* (Hope, 1843)

分布：中国浙江（舟山、杭州、宁波、丽水、温州）、江苏、江西、福建、广东、海南。

193. 黄色凹缘跳甲 *Podontia lutea* (Olivier, 1790)

分布：中国浙江（舟山、杭州、绍兴、宁波、金华、丽水）、陕西、湖北、江西、湖南、福建、台湾、广东、广西、四川、贵州、云南；东南亚。

194. 榆毛萤叶甲 *Pyrrhalta aenescens* (Fairmaire, 1878)

分布：中国浙江（舟山、宁波）、陕西；日本。

195. 宁波毛胸萤叶甲 *Pyrrhalta ningpoensis* Gressitt *et* Kimoto, 1963

分布：中国浙江（舟山、宁波）。

196. 银纹毛叶甲 *Trichochrysea japana* (Motschulsky, 1858)

分布：中国浙江（舟山、宁波、衢州）、北京、江苏、湖北、福建、江西、广东、海南、广西、四川、贵州、云南；日本、越南。

197. 黑额光叶甲 *Smaragdina nigrifrons* (Hope, 1842) (彩图 38)

分布：中国浙江（舟山、杭州、绍兴、宁波、金华、台州、衢州、丽水、温州）、辽宁、河北、北京、山西、陕西、山东、河南、江苏、安徽、湖北、江西、湖南、福建、台湾、广东、广西、四川、贵州；朝鲜、日本。

198. 梨光叶甲 *Smaragdina semiaurantiaca* (Fairmalre, 1888)

分布：中国浙江（舟山、湖州、宁波、金华、衢州）、黑龙江、吉林、河北、北京、山东、陕西、江苏、湖北；朝鲜、日本。

199. 大毛叶甲 *Trichochrysea imperialis* (Baly, 1861)

分布：中国浙江（舟山、湖州、杭州、绍兴、宁波、台州、衢州、丽水、温州）、江苏、湖北、江西、湖南、广东、福建、海南、广西、四川、贵州、云南；越南。

花甲科 Dascillidae

主要特征：成虫体长4.5～25 mm，通常在10 mm左右。虫体扁平至强烈隆起，体表光滑或密生卧状或直立的刚毛。头部近正方形，略扁平，呈水平或稍向下倾斜。复眼1对，完整，轻度至强烈隆起。上唇通常可见，能活动，通过其基部的膜与唇基相连但两者极少愈合为一体。前胸背板宽大于长，中部或近基部最宽，后缘为一直线或波形，多数光滑或呈小圆珠状褶皱。小盾片发育完整。中胸腹板与中胸前侧片被缝完全分隔开；前缘几乎与后胸腹板在同一水平面上，常有供前足收缩时停放的凹陷；后胸腹板中度至强烈隆起，中线多完整，前缘鲜缺失；具明显横向的后胸下前侧片缝；而无成对后基节线。同时后胸前侧片细长或短宽。鞘翅两侧平行，常完整，具杂乱分布或规则排列的12条纵刻点，所着生刚毛常形成规则线状或块状斑纹。腹部可见腹节腹板多为5节，且第1~2腹节腹板常愈合。雄虫生殖器三叶型，左右对称，阳茎基无支杆，基部边缘形状各异。雌虫产卵器大多细长且轻度硬化，生殖突基节分开，端部具成对生殖刺突与骨杆。部分种类交配囊具成对硬化骨片，并有附属腺体与交配囊相连。

分布：本次调查发现舟山分布1属1种。

200. 齐花甲 *Dascillus congruus* Pascoe，1860

分布：中国浙江（舟山、湖州、杭州）、安徽、福建、广东、湖南、江西、台湾。

三锥象科 Brenthidae

主要特征：体长4~50 mm；长形，两侧平行；头及喙细长，前伸，约与前胸等长；触角短，非膝状，9~11节，丝状，部分类群端部稍加粗；下颚无内颚叶；具1条外咽缝；前胸长形，无侧缘，基部收狭，常较鞘翅为窄；鞘翅盖及腹端；足较粗，前足基节半圆形；跗节4-4-4；后胸腹板约与腹部等长；腹部腹板可见5节，基部两节多相连。

分布：本次调查发现舟山分布1属1种。

201. 甘薯小象 *Cylas formicarius*（Fabricius，1793）

分布：中国浙江（舟山、湖州、宁波、台州、丽水、温州）。

象虫总科 Curculionoidea

主要特征：象虫总科Curculionoidea是鞘翅目昆虫中种类最多的一个类群，目前已记述5 800余属62 000多种。象虫不同种类间体型大小差异很大，体壁骨化强，体表多被鳞片；喙通常显著，由额部向前延伸而成，多无上唇；触角多为11节，膝状或非膝状，分柄节、索节和棒节3部分，棒节多为3节组成；颚唇须退化，僵硬；外咽片消失，外咽缝常愈合成1条；鞘翅长，端部具翅坡，通常将臀板遮蔽；腿节棒状或膨大，胫节多弯曲；胫节端部背面多具钩；跗节5-5-5，第3节双叶状，第4节小，隐于其间；腹部可见腹板5节，第1节宽大，基部中央伸突于后足基节间。幼虫蛴螬型，上颚具发达的臼齿；无足和尾突；幼虫可以生活在土中以及植物的根、茎、枝、叶、花、果、种子等各个部分。

分布：本文共记述舟山象虫总科昆虫2科11属13种。

隐颏象科 Dryophthoridae Schoenherr，1825

主要特征：隐颏象科区别于其他科的主要特征是该类群的颏缩入口腔，从喙的腹面外观不可见；触角沟一般坑状，位于喙基部两侧下方，少数种类触角沟直，自喙中部两侧斜下伸至喙基部腹面；触角一般膝状，柄节细长，少数种类触角直，柄节甚短；触角索节一般6节，少数种类5节或4节，触角棒各节愈合，基部膨大而光滑，端部密被绵毛；臀板一般外露，少数种类臀板完全为鞘翅遮盖；腹部第8节背板隐于臀板之下。隐颏象科大多数种类取食单子叶植物的根、茎、果实和种子，不少种类是农业、林业和仓储大害虫，在世界范围和我国均造成重大经济损失。

分布：该科目前世界已记述种类约为152属1 200余种，该类群全世界分布，在热带和亚热带地区物种多样性最高。中国已知38属72种。本次调查发现舟山分布2属2种。

202. 长吻白条象 *Crytoderma fortunei* Waterhouse，1853

分布：中国浙江（舟山、绍兴、杭州、宁波、台州）。

203. 一字竹象 *Otidognatus davidi* Fairmaire，1878

分布：中国浙江（舟山、湖州、绍兴、金华、衢州、丽水、温州）、陕西、江苏、安徽、江西、湖北、湖南、四川、福建；越南。

象虫科 Curculionidae Latreille，1802

主要特征：象虫科是象虫总科中最大的一个科。该类群体表多被鳞片；喙通常显著，由额部向前延伸而成，无上唇；触角多为11节，膝状，分柄节、索节和棒节3部分，棒节多为3节组成；颚唇须退化，僵硬；外咽片消失，外咽缝常愈合成1条；鞘翅长，端部具翅坡，通常将臀板遮蔽；腿节棒状或膨大，胫节多弯曲；胫节端部背面多具钩；跗节5-5-5，第3节双叶状，第4节小，隐于其间；腹部可见腹板5节，第1节宽大，基部中央伸突于后足基节间。

分布：象虫科昆虫属世界性分布，中国已知439属1 954种。本次调查发现舟山分布9属11种。

204. 乌桕长足象 *Alcidodes erro* (Pascoe，1871)

分布：中国浙江（舟山、湖州、杭州、丽水）、安徽、江西、湖北、四川、福建、广西、云南；日本。

205. 短胸长足象 *Alcidodes trifidus* (Pascoe，1870)

分布：中国浙江（舟山、湖州、宁波、台州、丽水）、陕西、山东、江苏、安徽、江西、福建、广东、广西、四川；日本。

206. 二带遮眼象 *Callirhopalus bifasciatus* Roelofs，1880

分布：中国浙江（舟山、湖州、绍兴）。

207. 棉小卵象 *Calomycterus obconicus* Chao，1974

分布：中国浙江（舟山、绍兴、杭州、宁波、金华）、江苏、上海。

208. 山茶象 *Curculio chinensis* Chevrolat，1878

分布：中国浙江（舟山、湖州、杭州、台州、宁波、衢州、丽水、温州）、陕西、江苏、安徽、江西、湖北、湖南、四川、福建、广东、广西、贵州、云南。

209. 甘薯大象甲 *Cylas farnicarius* Fabricius，1793

分布：中国浙江（舟山、宁波）。

210. 稻象甲 *Echinocnemus squomeus* Billberg，1758

分布：中国浙江（舟山、湖州、宁波、绍兴、金华、衢州、丽水、温州）、东北、甘肃、河北、陕西、山东、河南、江苏、安徽、江西、湖南、四川、台湾、福建、广东、广西、贵州、云南、西藏；日本、印度尼西亚。

211. 中国癞象 *Episomus chinensis* Faust，1897

分布：中国浙江（舟山、湖州、绍兴、台州、丽水、温州）、陕西、江苏、安徽、江西、湖北、湖南、四川、福建、广东、广西、贵州、云南。

212. 灌县癞象 *Episomus kwanbsiensis* Heller，1923

分布：中国浙江（舟山、杭州、绍兴、衢州、丽水）。

213. 蓝绿象 *Hypomeces squamosus* Fabricius，1792

分布：中国浙江（舟山、湖州、绍兴、衢州、丽水、温州）、甘肃、河南、江苏、安徽、江西、湖南、台湾、福建、广东、广西、贵州、云南；东南亚。

214. 圆窝斜脊象 *Platymycteropsis wolkeri* Marshall

分布：中国浙江（舟山、嘉兴、绍兴、宁波）。

长翅目 Mecoptera

体中型。头顶具3个排列成三角形的单眼；复眼大；触角细长，丝状；头前端不同程度延长，为喙状，咀嚼式口器位于喙的末端（Bicha，2018）。前胸小；中后胸大小、形状相似，背板具有发达的盾片、小盾片和后盾片；足细长，基节发达，跗节分5节；翅膜质，脉序原始，前后翅大小、形状和脉序相似；翅有时退化或消失（Byers & Thornhill，1983）。腹部11节；雄性外生殖器多膨大，尾须1节；雌性尾须2节。完全变态；卵多圆形；幼虫蛃型、蝎型或蛴螬型，水栖或土栖，头部强烈骨化，口器咀嚼式，具有3对胸足，腹足存在或缺如；蛹为强颚离蛹。

本文共记述舟山群岛长翅目昆虫1科1属1种。

蚊蝎蛉科 Bittacidae Enderlein，1910

主要特征：单眼存在，下唇须2节。雄性腹部圆筒形，雌性无产卵器；足细长，具单一跗爪，成捕虫器；翅狭长，具亚翅柄，前缘域狭，有少数横脉；Rs起点在翅2/5 ~ 1/2处，M在翅中间分支。

分布：世界广布。

环带蚊蝎蛉 *Bittacus cirratus* Tjeder，1956

分布：中国浙江（舟山）、江西、陕西、吉林、江苏、上海、黑龙江。

双翅目 Diptera

体小型至中型。体长0.5 ~ 50 mm。体短宽或纤细，圆筒形或近球形。头部一般与体轴垂直，活动自如，下口式。复眼大，常占头的大部；单眼2、3个或缺如。触角一般长角亚目为丝状，由许多相似节组成；短角亚目3节，有时第3节分成若干环节，端芒有或无；环裂亚目第3节背侧具芒。口器为刺吸式口器、舐吸式口器。环裂亚目在触角基部上方有一倒"U"形额囊缝，额囊缝与新月片存在与否为环裂亚目分组的重要依据。中胸发达，中胸背板几占背面全部，前、后胸退化。中胸具翅1对，膜质，某些类群具毛（如毛蠓科）或鳞片（如蚊科），后翅退化成平衡棒（很少缺如），极少数种为短翅、无翅或翅退化，翅脉近基本型，常有消失或合并现象。足短或极长，基节、转节、腿节、胫节上的鬃、毛、栉、齿等装备在有瓣类的分类鉴定上极为重要。跗节5节，爪和爪垫各1对，爪间突通常存在，刚毛状或垫状。腹部分节明显，长角亚目11节，蝇类仅4 ~ 5节，末端数节形成尾器、尾叶和外生殖器。雄性尾器一般由6 ~ 9节特化而成，其构造在各类群中变异很大。在长角亚目中，第9或第9、10腹节特化为抱握器；在环裂亚目中，则形成肛尾叶和侧尾叶，合称尾叶，交尾时起抱握作用；雌性尾器主要为产卵器，在蝇类中腹部第6~8节管状，节间膜极发达，形成伸缩自如的产卵器，静止时隐藏腹内不外露。

摇蚊科 Chironomidae

主要特征：摇蚊科昆虫可借助成虫期口器退化这一特征与其他进行明显区分，故摇蚊又有"不咬人的蠓虫"（non-biting midges）之称。"摇蚊"的中文名称源于其成虫静止时前足向前伸出并且不停摇摆的行为。幼虫期生活在各种淡水水体，少数种类陆生或海生，是种类最多、分布最广、密度和生物量最大的淡水底栖动物类群之一。该科昆虫不但与当今全球蓬勃发展的水环境监测和古环境重建密切相关，还与人们的生产和生活实践紧密相连。幼虫作为优良的天然饵料在水产养殖中被广泛应用。少数种类的幼虫可为害稻苗和水生植物，为农业害虫；有些种类的成虫作为某些病原体的携带者，导致哮喘等过敏疾病，成虫羽化时大面积暴发的婚飞群体常给人们的生活带来诸多不便。

分布：目前世界上已知有5 000多种，分布于世界所有动物地理大区。本次调查发现舟山分布1属1种。

1. 细真开氏摇蚊 *Eukiefferiella gracei*（Edwards，1929）

分布：中国浙江（舟山、杭州）、辽宁、内蒙古、宁夏、青海；北半球分布。

蚋科 Simuliidae

主要特征：蚋成虫体型较小，中胸盾片隆起十分明显，因而得名"驼背蚊"，未成熟期形态特征十分突出：①水生蛹具鞋状茧，前胸具1对呼吸丝。②幼虫圆筒状，前胸具1伪足，后腹具钩环。本次调查仅见蚋科1属——蚋属。蚋能吸血叮咬人、畜、禽，传播多种人兽共患疾病，其中包括人盘尾丝虫病，是世界重要医学昆虫。未成熟期栖息于流水。

分布：本次调查发现舟山分布1属1种。

2. 双齿蚋 *Simulium bidentatum* Shiraki，1935

分布：中国浙江（舟山）、黑龙江、辽宁、山西、青海、福建、四川、贵州、云南；日本、韩国。

蠓科 Ceratopogonidae

主要特征：头小，半圆球形。触角长，雄成虫羽状，雌成虫细毛状，13~15节。第1节球形。无单眼。口器刺吸式。后胸背板无沟。翅狭，静止时平放在腹部上。Rs不分支，M与Cu都是2分支。腿节膨大下面有刺。雄性交尾器突出，雄性产卵器小。幼虫细长，圆筒形，头发达，口器适于咀嚼，胴部12节，前胸有伪足，胸部末节有肛足1对，并有钩状毛及血鳃，生活于水中或潮湿处，如洞穴、肥料堆及腐败物中。成虫白天活动，在河边特别多，常刺吸人类血液，引起剧痛及皮肤病，并为血丝虫的媒介，有些种类寄生于其他昆虫。

分布：本次调查发现舟山分布1属4种。

3. 单带库蠓 *Culicoides fascipennis* Staeger，1839

分布：中国浙江（舟山）。

4. 厌黑库蠓 *Culicoides pulicaris* (Linnaeus，1758)

分布：中国浙江（舟山）。

5. 刺螫库蠓 *Culicoides punctatus* Meigen，1804

分布：中国浙江（舟山、宁波）。

6. 边缘库蠓 *Culicoides pictimago* Tokunaga，1950

分布：中国浙江（舟山、宁波）。

菌蚊科 Mycetophilidae

主要特征：体小型，狭长或较粗壮而常侧扁；头部复眼大但左右远离而无眼桥，单眼3个或缺中单眼；触角16节（或11～15节），多样化，短的稍长于头高，而长的则数倍于体长，鞭节的亚节狭长或扁宽，甚至稀有侧支呈栉状的。胸部粗壮，膨隆或侧扁；足多细长，基节长而大，胫节长而端距发达，爪简单或具齿。翅发达，仅个别雌虫有退化者；脉上有毛，翅膜常密生微毛或具大毛。腹部大多中部最粗，腹端雄外生殖器显著，分类特征较精细。

菌蚊科多生活在湿润区域，特别是潮湿的林区，白天大多数的成虫集聚在湿而暗处，如河流边缘、洞穴中、树根茎等处，在植被丛生的林间可用网捕到许多种菌蚊，夜间灯光下也多有菌蚊飞集。幼虫多在新鲜或腐烂的菌蕈中生活，有些在死树或树皮下，还有的在鸟巢或松鼠穴中，还有的在洞穴中缀丝网粘捕小飞虫吃。

分布：本次调查发现舟山分布1亚科3属4种。

菌蚊亚科 Mycetophilinae

主要特征：复眼分离；侧单眼接触复眼边缘，中单眼很小或缺如；眼眶刚毛不明显成列。翅膜微毛排成列，无明显长毛，仅在一定的翅脉上，特别是近翅缘具长毛；Sc

脉退化，决不伸达C脉；R_4脉缺如。胫节毛几乎总是排成纵列。幼虫以真菌为食。成虫多在潮湿阴暗的地方，以密林中的小溪边、树桩以及树木根系孔洞最为丰富。

分布：该亚科世界已知30余属，为世界性分布。中国已知15属191种，本次调查发现舟山分布3属4种。

7. 伞菌伊菌蚊 *Exechia arisaemae* Sasakawa，1993

分布：中国浙江（舟山、湖州、杭州、衢州、丽水）、吉林、山西、山东、湖北、福建、广西、贵州；日本。

8. 连顺伊菌蚊 *Exechia seriata*（Meigen，1830）

分布：中国浙江（舟山、湖州、衢州）、河北、福建、贵州；日本、欧洲。

9. 普通菌蚊 *Mycetophi lacoenosa* Wu，1997

分布：中国浙江（舟山、湖州、衢州、丽水）、湖北。

10. 光腹巧菌蚊 *Phronianiti diventris*（Wulp，1858）

分布：中国浙江（舟山、湖州、衢州）；欧洲。

毛蚊科 Bibionidae

主要特征：毛蚊科昆虫种类之间个体大小不一，小型、中型到大型的种类都有，体长在0.3~13.0 mm。一般身体粗壮而多毛，体翅常呈黑褐色，有的胸部或腹部橙红色，或黄褐色；翅有的透明，翅痣明显。与其他长角亚目的触角不同，除了长角毛蚊属 *Hesperinus* 外，触角一般短小，念珠状，10节左右，节间连接紧密；须一般较长，有的长于触角；胸部隆突，腹部粗长，明显可见8节，雄性腹端不同程度地向背面钩弯，雄第9节后形成外生殖器，雌腹端较细且具1对分2节的尾须。两性多异型，雄虫复眼大而相接，雌虫头部长而复眼远离。

此科昆虫较常见，成虫在早春就开始出现，英文通称为march flies，但有的则到晚秋仍见活动。卵成堆产于土中、粪粒或腐烂的植物体内，幼虫长筒形，全头型，胸腹相似，共12节，全气门式，体节上常具肉刺。毛蚊的幼虫成群生活在距土壤表层几厘米的土壤中，活动性差。幼虫多营腐生生活，也有部分种类为植食性，主要取食植物碎片，但密度增大时也群集为害。取食植物的地下部分如根系、块根及植物幼苗、播下的种子等，这些植食性的种类大多为杂食性，能取食多种植物，对农作物造成为害，成为农业上较重要的害虫。成虫白昼活动，常见于各类植物上，访花取食蜜露，飞翔交尾，或停息林间，蛹为被蛹，头胸短而腹部很长。

分布：世界毛蚊科广布各大动物区，本科全世界已知8属700余种，我国已知5属

112种。本次调查发现舟山分布1属1种。

11. 泛叉毛蚊 *Penthetria japonica* Wiedemann，1830

分布：中国浙江（舟山、杭州）、陕西、湖北、江西、湖南、福建、台湾、广东、广西、四川、贵州、云南、西藏；印度、尼泊尔、日本。

虻科 Tabanidae

主要特征：成虫体粗壮，体长5～30 mm。头部大，半球状。雄虫复眼接眼式，雌虫为离眼式；常具金属光泽或横带/斑纹。触角3节，鞭节端部有2～7个环节。雌虫口器刮舐式，下唇顶端有2个巨大的唇瓣；下颚须2节。胸部发达，多绒毛。翅宽，透明或有色斑；中央具长六边形中室，R_4脉与R_5脉端部分开，分别伸到翅缘；上下腋瓣和翅瓣均发达。足较粗，中足胫节有2距；爪间突呈垫状，约与爪垫等大。腹部7节可见，第8～11节为生殖节；腹部的颜色和纹饰变异大，可作为分类的重要依据。

虻科是一类重要的医学昆虫，大多数种类的雌虫吸血，对人畜危害严重，直接影响农牧业生产；很多种类还在吸血的过程中传播疾病，如伊氏锥虫病、炭疽病、野兔热等。而长喙虻属很多种类的喙长能达体长的1～3倍，其特殊的口器结构既可以吸血（仅雌虫），也可以为特殊的姜科、鸢尾科等植物传粉。虻一般为1年1代，卵块含卵500～1 000枚；卵期4～14天。幼虫多生活在湿土中，幼虫期很长。幼虫细长，呈纺锤形，体长10～60 mm，头能缩入前胸节；胸部3节，腹部8节。裸蛹，蛹期5～20天。

分布：世界已知4 400余种，中国记录458种（许荣满和孙毅，2013），浙江分布49种。本次调查发现舟山分布6属16种。

12. 霍氏黄虻 *Atylotus horvathi* (Szilády，1926)

分布：中国浙江（舟山、湖州、杭州、台州）、黑龙江、吉林、辽宁、内蒙古、北京、山东、河南、陕西、甘肃、江苏、湖北、福建、台湾、广东、重庆、四川、贵州；俄罗斯、朝鲜、日本。

13. 骚扰黄虻 *Atylotus miser* (Szilády，1915)

分布：中国浙江（舟山、杭州、台州）、黑龙江、吉林、辽宁、内蒙古、北京、天津、河北、山西、山东、河南、陕西、宁夏、甘肃、青海、江苏、上海、安徽、湖北、福建、广东、香港、广西、重庆、四川、贵州、云南；俄罗斯、蒙古、朝鲜、日本。

14. 舟山斑虻 *Chrysops chusanensis* Ouchi，1939

分布：中国浙江（舟山）、湖北、福建、广西、四川。

15. 黄瘤斑虻 *Chrysops flavescens* (Szilády，1922)

分布：中国浙江（舟山）、辽宁、北京、上海、台湾。

16. 范氏斑虻 *Chrysops vanderwulpi* Kröber，1929

分布：中国浙江（舟山、湖州、杭州、台州）、黑龙江、吉林、辽宁、内蒙古、北京、天津、河北、山西、山东、河南、陕西、宁夏、甘肃、江苏、上海、安徽、湖北、江西、湖南、福建、台湾、广东、海南、香港、澳门、广西、重庆、四川、贵州、云南；俄罗斯、朝鲜、日本、越南。

17. 舟山少环虻 *Glaucops chusanensis* (Ôuchi，1943)

分布：中国浙江（舟山）、河南、陕西、福建。

18. 括苍山麻虻 *Haematopota guacangshanensis* Xu，1980

分布：中国浙江（舟山、台州）、陕西、福建。

19. 莫干山麻虻 *Haematopota mokanshanensis* Ôuchi，1940

分布：中国浙江（舟山、湖州、台州）、福建、贵州。

20. 上海瘤虻 *Hybomitra shanghaiensis* (Ôuchi，1943)

分布：中国浙江（舟山）、辽宁、山东、上海。

21. 辅助虻 *Tabanus administrans* Schiner，1868

分布：中国浙江（舟山、湖州、杭州、台州、温州）、辽宁、北京、天津、河北、山西、山东、河南、陕西、江苏、上海、安徽、湖北、江西、湖南、福建、台湾、广东、海南、香港、广西、重庆、四川、贵州、云南；朝鲜、日本。

22. 原野虻 *Tabanus amaenus* Walker，1848

分布：中国浙江（舟山、湖州、杭州、台州）、吉林、辽宁、北京、河北、山西、山东、河南、陕西、甘肃、江苏、上海、安徽、湖北、江西、湖南、福建、台湾、广东、香港、广西、重庆、四川、贵州、云南；朝鲜、日本、越南。

23. 市岗虻 *Tabanus ichiokai* Ôuchi，1943

分布：中国浙江（舟山）、江苏、上海、福建。

24. 中华虻 *Tabanus mandarinus* Schiner，1868

分布：中国浙江（舟山、湖州、杭州、宁波、温州）、黑龙江、辽宁、北京、天津、河北、山西、山东、河南、陕西、甘肃、江苏、上海、安徽、湖北、江西、湖南、福建、台湾、广东、海南、香港、广西、重庆、四川、贵州、云南；日本。

25. 重脉虻 *Tabanus signatipennis* Portschinsky，1887

分布：中国浙江（舟山、湖州、杭州、台州）、吉林、辽宁、内蒙古、北京、山东、河南、陕西、甘肃、江苏、上海、安徽、湖北、福建、台湾、重庆、四川、贵州、云南；日本。

26. 姚氏虻 *Tabanus yao* Macquart，1855

分布：中国浙江（舟山、湖州、杭州、台州）、辽宁、山东、河南、江苏、上海、安徽、台湾、香港。

水虻科 Stratiomyidae

主要特征：体型、体色多变，体无鬃。触角线状、盘状或纺锤状，端部有时具一根鬃状触角芒或粗芒，也有部分属末节明显延长且扁平。小盾片2～8刺或无刺。翅盘室小五边形，翅脉明显前移。足（除距水虻属*Allognosta*外）通常无距。腹部瘦长或近圆形，扁平或强烈隆突。水虻科幼虫水生或陆生，绝大部分腐食性，少数植食性。成虫通常生活于灌木叶片、水边植物、乔木树冠层或垃圾堆附近，部分有访花习性，可帮助植物传粉。

分布：世界已知3 000余种，中国记录346种，浙江分布39种。本次调查发现舟山分布5属8种。

27. 黄腹小丽水虻 *Microchrysa flaviventris* (Wiedemann，1824)

分布：中国浙江（舟山、杭州）、河北、山东、河南、陕西、湖北、台湾、海南、广西、四川、贵州、云南、西藏；俄罗斯、日本、印度、巴基斯坦、泰国、马来西亚、印度尼西亚、菲律宾、斯里兰卡、帕劳、关岛、密克罗尼西亚、北马里亚纳群岛、巴布亚新几内亚、所罗门群岛、瓦努阿图、马达加斯加、科摩罗群岛、塞舌尔。

28. 上海小丽水虻 *Microchrysa shanghaiensis* (Ouchi，1940)

分布：中国浙江（舟山）。

29. 舟山丽额水虻 *Prosopochrysa chusanensis* Ôuchi，1938

分布：中国浙江（舟山、杭州）、北京、湖南、福建、海南、重庆、四川、贵州、云南；菲律宾。

30. 日本指突水虻 *Ptecticus japonicus* (Thunberg，1789)

分布：中国浙江（舟山、杭州、温州）、黑龙江、辽宁、内蒙古、北京、河北、山西、山东、河南、甘肃、江苏、上海、安徽、湖北、江西、湖南、广东、香港、四川；日本、韩国、俄罗斯。

31. 红斑瘦腹水虻 *Sargus mactans* Walker，1859

分布：中国浙江（舟山、杭州）、吉林、辽宁、北京、河北、山西、山东、河南、陕西、甘肃、湖北、江西、湖南、福建、广东、广西、四川、贵州、云南、西藏；日本、印度、印度尼西亚、马来西亚、巴基斯坦、斯里兰卡、澳大利亚、巴布亚新几内亚。

32. 华瘦腹水虻 *Sargus mandarinus* Schiner，1868

分布：中国浙江（舟山、湖州、衢州）、内蒙古、北京、山东、江苏、上海、香港。

33. 杏斑水虻 *Stratiomys laetimaculata*（Ôuchi，1938）

分布：中国浙江（舟山、杭州、金华、台州）、黑龙江、辽宁、内蒙古、北京、天津、河北、山西、山东、河南、陕西、宁夏、甘肃、新疆、江苏、上海、湖北、江西、湖南、福建、广东、海南、广西、四川、贵州；古北界。

34. 长角水虻 *Stratiomys longicornis*（Scopoli，1763）

分布：中国浙江（舟山、杭州、金华、台州）、黑龙江、辽宁、内蒙古、北京、天津、河北、山西、山东、河南、陕西、宁夏、甘肃、新疆、江苏、上海、湖北、江西、湖南、福建、广东、海南、广西、四川、贵州；古北界。

长足虻科 Dolichopodidae

主要特征：一般体小型到中型，金绿色，具细长的足，头部大（背视比胸部宽）；翅有前缘缺刻，第2基室与盘室愈合；雄性外生殖器向下前方扭曲。该科昆虫常出现在有植被覆盖的溪流附近。它们绝大多数是捕食性昆虫，是农作物、果树、林木及卫生害虫的天敌，对害虫起着一定的控制作用。该类群种类繁多、个体数量大、食性广、捕食能力强，为有益的天敌昆虫资源。

分布：本次调查发现舟山分布1属1种。

35. 粗须雅长足虻 *Amblypsilopus crassatus* Yang，1997

分布：中国浙江（舟山、杭州、宁波）、河南、湖北、福建、广东、广西、贵州、云南；新加坡。

蚤蝇科 Phoridae

主要特征：小至中型昆虫，体长多在1.5～3 mm。体色多在黑、褐和黄3种颜色间变化。体形比较特殊，其胸部背板隆起，侧面观身体呈驼背状。翅发达，少数种类雌性翅呈短翅型、翅芽状或完全无翅。翅膜质透明，无色至褐色，除翅基部外，几乎无横脉；前部3条纵脉（不包括C和Sc脉）明显增粗，颜色较深，一般称粗脉；而后部4条纵脉则非常细弱，颜色较浅，一般称细脉。足发达，股节宽大，有时中足股节后表面具感觉器官。腹部由11节组成，其中末节特化成尾须和肛门管。第1～5节腹面均为膜质区，无腹板。

蚤蝇的生活习性异常分化。幼虫具腐食、寄生和植食等食性。成虫活泼，喜潮湿环境，可生活于腐败植物、动物尸体、花或真菌上，以及鼠穴、鸟巢、蜂巢或蚁穴内。

分布：世界已知250属3 200种，中国记录27属214种，浙江分布9属20种。本次调查发现舟山分布1属1种。

36. 马来栓蚤蝇 *Dohrniphora malaysiae* Green，1997

分布：中国浙江（舟山、杭州）、陕西、海南、云南。

头蝇科 Pipunculidae

主要特征：小型蝇类，体色暗。头部大，呈半球形或球形，几乎占据整个头部；触角第1、第2和第3节发达，其末端或圆钝或尖锐，上下两侧多有刚毛。胸部毛一般稀少。翅长狭，通常与身体等长或长于身体，透明或略带褐色；多数种类有翅痣，为亚前缘室褐色微毛所致。足多为黑色或黄色，常有毛或刺。腹部大多为黑色，有的种类被白色或褐色粉状物。雄虫后腹部扭曲且弯向腹面，不对称，第8节常有各种形状和大小的膜质区。雌虫第7、第8及第9节形成锥状产卵器；肛门位于产卵器背面，近基部与刺管的交界处，周围丛生刚毛。

分类：世界已知约1 300种，中国记录97种，浙江分布2属2种。本次调查发现舟山分布1属1种。

37. 韶山佗头蝇 *Tomosvaryella shaoshanensis* Yang *et* Xu，1998

分布：中国浙江（舟山）、北京、河北。

食蚜蝇科 Syrphidae

主要特征：食蚜蝇科属双翅目短角亚目蝇型无缝组；无明显的额囊缝，亦无真正的新月片。成虫体小型至大型，很多种类体色鲜艳明亮，具黄、蓝、绿、铜等色彩的斑纹，常拟态膜翅目多种蜂类。R_{4+5}脉和M_{1+2}脉之间，并贯穿r-m横脉有一条裙皱状或骨化的伪脉，少数种类不明显，甚至缺如；R_5室封闭，端横脉通常与翅缘平行。

食蚜蝇科成虫多取食花粉和花蜜，是重要的访花昆虫。幼虫因生活习性不同，形态差异巨大；体表多皱环；头部退化，仅有角颚感觉器和口；胸部3节，前胸大；腹部7或8节，粪食性种类为适应污水环境腹末演化出极长的呼吸管。食蚜蝇亚科Syrphinae幼虫多为捕食性类型，主要捕食蚜虫、介壳虫、粉虱等，在生防上具重要前景。管蚜蝇亚科Eristalinae幼虫大多数具腐食性，在腐烂的树桩、树洞或落叶中取食，少数在污水粪便中生存，有助于自然界物质循环；另有一部分则为植食性，取食水仙等鳞茎植物，是重要的检疫性害虫。巢穴蚜蝇亚科Microdontinae幼虫则生活于蚂蚁巢穴中，大多数种类的生活史及生物学习性还有待深入研究。

分布：本科世界已知6 000余种，中国记录900种左右，浙江分布112种。本次调查发现舟山分布7属9种。

38. 冲绳黑蚜蝇 *Cheilosia okinawae* (Shiraki, 1930)

分布：中国浙江（舟山）；日本。

39. 钝黑斑眼蚜蝇 *Eristalinus sepulchralis* (Linnaeus, 1758)

分布：中国浙江（舟山、台州）、黑龙江、内蒙古、北京、河北、山西、山东、甘肃、新疆、江苏、湖北、江西、湖南、广东、海南、四川、西藏；蒙古、日本、斯里兰卡、印度、欧洲、北非。

40. 亮黑斑眼蚜蝇 *Eristalinus tarsalis* (Macquart, 1855)

分布：中国浙江（舟山）、河北、河南、甘肃、江苏、上海、江西、湖南、福建、台湾、广东、广西、四川、云南、西藏；朝鲜、日本、印度、尼泊尔。

41. 洋葱平颜蚜蝇 *Eumerus strigatus* (Fallén, 1817)

分布：中国浙江（舟山）、内蒙古、山东、甘肃、新疆、江苏、云南；蒙古、欧洲、北非、北美洲。

42. 宽条粉颜蚜蝇 *Mesembrius flaviceps* (Matsumura, 1905)

分布：中国浙江（舟山、杭州、绍兴）、北京、河北、甘肃、江苏、上海、湖北、湖南、四川、贵州；俄罗斯、朝鲜、日本。

43. 黑色粉颜蚜蝇 *Mesembrius niger* Shiraki, 1968

分布：中国浙江（舟山、杭州）、江苏、上海、四川；日本、朝鲜。

44. 小巢穴蚜蝇 *Microdon caeruleus* Brunetti，1908

分布：中国浙江（舟山、丽水）、山东、甘肃、湖北、福建、台湾、广东、四川、云南；日本、印度。

45. 舟山柄角蚜蝇 *Monoceromyia chusanensis* Ôuchi，1943

分布：中国浙江（舟山、杭州）、甘肃。

46. 短舌小蚜蝇 *Paragus compeditus* Wiedemann，1830

分布：中国浙江（舟山）、内蒙古、北京、河北、山西、山东、甘肃、新疆、江苏、西藏；伊朗、阿富汗、欧洲南部、北非。

实蝇科 Tephritidae

主要特征：实蝇科成虫体长介于2～25 mm。多数种类翅透明，具黄色、褐色或黑色条纹、横带或斑点，或为几种斑纹的组合；少数种类的翅底深色而带有浅色或透明斑纹。实蝇科区别于其他无瓣蝇类的主要形态特征如下：①头部无髭，具侧额鬃。②翅具花斑；亚前缘脉（Sc）端部细弱，末端直立向上，其向上部分模糊不清，并与第一径脉（R_1）组成翅痣；前缘脉（R）在肩横脉（h）和亚前缘脉处各有1道切痕；第2、第3合径脉（R_{2+3}）的背面密被细刺状小鬃；后肘室（Cup）的后端角一般明显延长成一狭长之尖角。③雄性阳茎由细长的、螺旋状卷曲的阳茎基和较为粗大的阳茎端组成；雌性腹部第7～9节形成圆锥形、圆筒形或扁形产卵管。

实蝇科具有重要的经济意义，其中的小条实蝇属、果实蝇属、寡鬃实蝇属、按实蝇属和绕实蝇属包含许多水果和瓜类作物的危险性蛀果害虫，地中海实蝇、桔小实蝇、瓜实蝇、昆士兰果实蝇、桃果实蝇、蜜柑大实蝇、埃塞俄比亚寡鬃实蝇、墨西哥按实蝇、南美按实蝇、西印度按实蝇、加勒比按实蝇和苹绕实蝇等，已被许多国家和地区列入严防传入的检疫性有害生物名单中。同时，一些潜食菊科植物花头的实蝇种类可明显抑制其寄主的生长和繁殖，已被引种应用于恶性杂草的生物控制。果蔬实蝇害虫完成一个世代一般需经卵、幼虫、蛹和成虫4个不同虫期的发育。成虫羽化、交配后，雌虫将卵产于寄主果实表皮下，幼虫孵化后潜居果实内为害，历经3个龄期发育至成熟，幼虫老熟后脱果落地入土化蛹，待新成虫羽化后即进入下一世代的发育。

分布：全世界已知471属、4 257种，主要分布于世界的热带、亚热带和温带地区，中国记载500余种。本次调查发现舟山分布5属5种。

47. *Actinoptera montana* (deMeijere，1924)

分布：中国浙江（舟山）、内蒙古、河北、山西、河南、江西、福建、云南；朝鲜、日本、印度、印度尼西亚、菲律宾。

48. 鬼针长唇实蝇 *Dioxyna bidentis* (Robineau-Desvoidy，1830)

分布：中国浙江（舟山）、黑龙江、内蒙古、北京、河北、山西、山东、陕西、江苏、上海、江西、湖南；日本、蒙古、欧洲、中亚、伊朗、阿富汗、北非。

49. *Oedaspis japonica* Shiraki，1933

分布：中国浙江（舟山）、北京、上海、四川；朝鲜、日本、俄罗斯（远东地区）。

50. *Trupanea convergens* Hering，1936

分布：中国浙江（舟山）、黑龙江、内蒙古、北京、天津、河北、山东、甘肃、江苏、上海、湖南、福建、台湾；日本、蒙古、菲律宾、马来西亚。

果蝇科 Drosophilidae

主要特征：成虫体长一般3~4 mm，淡黄至黄褐色。复眼具光泽，裸或被微毛。额部具侧额鬃3对。后顶鬃端部汇合，单眼鬃、内外顶鬃各1对，髭1~2根。喙短曲，口器舐吸式。中胸盾片具纵行排列的细刚毛2~10行；背中鬃2对，中侧鬃缺如；小盾片背面光洁，具小盾鬃2对。后足胫节常有端前鬃。翅透明，有时具淡褐或褐色斑纹；前缘脉2个破折痕，分别位于肩横脉和R_1脉之末端；亚前缘脉细弱、退化不全；第2基室与中室联合或有横脉隔开。腹部狭小，雄性抱器具齿，雌性产卵器骨化较弱。

分布：本次调查发现舟山分布2属4种。

51. 弯阳果蝇 *Drosophila angularis* Okada，1956

分布：中国浙江（舟山、宁波、丽水）、吉林、山东、江苏、安徽、上海、江西、湖南、福建、四川、云南；朝鲜、日本。

52. 短肾果蝇 *Drosophila brachynephros* Okada，1956

分布：中国浙江（舟山、宁波）、黑龙江、吉林、辽宁、北京、陕西、江苏、上海；朝鲜、日本、印度。

53. 刘氏果蝇 *Drosophila lini* Chen，1972

分布：中国浙江（舟山、宁波、丽水）、广西。

54. 山纹白果蝇 *Leucophenga concilia* Okada，1956

分布：中国浙江（舟山、宁波、丽水）、江苏、安徽、江西、福建、广东、四川、云南；朝鲜、日本。

茎蝇科 Psilidae

主要特征：多为小型，头部和身体光滑少鬃，故有"裸蝇"之称。头部离眼式，单眼三角区一般较大，前方延伸至额中部甚至直达前缘。无口鬃。翅C脉在R_1脉内侧有1个缺刻，在Sc脉终止的顶端与C脉的缺刻处中间形成1个小的透明带，并由此向翅后缘延伸1淡痕，翅可沿此痕折屈；M_{1+2}脉平直或下弯。

幼虫多为植食性，多蛀食根茎。*Chyliza extenuatum*寄生列当科Orobanchaceae植物，*Chyliza erudita*的幼虫在北美乔松的伤口处取食树脂。国内曾报道竹笋绒茎蝇*Chyliza bambusae*蛀茎为害竹笋。

分布：世界性分布，已知10属200多种，我国已知7属68种，浙江省分布4属9种。本次调查发现舟山分布1属1种。

55. 少鬃长角茎蝇 *Loxocera pauciseta* Wang *et* Yang，1998

分布：中国浙江（舟山）、北京。

秆蝇科 Chloropidae

主要特征：体小型至中型，体长1.0 ~ 5.0 mm，黑色或黄色具深色斑。头部额宽，额前缘有时隆突，具明显的单眼三角区；颊窄或较宽，髭角钝圆或呈锐角；颜稍平或凹，有的具明显的颜脊；复眼光裸或被短毛，长轴竖直、倾斜或水平；触角柄节短，梗节明显，鞭节发达而且形状各异，触角芒细长或扁宽，光裸或被毛。中胸背板通常长大于宽；小盾片短圆至长锥形，小盾端鬃有的位于瘤突或指突上。足细长，部分属种后足腿节粗大；中足或后足胫节有时具端距或亚端距，后足胫节有时具胫节器。翅脉简单，前缘脉只有1个缺刻，亚前缘脉端部退化，肘脉中部略弯折，无臀室。幼虫圆筒形，背腹端略微扁平，前端细，后端较宽圆。两端气门式。

分布：世界已知2 900余种，我国记录315种，浙江分布21种，本次调查发现舟山分布3属3种。

56. 浙江曲角秆蝇 *Gampsocera zhejiangensis*（Yang *et* Yang，1990）

分布：中国浙江（舟山）。

57. 细脉温泉水蝇 *Scatella*（*Scatella*）*tenuicosta* Collin，1930

分布：中国浙江（舟山）、黑龙江、内蒙古、辽宁、北京、河北、山东、宁夏、江苏、湖南、广西、贵州、云南。

58. 角突剑芒秆蝇 *Steleocerellus cornifer*（Becker，1911）

分布：中国浙江（舟山、丽水）、台湾、贵州、云南；日本、印度、印度尼西亚。

眼蝇科 Conopidae

主要特征：体中型至大型，体长2.5～20 mm，黑褐或黄褐色，裸或被稀疏短毛，形似蜂类。头部比胸部宽，额很宽。单眼有或无。侧顶片和新月片通常存在，新月片常形成肿胀的额泡。额囊缝缺如。触角3节，第3节较长，无纵缝，第3节背侧、亚背侧或端部具节芒或端芒。中颜板凹陷，具纵沟；口孔大，长条形。中胸盾沟不完整，肩后鬃与翅内鬃缺如，翅后胛不发达。下腋瓣退化，仅残存1条膜状的褶。翅透明或暗色；Sc、R_1、R_{2+3}脉均与前缘脉接近，R_5室多封闭，常具柄，有时端部开放，但开口狭窄；具伪脉；第2基室短于第1基室；臀室较长且封闭。腹部长筒形，基部多收缩呈胡蜂型，亦有广腰型。雄蝇尾器向腹面弯曲，雌蝇尾器呈钳状，第5腹板铲状翘起。卵长筒形，具卵孔，有钩或丝附着于寄主。雌蝇直接将卵产于正在飞翔中的寄主昆虫体表，幼蛆孵化后从腹侧节间膜钻入寄主腹部。幼虫白色，卵形或梨形，体节明显，腹部末端1节具1对后气门，着生于1大形凸起的气门板上；口器退化。幼蛆在寄主腹内发育3个龄期，充满整个腹部，老熟后从寄主体内钻出，化为围蛹。眼蝇科为世界性种类，在我国南方分布较多，专门寄生螫刺性膜翅目昆虫成虫，如蜜蜂和胡蜂。有些种类也寄生直翅目昆虫，如蝗虫等。个别种类能造成蜜蜂工蜂的大量死亡。一些眼蝇科成虫的吸盘发达，比较长，与它们盘旋于花上取食花蜜这种习性相适应。

分布：世界已知47余属800余种，我国已知16属90种，浙江分布9属24种。本次调查发现舟山分布1属1种。

59. 绣虻眼蝇 *Myopa picta* Panzer，1798

分布：中国浙江（舟山）、江苏；印度、欧洲、非洲北部。

丽蝇科 Calliphoridae

主要特征：中大型种，体多呈青、绿或黄褐等色，并常具金属光泽。雄眼一般互相靠近，雌眼远离；口器发达，舐吸式；触角芒一般长羽状，少数长栉状。胸部通常无暗色纵条，或有也不甚明显；胸部侧面观，外方的一个肩后鬃的位置比沟前鬃低，二者的连线略与背侧片的背缘平行；前胸基腹片及前胸前侧片中央凹陷具毛，后基节片在后气门的前下方有呈曲尺形或弧形排列的成行的鬃，上后侧片具鬃或毛。翅M脉总是向前做急剧的角形弯曲。

成虫多喜室外访花，传播花粉，许多种类为住宅区传病和蛆症病原蝇类。其幼虫食性广泛，大多为尸食性或粪食性，亦有捕食性或寄生性的，可在医药和养殖业中利用。有些尸食性幼虫的种类，还可提供疑难案件的侦破数据，充实法医昆虫学。有些种类繁殖势能大、周期短，是重要的实验昆虫。

分布：世界各地。本科全世界已知478个种名，我国已知152种，本次调查发现舟山分布5属6种。

60. 巨尾阿丽蝇 *Aldrichina grahami*（Aldrich，1930）

分布：中国浙江（舟山、湖州、杭州、金华）、黑龙江、吉林、辽宁、内蒙古、北京、天津、河北、山西、山东、河南、陕西、宁夏、甘肃、青海、江苏、上海、安徽、湖北、江西、湖南、福建、台湾、广东、海南、广西、四川、贵州、云南、西藏；朝鲜、韩国、印度、日本、俄罗斯、巴基斯坦、美国。

61. 锡兰孟蝇 *Bengalia bezzii* Senior-White，1923

分布：中国浙江（舟山、杭州、丽水）、福建、台湾、广东、海南、四川；日本、越南、老挝、泰国、菲律宾、马来西亚、新加坡、印度尼西亚、印度、斯里兰卡。

62. 反吐丽蝇 *Calliphora vomitoria*（Linnaeus，1758）

分布：中国浙江（舟山、湖州、杭州）、黑龙江、吉林、辽宁、内蒙古、北京、天津、河北、山西、山东、河南、陕西、宁夏、甘肃、青海、新疆、江苏、上海、安徽、湖北、江西、湖南、福建、台湾、广东、四川、贵州、云南、西藏；朝鲜、日本、蒙古、俄罗斯、阿富汗、菲律宾、尼泊尔、印度、摩洛哥、欧洲、加拿利群岛、北美洲。

63. 南岭绿蝇 *Lucilia bazini* Séguy，1934

分布：中国浙江（舟山、湖州、杭州）、河南、陕西、甘肃、江苏、上海、湖北、江西、湖南、福建、台湾、广东、海南、四川、贵州、云南；俄罗斯、日本。

64. 亮绿蝇 *Lucilia illustris*（Meigen，1826）

分布：中国浙江（舟山、嘉兴、杭州）、黑龙江、吉林、辽宁、内蒙古、北京、天津、河北、山西、山东、河南、陕西、宁夏、甘肃、青海、新疆、江苏、上海、湖北、江西、湖南、福建、广东、广西、四川、贵州；朝鲜、韩国、日本、蒙古、缅甸、印度、欧洲、北美洲、新西兰、澳大利亚东部。

65. 越南拟粉蝇 *Polleniopsis dalatensis* Kurahashi，1972

分布：中国浙江（舟山）、海南；越南。

寄蝇科 Tachinidae

主要特征：寄蝇科隶属于昆虫纲，双翅目，是本目中多样性最丰富，生态上最重要的类群之一。成虫体长2.0～20.0 mm，头大，具额囊缝，触角3节，第2触角节背内侧具缝，第3触角节具分成3节的触角芒，髭强大；体多鬃毛，体型、颜色和鬃序差异变化大，下侧片具1列直立的鬃，后小盾片发达（胸部背板后部下方的圆形突起），侧面观明显突出；中脉M与前缘脉C在翅端前愈合，A₁脉退化缩短，后翅特化为平衡棒，下腋瓣发达；腹部侧背板鬃毛状变短，雄性第5腹板具2内向的后方突起（侧突），雄性第6腹板退化，侧尾叶和肛尾叶紧密连接，雄性第9腹板特化的下生殖板桥退化缺失，端阳体具齿状突起；雄性留下的第6、7气门被前生殖骨片包围；雌性第6、7腹节特化为产卵器，雌性第9腹板特化的下生殖板具舌；卵无背面的孵化缝，幼虫脱离孵出是通过腹面柔软的卵壳，1龄幼虫侧板退化或辨别不出，端部无钩，具长的钩状或斧形中喙齿，特别发达，与口咽骨其他部分广泛愈合，用于穿透宿主皮层，1龄幼虫内寄生于其他节肢动物（主要是昆虫）体内；仅在2龄、3龄幼虫期口钩发达，侧板成对，区别于双翅目中其他昆虫，这些共同衍生特征使得寄蝇科成为一单系类群。

成虫除主要舐吸植物的花蜜外，蚜虫、介壳虫或植物茎、叶所分泌的含糖物质都是它们喜好的食物。寄蝇科雌性像其他狂蝇总科类群一样基本是卵生的，大多数雌体将卵保存在膨大的产卵管或产卵囊中，然后在体外产下完全孵化的卵，少数种类产下没有孵化的卵在寄主体内。寄蝇幼虫专门寄生在昆虫纲或其他节肢动物幼虫体内，少数寄生在成虫体内，以鳞翅目、鞘翅目和直翅目昆虫为主，少数寄生蜘蛛。由于幼虫羽化时总是杀死寄主的衍生适应现象，所以寄蝇又是农、林业重要的害虫天敌，是陆地自然和人工生态群落结构组成和植食性种群的重要调节者。

分布：寄蝇科世界性分布，全世界已知寄蝇种类约8 500种，中国目前记录1 259种。本科分类由于成虫外形特征存在平行进化现象，所以易混淆，分类较难；分类主要依据成虫形态和毛序。本次调查发现舟山分布8属8种。

66. 黑须卷蛾寄蝇 *Blondelia nigripes* (Fallén, 1810)

分布：中国浙江（舟山、杭州）、黑龙江、吉林、辽宁、内蒙古、北京、河北、山西、陕西、宁夏、甘肃、青海、新疆、四川、云南、西藏；中亚、欧洲、日本（本土）、朝鲜、韩国、中东、蒙古、俄罗斯（西部、西伯利亚、远东地区南部），外高加索。

67. 康刺腹寄蝇 *Compsilura concinnata* (Meigen, 1824)

分布：中国浙江（舟山、杭州、金华）、黑龙江、吉林、辽宁、内蒙古、北京、天津、河北、山西、山东、江苏、上海、安徽、江西、湖南、福建、台湾、广东、海南、广西、重庆、四川、贵州、云南、西藏；世界广布。

68. 比贺寄蝇 *Hermya beelzebul* (Wiedemann, 1830)

分布：中国浙江（舟山、杭州）、吉林、辽宁、内蒙古、山西、山东、陕西、新疆、江苏、上海、安徽、湖北、江西、湖南、福建、台湾、广东、海南、香港、广西、四川、贵州、云南；日本、印度、印度尼西亚、马来西亚、缅甸、尼泊尔、菲律宾、斯里兰卡、泰国、越南。

69. 缓罗佛寄蝇 *Lophosia imbecilla* Herting，1983

分布：中国浙江（舟山、杭州）、山东、江苏、湖北、江西、台湾、广西、云南。

70. 白瓣麦寄蝇 *Medina collaris* (Fallén，1820)

分布：中国浙江（舟山、杭州）、辽宁、宁夏、北京、河北、山西、陕西、江苏、湖南、广东、海南、香港、广西、重庆、四川、贵州、云南、西藏；欧洲、日本（北海道、本州）、蒙古、俄罗斯（西部和西、东西伯利亚及远东地区南部）、外高加索。

71. 黄胫等鬃寄蝇 *Peribaea tibialis* (Robineau-Desvoidy，1851)

分布：中国浙江（舟山、杭州）、黑龙江、北京、山西、陕西、湖南、福建、台湾、广东、海南、香港、四川、贵州、云南；中亚、欧洲（西欧、东欧、南欧）、日本（北海道、本州、九州）、朝鲜、韩国、中东、蒙古、俄罗斯（西部、远东地区南部）、外高加索、琉球群岛、缅甸、刚果、肯尼亚、南非。

72. 东方梳寄蝇 *Pexopsis orientalis* Sun & Chao，1993

分布：中国浙江（舟山、杭州）、吉林、辽宁、北京、山西、江苏、上海、湖南、福建、广东、海南、四川、云南。

73. 红额拟芒寄蝇 *Pseudogonia rufifrons* (Wiedemann，1830)

分布：中国浙江（舟山、杭州、金华）、吉林、辽宁、内蒙古、北京、河北、山西、山东、河南、宁夏、新疆、江苏、上海、安徽、湖北、江西、福建、台湾、广东、海南、香港、广西、四川、云南；世界广布。

74. 长角髭寄蝇 *Vibrissina turrita* (Meigen，1824)

分布：中国浙江（舟山、杭州、丽水）、黑龙江、吉林、辽宁、内蒙古、北京、天津、河北、山西、山东、陕西、河南、江苏、上海、安徽、江西、湖南、福建、台湾、广西、重庆、四川、贵州、云南、西藏；欧洲、日本（北海道、本州、九州）、朝鲜、韩国、外高加索。

毛翅目 Trichoptera

成虫俗称石蛾，体与翅面多毛，故名"毛翅目"。体小至中型，体长2~40 mm，形似鳞翅目蛾类，柔弱。一般褐色、黄褐色、灰色、烟黑色，亦有较鲜艳的种类。头小，能自由活动。复眼大而左右远离，单眼3个或无。触角丝状，多节，基部2节较粗大。咀嚼式口器，但较退化。翅2对，有时雌虫无翅。翅脉接近假想昆虫脉序。足细长，跗节5节，爪1对。腹部10节。雌虫第8节具下生殖板，一般无特殊的产卵器。雄虫第9节外生殖器裸露。

幼虫蛃型或亚蝎型，体长2~40 mm，生活于各类清洁的淡水水体中，如清泉、溪流、泥塘、沼泽以及较大的湖泊、河流等。常筑巢于石块缝隙中，故又名"石蚕"。咀嚼式口器，有吐丝器。头顶具"Y"形蜕裂线。胸足3对，发达。腹部仅具1对臀足，各足具爪1个，腹部侧面有气管鳃。裸蛹，上颚发达，腹部腹面常有气管鳃，末端常有1对臀突。

毛翅目昆虫广泛分布于世界各生物地理区域，是水生昆虫中最大的类群之一，在淡水生态系统的能量流动中起重要的作用，许多种类对水质污染极敏感，近30年来已被用作为水质生物监测的重要指示生物。

纹石蛾科 Hydropsychidae Curtis，1835

主要特征：成虫缺单眼。下颚须末节长，环状纹明显。中胸盾片缺毛瘤，胫距式2-2~4-2~4。前翅具5个叉脉，后翅第1叉脉有或无。幼虫各胸节背板均骨化，中、后胸及腹部各节两侧具成簇的丝状鳃。幼虫生活于清洁水体中，部分种具有较强的耐污能力，取食聚集在蔽居室网上的藻类、有机颗粒或微小型无脊椎动物。广布于各动物地理区。

分布：本科全世界已知5亚科、27属1 500余种，我国已知14属200余种。本书报道1属1种。

短脉纹石蛾属 Cheumatopsyche Wallengren，1891

主要特征：额在两触角间的部分细小，形成细柄状，额唇基沟上方及两触角柄节的下方呈五边形；唇基狭长，其两侧与颊下区的交接处边缘不明显；颊下区条状，其外侧稍宽；额颊沟多少倾斜，颊的上部较窄，下方略放宽；上唇椭圆形；上颚大致呈三角形。下颚须第1节最短，着生在负颚须节下方，第2节与第3节近等长，约为第1节的3倍，第4节略短，细长呈短棒状；下唇须第1节与第2节近等长，第3节最长，约为前1节长的2.5倍。

前胸背板仅1对长形的毛瘤，该毛瘤在中央附近较宽大，向两侧逐渐变细。中胸盾片光滑，小盾片上具1大型呈圆形的毛瘤。后胸各盾片光滑无毛。中后胸背板光滑，有时具稀疏的毛，除中胸小盾片外，均不形成毛瘤。前胸侧板侧沟较短，前侧片大致呈三角形，后侧片四边形。胫距式2-4-4。雄虫前足爪对称。雌虫中足胫、跗节扁宽。前翅

m-cu横脉与cu横脉的间隔近，不及cu横脉长的2倍；Cu_{1b}功能Cu_2端部远离。后翅M与Cu主干远离，m-cu横脉明显，第1叉存在或消失。第10节背板两侧有1对低平的小毛瘤。阳茎基长管形，内茎鞘突瓣状，一般圆阔，勺状，能活动。

分布：分布于各大动物地理区。我国已知37种，本书报道1种。

1. 短脉纹石蛾 *Cheumatopsyche* sp.

观察标本：3♀，浙江省舟山市普陀区武岭村，29.997 873°N，122.307 708°E，海拔107 m，2016-Ⅷ-3，徐继华、孙长海采。

蝶石蛾科 Psychomyiidae Walker，1852

主要特征：成虫缺单眼；下颚须多数5节，第5节长，常有环状纹，少数下颚须6节则第5节不具环纹。下唇须4节。胫距式1～3-4-4。中胸盾片具1对卵圆形小毛瘤；前后翅R2与R3愈合。雌虫具可套叠的管状产卵器。

分布：全世界已知2亚科、11属（其中2个化石属）530余种，分布于除新热带区以外的各动物地理区，尤以东洋区种类多。我国已知3属19种，本次调查发现舟山分布1属1种。

蝶石蛾属 *Psychomyia* Latreille，1829

主要特征：体小型，前翅长2.7～6.0 mm。体通常淡褐至深褐色。下颚须第3节短于第2节。翅长而窄，个体越小的种类，翅越窄，后翅顶角尖锐。前翅中室较短，2A脉终止于1A脉，而非终止于3A。后翅Sc脉缺失，R_1长，R_{2+3}短，终止于R_1，第3叉在有些种中缺失，臀脉1根，M_{3+4}与Cu_1之间无横脉。雌虫中足扁平。雄外生殖器：第9节腹板小，背板细长。上附肢大而延长。中附肢缺失。第10节痕迹状。下附肢第1节短，基部相互愈合；第2节长，简单或分叉。阳基鞘粗，水平，并由此着生向上延伸的部分。

分布：世界已知140余种，分布于古北区、新北区与东洋区。我国已知约6种，浙江2种。本书报道1种。

2. 蝶石蛾 *Psychomyia* sp.

观察标本：2♀，浙江省舟山市普陀区武岭村，29.997 873°N，122.307 708°E，海拔107 m，2016-Ⅷ-3，徐继华、孙长海采。

鳞翅目 Lepidoptera

体小至大型。头略呈球形或半球形；触角多节，呈丝状、棒状、羽状等，雄性触角常较雌性为发达；口器大多数种类为典型的虹吸式口器；复眼发达，单眼通常2个，位于复眼后方，但也有一些种类（蝶类、尺蛾等）无单眼。胸部发达，各胸节趋于愈合；后胸背板小；足细长，前足胫节内缘通常生有1胫突（净角器），中、后足胫节近中部和末端分别生有中距和端距；跗节5节，以第1节最长，爪1对；具2对发达翅，仅个别种类的雌虫无翅或仅具退化的翅；翅膜质，有鳞毛和鳞片覆盖。腹部呈圆筒形或纺锤形，10节，第1节退化，腹板消失或仅呈膜状。

本次调查发现舟山分布37科438属634种。

蝙蝠蛾科 Hepialidae

主要特征：体中到大型，头小，触角短，丝状或栉状，口器已退化，无取食功能，下唇须极短或只有2、3节，胸部发达，尤以前胸背板较大；前翅R脉分为5支，M脉基干完整，前翅有翅轭，后翅缺翅缰；胸足短，前足有或无胫距，雄性后足胫节发达，常披丛状毛。

分布：本次调查发现舟山分布1属2种。

1. 凸缘蝙蝠蛾 *Phassus nanhingi* Daniel，1940

分布：中国浙江（舟山、杭州、宁波）。

2. 点蝙蛾 *Phassus signifer sinensis* Moore，1877（彩图39）

分布：中国浙江（舟山、杭州、宁波、温州、舟山）、华北、华中、华东、华南、四川；日本、印度、斯里兰卡。

蓑蛾科 Psychidae

主要特征：雌雄异型，雄蛾具翅，翅面稀被毛鳞片，几乎无任何斑纹，触角栉齿状，喙消失，下唇须短，翅缰异常大。雌雄多为幼虫型，无翅，触角、口器和足有不同程度的退化，生活于幼虫所筑的巢内。也有一些雌蛾有翅，属短翅型。

分布：本次调查发现舟山分布4属5种。

3. 碧皑蓑蛾 *Acanthoecia bipars* Walker，1865

分布：中国浙江（舟山）。

4. 白囊蓑蛾 *Chalioides kondonis* Matsumura，1922

分布：中国浙江（舟山、杭州、宁波、台州、衢州）、江西、湖南、福建、广东、广西、云南。

5. 小窠蓑蛾 *Clania minuscula* Butler，1881

分布：中国浙江（舟山、杭州、宁波、台州、金华、衢州、丽水、温州）、山东、河南、江苏、安徽、湖北、江西、湖南、福建、台湾、广东、广西、四川、贵州、云南；日本。

6. 大窠蓑蛾 *Clania variegata* Snellen, 1879（彩图40）

分布：中国浙江（舟山、湖州、嘉兴、杭州、绍兴、宁波、台州、金华、衢州、丽水、温州）、山东、河南、江苏、湖北、湖南、福建、台湾、广东、广西、四川、云南；日本、印度、马来西亚。

7. 茶褐蓑蛾 *Mahasena colona* Sonan, 1935

分布：中国浙江（舟山、杭州、宁波、台州）。

菜蛾科 Plutellidae

主要特征：头部鳞片紧贴或有丛毛。单眼有或无，舌发达，触角是翅长的2/3~4/5，栖息时向前伸。下唇须第2节下面有向前伸的长毛束，使整节呈三角形，第3节尖而光滑，向上举。前翅宽或窄，顶角常呈镰刀状或凸出，有翅痣和副室，后缘毛有时发达并向后伸，栖息时突出如鸡尾。臀脉基部有长分叉。后翅长卵圆形或披针形，缘毛长。雄性外生殖器的爪形突不发达，颚形突横带状，有时与尾突愈合，抱器瓣宽大，抱器腹明显或不明显。雌性外生殖器前表皮突有分支，后阴片多变化，导管端片明显，囊突有或无。

分布：本次调查发现舟山分布1属1种。

8. 菜蛾 *Plutella xylostella* Linnaeus, 1758

分布：中国浙江（舟山、杭州、宁波、台州）及全国各地广布；世界性分布。

织蛾科 Oecophoridae

主要特征：小至中型蛾类。触角常短于前翅，柄节一般有栉。下唇须2~3节，向上弯曲。前翅三角形、长卵圆形或矛形；R_4和R_5脉共柄，R_5脉达前缘、顶角或外缘；M_2脉通常接近M_3脉；1A+2A脉在基部形成大的基叉。后翅Sc+R_1脉长达前缘3/4或4/5处；Rs和M_1脉在近基部1/3~1/2近平行。幼虫多缀叶、卷叶或蛀入植物组织中为害。

分布：织蛾科已知3 600余种，世界分布，尤以澳洲区最为丰富。中国已知50余属近300种，本次调查发现舟山分布1属1种。

9. 油茶织蛾 *Casmara patrona* Meyrick, 1934

分布：中国浙江（舟山、杭州、宁波、金华、衢州、丽水）、安徽、湖北、江西、湖南、福建、台湾、广东、广西、贵州；日本、印度。

尖蛾科 Cosmopterygidae

主要特征：小型蛾类。头部鳞片紧贴，额常强烈突出，颜面光滑。下唇须强烈弯曲，上举常超过头顶。前翅卵披针形或狭披针形至线状，中室常为闭室。R_4和R_5脉共柄，R_5脉达前缘顶角前，有时R_4，R_5和M_1脉共柄，1A和2A在基部形成基叉。后翅窄于前翅，缘毛很长。

分布：世界性分布。全世界已记述3亚科110余属1 600余种。本次调查发现舟山分布2属2种。

10. 禾尖蛾 *Cosmopteryx fulminella* Stringer，1930

分布：中国浙江（舟山、宁波）。

11. 玉米尖蛾 *Stagmatophora rileyl* Wals，1965

分布：中国浙江（舟山、嘉兴、杭州、绍兴、宁波）。

卷蛾科 Tortricidae

主要特征：成虫小到中型。头顶具粗糙的鳞片；单眼存在或退化消失；毛隆发达；喙发达，基部无鳞片；下唇须3节，被粗糙鳞片，平伸或上举；触角鞭节各亚节具2排或1排鳞片。前翅宽阔；有些雄性具前缘褶，前缘褶内有特殊的香鳞；中室具索脉和M脉主干，M脉主干一般不分支。雄性外生殖器爪形突变化大或缺失；尾突大而具毛或缺失，颚形突的两臂端部愈合，但常退化或消失；肛管有或无。雌性外生殖器产卵器非套叠式，具宽阔、平坦的产卵瓣及相对较短的表皮突；囊导管与交配囊可区分，交配囊常有1枚或2枚囊突。

分布：卷蛾科是鳞翅目小蛾类中最大的科之一，为世界性分布。J. W. Brown（2005）的《世界昆虫名录（卷蛾科）》一书中记载全世界9 000多种（亚种），数量仅次于麦蛾总科。本次调查发现舟山分布8属9种。

12. 草莓长翅卷蛾 *Acleris comariana* Zeller，1846

分布：中国浙江（舟山、杭州、宁波）、广东；朝鲜、日本、欧洲、加拿大。

13. 尖翅小卷蛾 *Bactra lancealana* (Hubner，1799)

分布：中国浙江（舟山、湖州、宁波、台州、衢州）。

14. 水苏黑卷蛾 *Endothenia nigricostana* Haworth，1811

分布：中国浙江（舟山、杭州、宁波）。

15. 梨小食心虫 *Grapholitha molesta* Busck，1916

分布：中国浙江（舟山、杭州、宁波、金华、台州、衢州、丽水、温州）。

16. 柳杉长卷蛾 *Homona issikii* Yasuda，1962

分布：中国浙江（舟山、宁波、台州）。

17. 茶长卷蛾 *Homona magnanima* Diakonoff，1948

分布：中国浙江（舟山、湖州、宁波、衢州、丽水）。

18. 栎双色小卷蛾 *Pelataea bicolor* Walsingham，1900

分布：中国浙江（舟山、宁波）。

19. 松实小卷蛾 *Petrova cristata* Walsingham，1900

分布：中国浙江（舟山、嘉兴、绍兴、宁波、衢州、温州）、江苏、安徽、江西、湖南；日本。

20. 杉梢小卷蛾 *Polychrosis cunninghamiacola* Liu *et* Pai，1977

分布：中国浙江（舟山、宁波、台州、金华、丽水、温州）。

透翅蛾科 Aegeriidae

主要特征：体为中型，腹部有1特殊的扇状鳞簇。触角棍棒状，末端有毛。单眼发达。喙明显。翅狭长，除边缘及翅脉上外，大部分透明，无鳞片。后翅Sc+R$_1$脉藏在前缘褶内，后足胫节第1对距在中间或近端部。幼虫蛀食树木和灌木的主干、树皮、枝条、根部，或草本植物的茎和叶，趾钩单序二横带式。

分布：本次调查发现舟山分布2属2种。

21. 苹果透翅蛾 *Conopia hector* Butler，1878

分布：中国浙江（舟山、湖州、宁波、衢州、丽水、温州）、辽宁、山东、陕西；日本。

22. 葡萄透翅蛾 *Paranthrene regalis* Butler，1990

分布：中国浙江（舟山、杭州、绍兴、宁波、金华）、辽宁、山东、陕西、江苏、四川；朝鲜、日本。

斑蛾科 Zygaenidae

主要特征：体小至中型，颜色常鲜艳。触角丝状或棍棒状，雄蛾多为栉齿状。翅脉序完全，前、后翅中室内有M脉主干，后翅亚前缘脉（Sc）及胫脉（R）中室前缘中部连接，后翅有肘脉（Cu）；翅面鳞片稀薄，呈半透明状。翅多数有金属光泽，少数暗淡，身体狭长，有些种在后翅上具有燕尾形突出，形如蝴蝶。幼虫头部小，缩入前胸内，体具扁毛瘤，上生短刚毛。趾钩单序中带式。

分布：本次调查发现舟山分布7属10种。

23. 竹小斑蛾 *Artona funeralis* Butler，1879

分布：中国浙江（舟山、湖州、杭州、绍兴、宁波、金华、台州、温州）、江苏、安徽、湖北、江西、湖南、台湾、广东、广西、云南；朝鲜、日本、印度。

24. 茶柄脉锦斑蛾 *Eterusia aedea* Linnaeus，1763

分布：中国浙江（舟山、湖州、嘉兴、杭州、绍兴、宁波、金华、台州、衢州、丽水、温州）、江苏、安徽、江西、湖南、台湾、四川、贵州；日本、印度、斯里兰卡。

25. 梨叶斑蛾 *Illiberis pruni* Dyar，1905

分布：中国浙江（舟山、湖州、杭州、宁波、金华、台州、衢州、丽水、温州）、黑龙江、吉林、辽宁、河北、山西、山东、陕西、宁夏、甘肃、青海、江苏、江西、湖南、广西、四川、云南；朝鲜、日本。

26. 葡萄叶斑蛾 *Illiberis tenuis* Butler，1877

分布：中国浙江（舟山、宁波）。

27. 透翅毛斑蛾 *Phacusa dirce* Leech，1888

分布：中国浙江（舟山、宁波）、山东；朝鲜。

28. 黑斑红毛斑蛾 *Phauda triadum* Walker，1854

分布：中国浙江（舟山、杭州、宁波、台州、丽水、温州）。

29. 透翅硕斑蛾 *Piarosoma hyalina* Oberthur，1894

分布：中国浙江（舟山、湖州、杭州、宁波、丽水、温州）、江西、湖南、四川。

30. 环带锦斑蛾 *Pidorus euchromioides* Waker，1864

分布：中国浙江（舟山、杭州、绍兴、宁波、衢州、丽水、温州）。

31. 萱草带锦斑蛾 *Pidorus gemina* Walker，1854

分布：中国浙江（舟山、湖州、绍兴、宁波、金华、丽水）、江西、湖南、台湾、广东、海南、广西、云南；朝鲜、印度、印度尼西亚。

32. 桧带锦斑蛾 *Pidorus glaucopis* Butler，1773

分布：中国浙江（舟山、湖州、杭州、宁波、台州、丽水、温州）、江西、湖南、台湾、广西、云南；朝鲜、日本。

刺蛾科 Limacodidae

主要特征：刺蛾成虫中等大小，身体和前翅密生绒毛及厚鳞，大多黄褐色、暗灰色和绿色，间有红色，少数底色洁白，具斑纹。夜间活动，有趋光性。口器退化，下唇须短小，少数较长。雄蛾触角一般为双栉形，翅较短阔。幼虫体扁，蛞蝓形，其上生有枝刺和毒毛，有些种类较光滑无毛或具瘤。头小可收缩。有些种类茧上具花纹，形似雀蛋。羽化时茧的一端裂开圆盖飞出。

分布：本次调查发现舟山分布13属19种。

33. 艳刺蛾 *Arbelarosa rufotessellata*（Moore，1879）

分布：中国浙江（舟山、湖州、杭州、宁波、台州、丽水）、河南、江西、广东、四川、云南；印度、印度尼西亚。

34. 背刺蛾 *Belippa horrida* Walker，1865

分布：中国浙江（舟山、湖州、杭州、宁波、丽水、温州）、江西、湖南、福建、台湾、云南。

35. 灰双线刺蛾 *Cania bilineata*（Walker，1855）

分布：中国浙江（舟山、湖州、杭州、宁波、丽水、温州）、江苏、湖北、江西、湖南、福建、台湾、广东、广西、四川、云南、西藏；越南、印度、马来西亚、印度尼西亚。

36. 长须刺蛾 *Hyphorma minax* Walker，1865

分布：中国浙江（湖州、杭州、宁波、舟山、丽水、温州）、河南、湖北、江西、湖南、四川、贵州、云南；越南、印度、印度尼西亚。

37. 漪刺蛾 *Iraga rugosa*（Wileman，1911）

分布：中国浙江（湖州、杭州、宁波、舟山、温州）、河南、湖北、江西、湖南、福建、台湾、广东、海南、四川、贵州、云南。

38.黄刺蛾 *Monema flavescens* Walker，1855

分布：中国浙江（舟山、湖州、嘉兴、杭州、绍兴、宁波、金华、台州、衢州、丽水、温州）、黑龙江、吉林、辽宁、内蒙古、河北、山东、湖北、山西、河南、陕西、江苏、安徽、江西、湖南、台湾、广东、广西、四川、云南；俄罗斯、朝鲜、日本。

39.波眉刺蛾 *Narosa corusca* Wileman，1911

分布：中国浙江（舟山、湖州、杭州、宁波、台州、丽水）、陕西、安徽、江西、湖南、福建、台湾、广东、广西、四川、贵州、云南。

40.梨娜刺蛾 *Narosoideus flavidorsalis* （Staudinger，1887）

分布：中国浙江（舟山、杭州、宁波、台州、丽水、温州）、黑龙江、吉林、辽宁、北京、河北、山西、山东、河南、陕西、江苏、湖北、江西、湖南、福建、台湾、广东、广西、四川；俄罗斯、朝鲜、日本。

41.狡娜刺蛾 *Narosoideus vulpinus* （Wileman，1911）

分布：中国浙江（舟山、杭州、宁波、温州）、河北、山西、上海、湖北、江西、湖南、福建、台湾、广东、广西、四川、云南。

42.斜纹刺蛾 *Oxyplax ochracea* （Moore，1989）

分布：中国浙江（湖州、杭州、宁波、舟山、金华、台州、衢州、丽水）、江苏、湖北、江西、台湾、广东、广西、云南；印度、斯里兰卡、印度尼西亚。

43.两色绿刺蛾 *Parasa bicolor* （Walker，1855）

分布：中国浙江（湖州、衢州、杭州、绍兴、宁波、台州、舟山、丽水、温州）、江苏、福建、台湾、四川、贵州、云南；印度、缅甸、印度尼西亚。

44.褐边绿刺蛾 *Parasa consocia* Walker，1863

分布：中国浙江（嘉兴、杭州、绍兴、宁波、舟山、金华、衢州、丽水、温州）、黑龙江、吉林、辽宁、河北、山西、山东、陕西、江苏、安徽、湖北、江西、湖南、福建、台湾、广东、广西、四川、云南；俄罗斯、朝鲜、日本。

45.双齿绿刺蛾 *Parasa hilarata* （Staudinger，1887）

分布：中国浙江（杭州、绍兴、宁波、舟山、丽水）。

46. 丽绿刺蛾 *Parasa lepida* (Cramer，1779)

分布：中国浙江（湖州、嘉兴、杭州、宁波、舟山、金华、台州、丽水、温州）、河北、河南、江苏、江西、四川、云南；日本、印度、斯里兰卡、印度尼西亚。

47. 迹斑绿刺蛾 *Parasa pastoralis* Butler，1885

分布：中国浙江（湖州、杭州、绍兴、宁波、舟山、衢州、丽水、温州）、吉林、河南、江西、四川、云南；越南、印度、不丹、尼泊尔、巴基斯坦、印度尼西亚。

48. 中国绿刺蛾 *Parasa sinica* Moore，1877

分布：中国浙江（杭州、绍兴、宁波、舟山、金华、丽水、温州）、河北、山东、江苏、湖北、江西、台湾、四川、贵州、云南；俄罗斯、朝鲜、日本。

49. 角齿刺蛾 *Rhamnosa angulata* Hering，1887

分布：中国浙江（湖州、杭州、宁波、舟山、衢州）、河南、湖北、湖南、福建、广东、四川；朝鲜。

50. 窄斑褐刺蛾 *Setora suberecta* Hering，1931

分布：中国浙江（舟山、湖州、杭州、宁波、丽水、温州）。

51. 扁刺蛾 *Thosea sinensis* (Walker，1855)

分布：中国浙江（舟山、湖州、嘉兴、杭州、绍兴、宁波、金华、台州、衢州、丽水、温州）、黑龙江、吉林、辽宁、河北、山东、河南、江苏、安徽、湖北、江西、湖南、福建、台湾、广东、广西、四川、贵州、云南；朝鲜、日本、印度、印度尼西亚、马来西亚、越南、老挝、泰国、孟加拉国。

网蛾科 Thyrididae

主要特征：体中小型，成虫无单眼，复眼表面一般光滑，有的种类复眼表面具有金黄色绒毛。翅宽窄不等，翅面上具有或隐或显的网状纹。前足内侧具有胫刺，腹部无听器。

分布：本次调查发现舟山分布3属5种。

52. 金盏拱肩网蛾 *Camptochilus sinuosus* Warren，1956

分布：中国浙江（舟山、湖州、杭州、宁波、台州、衢州、丽水）、湖北、江西、湖南、福建、台湾、海南、广西、四川、云南；印度。

53. 中带褐网蛾 *Rhodoneura sphoraria* （Swinhoe，1892）

分布：中国浙江（舟山、杭州、丽水）、河北、四川；印度。

54. 褐线银网蛾 *Rhodoneura strigatula* Felder，1862

分布：中国浙江（舟山、杭州、宁波、丽水）、江西、湖南、福建、四川。

55. 银线网蛾 *Rhodoneura yunnana* Chu *et* Wang，1991

分布：中国浙江（舟山、杭州、宁波）。

56. 一点斜线网蛾 *Striglina scitaria* Walker，1862 （彩图41）

分布：中国浙江（舟山、湖州、杭州、宁波、台州、丽水）、江苏、江西、湖南、台湾、海南、广西、四川；朝鲜、日本、印度、马来西亚、大洋洲。

螟蛾科 Pyralidae

主要特征：复眼较大。下唇须3节，平伸或上举于额前面。下颚须3节，有时微小或缺失。鼓膜器的鼓膜泡完全闭合；节间膜与鼓膜位于同一平面；无听器间突。R_5脉与R_3+R_4脉共柄或合并。雄性爪形突发达；颚形突末端钩状或弯曲，少有退化或缺失；抱器瓣简单；阳茎多为柱状。雌性产卵瓣骨化弱；囊导管膜质，有时具骨化或粗糙的区域；交配囊膜质，无特殊的骨化区，有1～2个形状各异的刺及骨化的囊突。

分布：螟蛾科昆虫已知1 000余属，近6 000种，各动物地理区均有分布。本次调查发现舟山分布64属87种。

57. 小蜡螟 *Achroia grisella* Fabricius，1794

分布：中国浙江（湖州、嘉兴、杭州、宁波、舟山、温州）。

58. 白桦角须野螟 *Agrotera nemoralis* Scopoli，1763

分布：中国浙江（舟山、湖州、杭州、宁波、台州、丽水、温州）、黑龙江、北京、山东、江苏、福建、台湾、广西；朝鲜、日本、英国、西班牙、意大利、俄罗斯（远东地区）。

59. 稻巢草螟 *Ancylolomia japonica* Zeller，1877

分布：中国浙江（舟山、湖州、嘉兴、杭州、绍兴、宁波、金华、台州、丽水）、黑龙江、辽宁、河北、山西、山东、陕西、江苏、安徽、湖北、江西、湖南、福建、台湾、广东、海南、广西、四川、云南、西藏；日本、朝鲜、缅甸、印度、斯里兰卡、南非。

60. 二点织螟 *Aphomia zelleri* de Joannis，1932

分布：中国浙江（舟山、湖州、杭州、绍兴、宁波）。

61. 细条苞螟 *Pseudargyria interruptella* Walker，1866

分布：中国浙江（舟山、湖州、杭州、宁波、衢州、丽水、温州）。

62. 白斑翅野螟 *Bocchoris inspersalis* (Zeller，1852)

分布：中国浙江（舟山、湖州、嘉兴、杭州、宁波、金华、台州、丽水、温州）、江西、湖南、福建、台湾、广东、贵州、云南；日本、缅甸、印度、不丹、斯里兰卡、印度尼西亚、非洲。

63. 黄翅缀叶野螟 *Botyodes diniasalis* Walker，1859

分布：中国浙江（舟山、湖州、杭州、宁波、金华、台州、衢州、丽水、温州）。

64. 大黄缀叶野螟 *Botyodes principalis* Leech，1889

分布：中国浙江（舟山、杭州、宁波、台州、丽水、温州）、安徽、湖北、江西、湖南、福建、台湾、广东、四川、云南、西藏；朝鲜、日本、印度。

65. 稻暗水螟 *Bradina admixtalis* (Walker，1859)

分布：中国浙江（舟山、湖州、杭州、绍兴、宁波、丽水）、江苏、湖南、台湾、广东、云南；日本、斯里兰卡、印度、缅甸。

66. 髓野螟 *Calamotropha virgatellus* Wileman，1911

分布：中国浙江（舟山、宁波、衢州、丽水）。

67. 白条紫斑螟 *Calguria defigurelis* Walker，1899

分布：中国浙江（舟山、湖州、杭州、宁波、丽水）、河北、湖北、江西、湖南、福建、海南、四川、西藏；日本、印度、斯里兰卡、印度尼西亚。

68. 黑点大水螟 *Cataclysta midas* Butler，1881

分布：中国浙江（舟山、宁波、台州）。

69. 黑斑草螟 *Chrysoteuchia atrosignata* (Zeller，1877)

分布：中国浙江（舟山、湖州、杭州、宁波、衢州、丽水）、黑龙江、江苏、湖南、福建、四川、云南；朝鲜、日本。

70. 金黄镰翅野螟 *Circobotys aurealis*（Leech，1889）

分布：中国浙江（舟山、湖州、嘉兴、杭州、宁波、台州、温州）、河南、江西、湖南、福建、台湾、广东；日本、朝鲜、俄罗斯、缅甸、刚果、大洋洲。

71. 横线镰翅野螟 *Circobotys heterogenalis*（Bremer，1864）

分布：中国浙江（舟山、湖州、嘉兴、杭州、丽水）。

72. 圆斑黄缘禾螟 *Cirrhochrista brizoalis* Walker，1859

分布：中国浙江（舟山、宁波、丽水）、湖北、福建、台湾、广东、四川、云南；朝鲜、日本、印度、菲律宾、印度尼西亚、澳大利亚。

73. 歧角螟 *Cotachena pubesceus* Walker，1859

分布：中国浙江（舟山、湖州、杭州、宁波、丽水）。

74. 环纹丛螟 *Craneophora ficki* Christoph，1881

分布：中国浙江（杭州、宁波、衢州、丽水）、江西。

75. 竹淡黄野螟 *Demobotys pervulgalis* Munroe *et* Mutuura，1913

分布：中国浙江（舟山、湖州、杭州、宁波、台州、丽水）、安徽、江西、湖南、福建。

76. 二斑绢野螟 *Diaphania bicolor*（Swainson，1853）

分布：中国浙江（舟山、湖州、杭州、宁波）。

77. 瓜绢野螟 *Diaphania indica*（Saunders，1851）

分布：中国浙江（舟山、湖州、嘉兴、杭州、绍兴、宁波、金华、台州、衢州、丽水、温州）、河南、江苏、湖北、江西、湖南、福建、台湾、广东、广西、四川、贵州、云南；朝鲜、日本、越南、泰国、印度尼西亚、澳大利亚、萨摩亚群岛、斐济、塔希提岛、马克萨斯群岛、欧洲、非洲。

78. 白蜡绢褐螟 *Diaphania nigropunctalis*（Bremer，1899）

分布：中国浙江（舟山、湖州、杭州、宁波、丽水、温州）、河南、陕西、江苏、福建、台湾、四川、贵州、云南；朝鲜、日本、越南、印度、斯里兰卡、菲律宾、印度尼西亚。

79. 黄杨绢野螟 *Diaphania perspectalis*（Walker，1859）

分布：中国浙江（舟山、湖州、杭州、宁波、台州、温州）、山东、陕西、江苏、上海、安徽、湖北、江西、湖南、台湾、广东、四川、西藏；朝鲜、日本、印度、印度尼西亚。

80. 桑绢野螟 *Diaphania pyloalis* (Walker, 1923)

分布：中国浙江（舟山、湖州、嘉兴、杭州、绍兴、宁波、金华、台州、衢州、丽水、温州）、河北、陕西、江苏、安徽、湖北、福建、台湾、广东、四川、贵州、云南；朝鲜、日本、越南、缅甸、印度、斯里兰卡。

81. 褐纹翅野螟 *Diasemia accalis* Walker, 1859

分布：中国浙江（舟山、湖州、杭州、宁波、金华、台州、衢州、丽水、温州）、山东、江苏、湖南、台湾、广东、四川、云南；朝鲜、日本、缅甸、印度。

82. 目斑纹翅野螟 *Diasemia distinctalis* Leech, 1889

分布：中国浙江（舟山、湖州、宁波、衢州、丽水）。

83. 脂斑翅野螟 *Diastictis adipalis* Lederer, 1863

分布：中国浙江（舟山、湖州、杭州、宁波、丽水、温州）、台湾、广东；日本、越南、印度、印度尼西亚、斯里兰卡。

84. 桃蛀野螟 *Dichocrocis punctiferalis* Guenee, 1854

分布：中国浙江（舟山、湖州、嘉兴、杭州、绍兴、宁波、台州、衢州、丽水、温州）、辽宁、河北、山西、山东、河南、陕西、江苏、安徽、湖北、江西、湖南、福建、台湾、广东、四川、云南；朝鲜、日本、印度、大洋洲。

85. 微红梢斑螟 *Dioryctria rubella* Hampoon, 1901

分布：中国浙江（舟山、湖州、杭州）、黑龙江、吉林、辽宁、河北、山东、江苏、安徽、江西、湖南、福建、广东、广西、四川；亚洲其他国家、欧洲。

86. 松果梢斑螟 *Dioryctria mendacella* Staudinger, 1859

分布：中国浙江（舟山、湖州、杭州、宁波、丽水）。

87. 云杉梢斑螟 *Dioryctria schuetzeella* Fuchs, 1899

分布：中国浙江（舟山、湖州、杭州、宁波、丽水）、东北、甘肃；欧洲。

88. 松梢斑螟 *Dioryctria spleudidella* Herrich-Schaffer, 1895

分布：中国浙江（舟山、湖州、嘉兴、杭州、绍兴、宁波、台州、金华、衢州、丽水、温州）。

89. 褐萍水螟 *Elophila turbata* （Butel），1881

分布：中国浙江（舟山、湖州、嘉兴、杭州、宁波、金华、衢州、丽水、温州）、江苏、湖北、江西、福建、台湾、广东、广西、贵州；俄罗斯（远东地区）、朝鲜、日本。

90. 康歧角螟 *Endotricha consocia* Butler，1879

寄主：浙江（舟山、湖州、宁波、丽水）。

91. 纹歧角螟 *Endotricha icelusalis* Walker，1859

分布：中国浙江（舟山、湖州、杭州、绍兴、宁波、金华、台州、衢州、丽水）、江苏、湖北、江西、湖南、福建、台湾、广东、广西、四川、云南；日本。

92. 烟草粉斑螟 *Ephestia elutella* （Hubner），1796

分布：中国浙江（舟山、杭州、宁波、金华、丽水）、江苏、上海、湖北、江西、湖南、台湾、广东、四川、云南；俄罗斯、印度、泰国、不丹、斯里兰卡、印度尼西亚、德国、英国、法国、意大利、澳大利亚、加拿大、美国、巴拿马、巴西、南非。

93. 玫歧角螟 *Endotricha portialis* Walker，1859

分布：中国浙江（舟山、杭州、宁波、衢州）、河北、台湾；日本、印度尼西亚。

94. 竹黄腹大草螟 *Eschata miranda* Bleszynski，1965

分布：中国浙江（舟山、湖州、杭州、宁波、温州）、江苏、江西、湖南、福建、台湾、广东、四川、云南；印度。

95. 棉卷叶野螟 *Haritalodes derogata* （Fabricius），1775

分布：中国浙江（舟山、湖州、嘉兴、杭州、宁波、台州、金华、衢州、丽水、温州），北京、河北、山西、山东、河南、陕西、江苏、安徽、湖北、湖南、福建、广西、四川、贵州、云南；朝鲜、日本、斯里兰卡、非洲、大洋洲。

96. 白点黑翅野螟 *Heliothela nigralbata* Leech，1889

分布：中国浙江（湖州、杭州、宁波、衢州、温州）、北京、江苏。

97. 赤双纹螟 *Herculia pelasgalis* Walker，1859

分布：中国浙江（舟山、湖州、杭州、丽水、宁波、衢州、台州、丽水）、河南、江苏、湖北、江西、福建、台湾、广东、四川；朝鲜、日本。

98. 甜菜白带野螟 *Hymenia recurvali* Fabricius，1775

分布：中国浙江（舟山、湖州、嘉兴、杭州、绍兴、宁波、金华、台州、衢州、丽水、温州）、北京、河北、山东、陕西、江西、台湾、广东、广西、四川、云南、西藏；朝鲜、日本、泰国、缅甸、印度、斯里兰卡、菲律宾、印度尼西亚、澳大利亚、非洲、北美洲。

99. 褐巢螟 *Hypsopygia regina* Butler，1879

分布：中国浙江（舟山、湖州、杭州、宁波、台州、衢州、丽水）、河南、江苏、湖北、湖南、福建、台湾、广东、四川、云南；日本、印度。

100. 艳瘦翅野螟 *Ischnurges gratiosalis* Walker，1859

分布：中国浙江（舟山、宁波、衢州、丽水）、江西、湖南、福建、台湾、广东、四川；印度、斯里兰卡、马来西亚。

101. 褐翅蚀叶野螟 *Lamprosema indistincta* Warren，1892

分布：中国浙江（舟山、宁波、衢州）、江西、四川。

102. 缀叶丛螟 *Locastra muscosalis* Walker，1865

分布：中国浙江（湖州、杭州、舟山、金华、台州、衢州、丽水、温州）、河北、山东、江苏、安徽、湖北、江西、湖南、福建、台湾、广东、广西、四川、云南、西藏；日本、印度、斯里兰卡。

103. 褐鹦螟 *Loryma recursata* Walker，1865

分布：中国浙江（舟山、湖州、杭州、宁波、丽水）、江西、台湾、广东、四川、西藏；印度、不丹、斯里兰卡、新加坡、马来西亚、印度尼西亚。

104. 黄翅锥额野螟 *Loxostege umbrosalis* Warren，1892

分布：中国浙江（舟山、杭州、宁波、台州、衢州、丽水）、河北、山西、广东、四川；朝鲜、日本。

105. 麻楝锄须丛螟 *Macalla marginata* Butler，1912

分布：中国浙江（舟山、湖州、杭州、宁波）、江西、湖南、台湾、广东、海南；日本、印度。

106. 豆荚野螟 *Maruca testulalis* Geyer，1832

分布：中国浙江（舟山、湖州、杭州、绍兴、宁波、金华、台州、衢州、丽水、

温州）、内蒙古、北京、河北、山西、山东、河南、陕西、江苏、湖北、江西、湖南、福建、台湾、广东、海南、广西、四川、贵州、云南；朝鲜、日本、印度、斯里兰卡、欧洲、澳大利亚、尼日利亚、坦桑尼亚、非洲北部、美国（夏威夷）、巴西。

107. 斑点蚀叶野螟 *Nacoleia maculalis* South，1901

分布：中国浙江（舟山、湖州、杭州、宁波、丽水）、黑龙江、河北、湖北、江西、福建、四川；日本。

108. 梨云翅斑螟 *Nephopteryx pirivorella* Matsumura，1900

分布：中国浙江（舟山、湖州、丽水）、黑龙江、吉林、辽宁、河北、山西、山东、河南、陕西、宁夏、青海、江苏、安徽、湖北、江西、福建、广西、四川、云南；朝鲜、日本、俄罗斯（西伯利亚）。

109. 红云翅斑螟 *Nephopteryx semirubella* Scopoli，1763

分布：中国浙江（舟山、湖州、嘉兴、杭州、绍兴、宁波、金华、台州、衢州、丽水、温州）、黑龙江、吉林、河北、北京、河南、江苏、江西、湖南、广东、云南；朝鲜、日本、印度、欧洲。

110. 麦牧野螟 *Nomophila noctuella* Schiffermuller *et* Denis，1775

分布：中国浙江（舟山、湖州、杭州、宁波、台州、丽水）、内蒙古、河北、陕西、河南、山东、江苏、台湾、广东、四川、云南、西藏；俄罗斯、日本、印度、西欧、罗马尼亚、保加利亚、北美洲。

111. 塘水螟 *Nymphula stagnata*（Donovan），1806

分布：中国浙江（舟山、杭州、宁波、丽水）、黑龙江、河北、河南、江苏、湖北、广东、四川、云南；俄罗斯（远东地区）、日本、芬兰、瑞典、罗马尼亚、英国、比利时、法国、瑞士、意大利、西班牙。

112. 豆蚀叶野螟 *Omiodes indicata*（Fabricius），1775

分布：中国浙江（舟山、湖州、嘉兴、杭州、绍兴、宁波、衢州、丽水、温州）、北京、河北、山东、河南、江苏、湖北、江西、湖南、福建、台湾、广东、四川；俄罗斯、日本、印度、斯里兰卡、新加坡、非洲、北美洲、南美洲。

113. 瘤丛螟 *Orthaga onerata*（Butler），1879

分布：中国浙江（舟山、湖州、杭州、宁波）。

114. 金双点螟 *Orybina flaviplaga* (Walker)，1863

分布：中国浙江（舟山、湖州、杭州、绍兴、宁波、衢州、丽水）、河南、陕西、江苏、湖北、江西、湖南、台湾、广东、广西、四川、贵州、云南；缅甸、印度。

115. 黄环绢须野螟 *Palpita annulata* (Fabricius)，1784

分布：中国浙江（舟山、湖州、杭州、宁波、台州、衢州、丽水）、陕西、江苏、湖南、福建、台湾、广东、四川、云南；朝鲜、日本、越南、菲律宾、缅甸、印度、斯里兰卡、印度尼西亚、新加坡、澳大利亚。

116. 乌苏里褶缘野螟 *Paratalanta ussurialis* (Bremer, 1864)

分布：中国浙江（舟山、湖州、杭州、丽水）、黑龙江、湖南、福建、台湾、四川、云南；俄罗斯（远东地区）、朝鲜、日本。

117. 珍洁水螟 *Parthenodes prodigalis* (Leech, 1889)

分布：中国浙江（舟山、湖州、杭州、宁波、衢州、丽水）、福建、台湾、广东、四川、云南；朝鲜、日本。

118. 竹云纹野螟 *Pleuroptya pussctimarginalis* (Hampson, 1913)

分布：中国浙江（舟山、湖州、杭州、宁波）。

119. 四斑卷叶野螟 *Pleuroptya quadrimaculalis* Kollar，1844

分布：中国浙江（舟山、湖州、杭州、宁波、衢州、丽水）、山东、江西、湖南、福建、台湾、广东、四川、云南；俄罗斯、朝鲜、日本、印度、印度尼西亚。

120. 三条蛀野螟 *Pleurotya chlorophanta* (Butel, 1878)

分布：中国浙江（舟山、湖州、杭州、宁波、台州、衢州、丽水）、内蒙古、山东、河南、江苏、福建、台湾、广西、四川；朝鲜、日本、印度、斯里兰卡。

121. 黑脉厚须螟 *Propachys nigrivena* Walker，1863

分布：中国浙江（舟山、湖州、杭州、宁波、台州、衢州、丽水）、河南、湖北、江西、湖南、福建、台湾、广东、四川、云南；印度、孟加拉国、斯里兰卡。

122. 黄纹银草螟 *Pseudargyria interruptella* (Walker, 1866)

分布：中国浙江（舟山、湖州、杭州、宁波、台州、衢州、丽水）、山西、山东、河南、陕西、江苏、安徽、湖南、福建、台湾、广东、广西、云南；朝鲜、日本。

123. 泡桐卷野螟 *Pycnarmon cribrata* Fabricius，1784

分布：中国浙江（舟山、杭州、宁波、衢州、丽水、温州）、陕西、台湾、广东、广西、云南；朝鲜、日本、越南、缅甸、印度、斯里兰卡、印度尼西亚、非洲东部和南部。

124. 乳翅卷野螟 *Pycnarmon lactiferalis*（Walker，1859）

分布：中国浙江（舟山、杭州、宁波）、黑龙江、吉林、陕西、台湾、广东、四川、云南；朝鲜、日本、缅甸、印度、斯里兰卡、印度尼西亚。

125. 豹纹卷野螟 *Pycnarmon pantherata*（Butler，1878）

分布：中国浙江（舟山、湖州、杭州、宁波、台州、温州）、河南、陕西、江苏、上海、湖北、江西、台湾、四川；朝鲜、日本。

126. 黄尾蛀禾螟 *Scirpophaga nivella*（Fabricius，1794）

分布：中国浙江（舟山、湖州、嘉兴、杭州、宁波、金华、台州、衢州、丽水）、江苏、湖北、福建、台湾、广东；日本、印度、斯里兰卡、缅甸、印度尼西亚。

127. 荸荠白禾螟 *Scirpophaga praelata*（Scopoli，1763）

分布：中国浙江（舟山、杭州、宁波、金华、台州、丽水）、黑龙江、北京、河北、甘肃、江苏、安徽、江西、湖南、福建、台湾、广东、广西；日本、欧洲、澳大利亚。

128. 竹绒野螟 *Sinibotys evenoralis*（Walker，1859）

分布：中国浙江（舟山、湖州、嘉兴、绍兴、宁波、台州、丽水、温州）、江苏、江西、福建、台湾、广东、广西；朝鲜、日本、缅甸。

129. 楸蠹野螟 *Sinomphisa plagialis* Wileman，1911

分布：中国浙江（舟山、湖州、嘉兴、杭州、宁波、台州、衢州、丽水、温州）、辽宁、河北、山东、河南、陕西、江苏、湖北、四川、贵州；朝鲜、日本。

130. 伪白纹缟螟 *Stemmatophora valida* Butler，1879

分布：中国浙江（舟山、湖州、宁波、金华、台州、衢州、丽水）、江苏、湖北、江西、湖南、福建、广东、海南、四川、云南；日本。

131. 卷叶野螟 *Sylepta fuscomargininalis* Leech，1904

分布：中国浙江（舟山、杭州、宁波、台州）、四川；日本。

132. 葡萄卷叶野螟 *Sylepta luctuosalis* (Guenee, 1854)

分布：中国浙江（舟山、湖州、杭州、宁波、衢州、丽水、温州）、黑龙江、河南、陕西、江苏、福建、台湾、广东、海南、云南；俄罗斯（西伯利亚）、朝鲜、日本、印度、越南、斯里兰卡、印度尼西亚、欧洲南部、非洲东部。

133. 斑点卷叶野螟 *Sylepta maculalis* Leech, 1901

分布：中国浙江（舟山、湖州、杭州、宁波、丽水、温州）、黑龙江、福建、台湾、广东、四川、云南；日本。

134. 苎麻卷叶野螟 *Sylepta pernitescens* Swinhoe, 1894

分布：中国浙江（舟山、宁波、台州、丽水）、黑龙江、台湾、广东；日本、印度、印度尼西亚。

135. 豆卷叶野螟 *Sylepta ruralis* Scopoli, 1763

分布：中国浙江（宁波、舟山、衢州）、台湾；朝鲜、日本、印度、印度尼西亚、英国、德国。

136. 枯叶螟 *Tamraca torridalis* (Lederer, 1863)

分布：中国浙江（舟山、湖州、杭州、宁波、丽水）、陕西、江苏、湖南、台湾、广东、广西、西藏；日本、缅甸、印度、斯里兰卡、印度尼西亚。

137. 白带网丛螟 *Teliphasa albifusa* (Hampson, 1896)

分布：中国浙江（舟山、湖州、杭州、宁波、台州、丽水）、福建、台湾；日本。

138. 大豆褐翅丛螟 *Teliphasa elegans* (Butler, 1881)

分布：中国浙江（舟山、湖州、杭州、宁波、台州、丽水）。

139. 离顶皱螟 *Termioptycha distantia* Lnoue, 1982

分布：中国浙江（舟山、湖州、宁波、台州）。

140. 黄头长须短颚螟 *Trebania flavifrontalis* (Leech, 1889)

分布：中国浙江（舟山、湖州、杭州、宁波、台州、丽水）、河南、江苏、上海、江西、湖南、福建、台湾、广东；朝鲜、日本。

141. 黄黑纹野螟 *Tyspanodes hypsalis* Warren, 1891

分布：中国浙江（舟山、湖州、杭州、宁波、丽水）、江苏、台湾、四川；朝鲜、日本。

142. 橙黑纹野螟 *Tyspanodes striata* （Butler，1879）

分布：中国浙江（舟山、湖州、杭州、宁波、丽水）、山东、河南、陕西、江苏、湖北、江西、湖南、福建、台湾、广东、广西、四川、贵州、云南；朝鲜、日本。

143. 锈黄缨突野螟 *Udea testacea* Butler，1879

分布：中国浙江（舟山、湖州、杭州、宁波、衢州、丽水）、河南、江苏、台湾、广东、广西、贵州、云南；日本、印度、斯里兰卡。

尺蛾科 Geometridae

尺蛾亚科 Geometrinae

主要特征：尺蛾亚科成虫翅大多绿色，静止时四翅平铺；翅缰较弱或退化；后翅M_2脉接近M_1，远离M_3；雄腹部第3节常有成对的刚毛斑，有时刚毛斑在中间融合或位于中部；雄外生殖器常具发达背兜侧突；阳茎具纵向骨化带；雌外生殖器肛瓣钝突状，常具小瘤状突，囊常具双角状囊片。

分布：本次调查发现舟山分布97属133种。

144. 桔斑矶尺蛾 *Abaciscus costimacula* （Wileman，1912）

分布：中国浙江（舟山、杭州、宁波、金华、温州、丽水）、湖北、江西、湖南、福建、台湾、广东、海南、广西、四川、贵州、云南。

145. 矶尺蛾 *Abaciscus tristis* Butler，1889

分布：中国浙江（舟山、杭州、宁波、温州）、湖南、福建、台湾、广东、海南、广西、四川、云南；印度、尼泊尔、加里曼丹岛。

146. 丝棉木金星尺蛾 *Abraxas suspecta* Warren，1894

分布：中国浙江（舟山、湖州、嘉兴、杭州、绍兴、宁波、金华、台州、衢州、丽水、温州）、东北、西北、华北、华东、华中；俄罗斯、朝鲜、日本。

147. 榛金星尺蛾 *Abraxas sylvata* （Scopoli，1763）

分布：中国浙江（舟山、杭州、宁波、衢州、丽水）、内蒙古、江苏、湖南；俄罗斯、朝鲜、日本、欧洲中部。

148. 中国虹尺蛾 *Acolutha pictaria imbecilla* Warren，1905

分布：中国浙江（舟山、丽水）、福建、台湾、海南、四川、云南。

149. 水蜡尺蛾 *Agaraeus parva distans* (Warren, 1895)

分布：中国浙江（舟山、宁波、丽水）。

150. 萝摩艳青尺蛾 *Agathiacaris sima* Butler, 1878

分布：中国浙江（舟山、杭州、衢州、丽水）、东北、河北、陕西、四川；朝鲜、日本。

151. 双山枝尺蛾 *Alcis grisea* Butler, 1878

分布：中国浙江（舟山、宁波、丽水）、河南、湖北；日本。

152. 鹊鹿尺蛾 *Alcis picata* (Butler, 1881)

分布：中国浙江（舟山、湖州、杭州、宁波）。

153. 白珠鲁尺蛾 *Amblychia angeronaria* Guenée, 1857

分布：中国浙江（舟山、杭州、宁波、金华）、湖南、福建、台湾、海南、广西、四川、贵州、云南、西藏；日本、印度、越南、泰国、马来西亚、印度尼西亚、巴布亚新几内亚。

154. 拟大斑掌尺蛾 *Amraica prolata* Jiang, Sato & Han, 2009

分布：中国浙江（舟山、杭州、衢州、宁波、金华、温州）、江西、湖南、福建、广东、广西；老挝、泰国。

155. 南方波缘妖尺蛾 *Apeira crenularia* (Wehrli, 1897)

分布：中国浙江（舟山、杭州、宁波）、湖南、福建。

156. 星尺蛾 *Arichanna jaguararia* (Guenee, 1881)（彩图 42）

分布：中国浙江（舟山、湖州、杭州、绍兴、宁波、台州、衢州、丽水、温州）、安徽、湖北、江西、湖南、福建、广西；日本。

157. 大造桥虫 *Ascotis selenaria* (Denis *et* Schiffermuller, 1775)

分布：中国浙江（湖州、杭州、丽水、温州）、黑龙江、吉林、辽宁、内蒙古、北京、河北、山西、陕西、甘肃、新疆、江苏、安徽、湖北、江西、湖南、福建、台湾、广东、海南、香港、广西；日本、朝鲜半岛、印度、斯里兰卡、欧洲、非洲。

158. 对白尺蛾 *Asthena undulata* (Wileman, 1915)

分布：中国浙江（舟山、杭州、宁波、丽水、衢州、温州）、上海、湖北、江西、湖南、福建、台湾、广东、广西、四川。

159. 灰星尺蛾 *Arichanna jaguararia* （Guenée，1858）

分布：中国浙江（舟山、湖州、杭州、绍兴、宁波、台州、衢州、丽水、温州）、安徽、湖北、江西、湖南、福建、广西；日本。

160. 大灰尖尺蛾 *Astygisa chlororphnodes* （Wehrli，1936）

分布：中国浙江（舟山、宁波）、陕西、江西、湖南、福建、广西、四川、云南；日本。

161. 樟尺蠖 *Biston panterinaria* （Bremer & Grey，1853）

分布：中国浙江（舟山、湖州、杭州、宁波、金华、衢州、丽水、温州）、辽宁、北京、河北、山西、山东、河南、陕西、宁夏、甘肃、安徽、湖北、江西、湖南、福建、广东、海南、广西、重庆、四川；印度、尼泊尔、越南、泰国。

162. 焦边尺蛾 *Bizia aexaria* Walker，1860

分布：中国浙江（舟山、湖州、杭州、绍兴、宁波、台州、衢州、丽水、温州）、吉林、陕西、安徽、湖北、江西、湖南、福建、台湾、广东、广西、四川、贵州、西藏；朝鲜、日本、越南。

163. 常春藤毛纹尺蛾 *Callabraxas compositata* （Guenée，1857）

分布：中国浙江（舟山、湖州）、山东、湖北、江西、湖南、福建、台湾、四川、云南；日本、朝鲜。

164. 合欢奇尺蛾 *Chiasmia defixaria* （Walker，1861）

分布：中国浙江（舟山、杭州、宁波、衢州、丽水）、山东、河南、甘肃、江苏、湖北、江西、湖南、福建、广西、四川、贵州；日本、朝鲜半岛。

165. 雨尺蛾 *Chiasmia pluviata* （Fabricius，1798）

分布：中国浙江（舟山、杭州、宁波、衢州）、北京、河北、上海、湖南、福建、广东、广西、云南、西藏；朝鲜半岛、印度、缅甸、越南。

166. 蕾宙尺蛾 *Coremecis leukohyperythra* （Wehrli，1925）

分布：中国浙江（舟山、杭州、宁波、丽水、金华、温州）、湖南、福建、广东。

167. 双角尺蛾 *Carige cruciplaga* （Walker，1861）

分布：中国浙江（舟山、湖州、杭州、宁波、丽水）。

168. 规尺蛾 *Chariaspilates formosaria* (Eversmann, 1837)

分布：中国浙江（舟山、宁波）。

169. 常春藤回纹尺蛾 *Chartographa compositata* (Guenee, 1857)

分布：中国浙江（舟山、湖州、杭州、宁波、丽水）、山东、河南、湖北、江西、湖南、云南；日本、朝鲜。

170. 葡萄洄纹尺蛾 *Chartographa ludovicaria* Oberthur, 1897

分布：中国浙江（舟山、湖州、杭州、宁波、温州）。

171. 紫斑绿尺蛾 *Comibaena nigromacularia* (Leech, 1897)

分布：中国浙江（舟山、杭州、宁波、丽水、温州）、黑龙江、北京、河南、陕西、甘肃、安徽、湖北、江西、湖南、福建、台湾、广西、四川、云南；俄罗斯、日本、朝鲜半岛。

172. 亚肾纹绿尺蛾 *Comibaena subprocumbaria* (Oberthür, 1916)

分布：中国浙江（舟山、杭州、宁波、金华）、北京、河北、河南、甘肃、江苏、湖北、江西、湖南、福建、海南、广西、四川、云南、西藏。

173. 褐纹绿尺蛾 *Comibaena amoenaria* (Oberthur, 1880)

分布：中国浙江（舟山、湖州、杭州、丽水）。

174. 长纹绿尺蛾 *Comibaena arge mixochlorantataria* (Leech, 1897)

分布：中国浙江（舟山、湖州、杭州、宁波、台州、丽水）、湖北、江西、湖南、福建、台湾、广东、广西；朝鲜、日本。

175. 栎绿尺蛾 *Comibaena delicatior* Warren, 1897

分布：中国浙江（舟山、湖州、杭州、宁波、丽水、温州）、黑龙江、河南、福建、四川；朝鲜、日本。

176. 肾纹绿尺蛾 *Comibaena procumbaria* (Pryer, 1877)

分布：中国浙江（舟山、湖州、杭州、绍兴、宁波、台州、衢州、丽水、温州）、河北、河南、江苏、湖北、江西、湖南、福建、台湾、四川；日本。

177. 毛穿孔尺蛾 *Corymica arnearia* Walker, 1860

分布：中国浙江（舟山、杭州、宁波、温州）。

178. 三线根尺蛾 *Cotta incongruaria* (Walker，1860)

分布：中国浙江（舟山、宁波、衢州、丽水）。

179. 小蜻蜓尺蛾 *Cystidia couaggaria* (Guenee，1858)

分布：中国浙江（舟山、湖州、杭州、绍兴、宁波、台州、丽水）、湖北、湖南、台湾、四川、贵州；俄罗斯、朝鲜、日本、印度。

180. 蜻蜓尺蛾 *Cystidia stratonice* Stoll，1782

分布：中国浙江（舟山、湖州、杭州、绍兴、宁波、金华、台州、丽水、温州）、台湾；俄罗斯、朝鲜、日本。

181. 枞灰尺蛾 *Deilepteni aribeata* (Clerck，1759)

分布：中国浙江（舟山、湖州、杭州、金华、台州、丽水、温州）、黑龙江；朝鲜、日本。

182. 乌苏介青尺蛾 *Diplodesma ussuriaria* (Bremer，1864)

分布：中国浙江（舟山、湖州、宁波）、河北、四川；朝鲜、日本、俄罗斯。

183. 赭点峰尺蛾 *Dindica para* Swinhoe，1891

分布：中国浙江（舟山、杭州、丽水、宁波、金华）、河南、陕西、甘肃、湖北、江西、湖南、福建、海南、广西、四川、云南、西藏；印度、不丹、尼泊尔、泰国、马来西亚。

184. 天目峰尺蛾 *Dindica tienmuensis* Chu，1981

分布：中国浙江（舟山、杭州、宁波、衢州）、江西、湖南、福建、广东、广西、贵州。

185. 黄蟠尺蛾 *Eilicrinia flava* (Moore，1888)

分布：中国浙江（舟山、杭州、宁波）、黑龙江、吉林、陕西、新疆、江苏、湖北、湖南、福建、台湾、海南、广西、四川、云南；印度。

186. 金鲨尺蛾 *Euchristophia cumulata sinobia* (Wehrli，1939)

分布：中国浙江（舟山、杭州、宁波）、陕西、甘肃、福建、广西、四川。

187. 金丰翅尺蛾 *Euryobeidia largeteaui* (Oberthür，1880)

分布：中国浙江（舟山、杭州、宁波、丽水、温州）、甘肃、湖北、江西、湖南、福建、台湾、广东、广西、重庆、四川、贵州、西藏。

188. 赭尾尺蛾 *Exurapteryx aristidaria* (Oberthür，1911)

分布：中国浙江（舟山、杭州、宁波、丽水）、陕西、甘肃、安徽、湖北、江西、湖南、福建、广西、四川、贵州、云南；缅甸。

189. 土灰尺蛾 *Ectephrina semilutata* Lederer，1853

分布：中国浙江（舟山、杭州、宁波、丽水）。

190. 毛胫埃尺蛾 *Ectropis excellens* (Butler，1884)

分布：中国浙江（湖州、杭州、宁波、舟山、丽水）。

191. 小茶尺蛾 *Ectropis obliqua* Prout，1915

分布：杭州（舟山、湖州、宁波）。

192. 紫片尺蛾 *Fascellina chromataria* Walker，1866

分布：中国浙江（舟山、宁波、衢州、丽水、温州）、吉林、河南、陕西、甘肃、江苏、安徽、湖北、江西、湖南、福建、台湾、广东、海南、广西、四川、云南、西藏；日本、朝鲜、印度、不丹、缅甸、越南、斯里兰卡、印度尼西亚。

193. 灰绿片尺蛾 *Fascellina plagiata* (Walker，1866)

分布：中国浙江（舟山、杭州、宁波、丽水）、河南、甘肃、青海、安徽、湖北、江西、湖南、福建、台湾、广东、海南、香港、广西、四川、贵州、云南、西藏；日本、印度、尼泊尔、缅甸、马来西亚。

194. 叶尺蛾 *Gandaritis flavata sinicaria* Leech，1897

分布：中国浙江（舟山、湖州、杭州、宁波、台州、衢州）及全国各地广布。

195. 无常魑尺蛾 *Garaeus subsparsus* Wehrli，1937

分布：中国浙江（舟山、杭州、宁波）、湖南、福建、广西、重庆、四川。

196. 齿带毛腹尺蛾 *Gasterocome pannosaria* (Moore，1868)

分布：中国浙江（舟山、宁波、丽水）、甘肃、青海、湖北、湖南、福建、台湾、广东、香港、广西、四川、云南、西藏；印度、尼泊尔、菲律宾、印度尼西亚。

197. 疑尖尾尺蛾 *Gelasma ambigua* (Butler，1878)

分布：中国浙江（舟山、宁波）。

198.线尖尾尺蛾 *Gelasma protrusa* （Butler，1878）

分布：中国浙江（舟山、湖州、杭州、宁波、丽水）、黑龙江、湖南、福建、华西；俄罗斯东南部、朝鲜、日本。

199.乌苏里青尺蛾 *Geometra ussuriensis* Sauber，1915

分布：中国浙江（舟山、杭州、宁波）。

200.柑橘尺蛾 *Hemerophila subplagiata* Walker，1860

分布：中国浙江（舟山、湖州、杭州、宁波）、丽水、温州。

201.粉无缰青尺蛾 *Hemistola dijuncta* （Walker，1861）

分布：中国浙江（舟山、宁波）。

202.红颜锈腰青尺蛾 *Hemithea aestivaria* （Hubner，1789）

分布：中国浙江（舟山、宁波、衢州、丽水、温州）。

203.星缘锈腰尺蛾 *Hemithea tritonaria* （Walker，1863）

分布：中国浙江（舟山、湖州、宁波）、华南；印度、斯里兰卡、印度尼西亚。

204.玲隐尺蛾 *Heterolocha aristonaria* （Walker，1860）

分布：中国浙江（舟山、湖州、杭州、宁波、衢州、丽水）。

205.黄异翅尺蛾 *Heterophleps fusca* （Butler，1878）

分布：中国浙江（舟山、湖州、杭州、宁波）。

206.光边锦尺蛾 *Heterostegane hyriaria* Warren，1894

分布：中国浙江（舟山、宁波）、山东、陕西、上海、江西、湖南、福建、广西、四川、云南；日本、朝鲜半岛。

207.灰锦尺蛾 *Heterostegane hoenei* （Wehrli，1931）

分布：中国浙江（舟山、宁波、丽水）、江西、福建、广东、海南、广西、四川、云南。

208.双封尺蛾 *Hydatocapnia gemina* Yazaki，1990

分布：中国浙江（舟山、宁波、衢州）、安徽、江西、湖南、福建、台湾、广西；尼泊尔。

209. 日本紫云尺蛾 *Hypephyra terrosa pryeraria* (Leech，1891)

分布：中国浙江（舟山、湖州、宁波、丽水）、江苏、湖北、江西、湖南、广东、广西；日本。

210. 黎明尘尺蛾 *Hypomecis eosaria* (Walker，1863)

分布：中国浙江（杭州、宁波、衢州、丽水）、江苏、安徽、湖北、江西、湖南、福建、广东、海南、香港、广西、重庆、四川。

211. 钩翅尺蛾 *Hyposidra aquilaria* (Walker，1862)

分布：中国浙江（舟山、杭州、宁波、金华）、陕西、甘肃、湖北、江西、湖南、福建、台湾、广东、海南、广西、重庆、四川、贵州、云南、西藏；印度、马来西亚、印度尼西亚。

212. 幻突尾尺蛾 *Jodis undularia* (Hampson，1891)

分布：中国浙江（舟山、宁波）、湖北、台湾、海南、四川；印度、斯里兰卡。

213. 突尾尺蛾 *Jodis urosticta* Prout，1930

分布：中国浙江（舟山、湖州、杭州、宁波）。

214. 玻璃尺蛾 *Krananda semihyalina* Moore，1867

分布：中国浙江（舟山、湖州、杭州、宁波、丽水）、湖北、江西、湖南、福建、台湾、海南、四川、贵州；日本、越南、印度。

215. 三角璃尺蛾 *Krananda latimarginaria* Leech，1891

分布：中国浙江（舟山、杭州、温州）、吉林、陕西、上海、江西、湖南、福建、台湾、广东、海南、香港、广西、四川；日本、朝鲜半岛。

216. 江浙冠尺蛾 *Lophophelma iterans* (Prout，1926)

分布：中国浙江（舟山、杭州、宁波、丽水、温州）、河南、陕西、甘肃、上海、湖北、江西、湖南、福建、海南、广西、四川；越南北部。

217. 橄榄斜灰尺蛾 *Loxotephria olivacea* Warren，1905

分布：中国浙江（舟山、杭州、宁波）、河南、安徽、湖北、江西、湖南、福建、台湾、广东、海南、广西、云南；缅甸。

218. 云辉尺蛾 *Luxiaria amasa* (Butler，1878)

分布：中国浙江（舟山、杭州、宁波、丽水）。

219. 辉尺蛾 *Luxiaria mitorrhaphes* Prout，1927

分布：中国浙江（舟山、杭州、宁波、衢州、金华、丽水）、吉林、北京、陕西、甘肃、江苏、湖北、江西、湖南、福建、台湾、广东、海南、广西、四川、贵州、云南、西藏；日本、印度、不丹、缅甸。

220. 尖尾尺蛾 *Maxates illiturata* （Walker，1863）

分布：中国浙江（舟山、湖州、杭州、宁波、台州、丽水、温州）。

221. 豆纹尺蛾 *Metallolophia arenaria* （Leech，1889）

分布：中国浙江（舟山、湖州、杭州、宁波、台州、衢州、丽水）、江西、湖南、福建、海南、广西、云南；缅甸。

222. 异小盅尺蛾 *Microcalicha insolitaria* （Leech，1889）

分布：中国浙江（舟山、宁波）、湖北、广西、四川。

223. 三岔绿尺蛾 *Mixochlora vittata* （Moore，1868）

分布：中国浙江（舟山、杭州、衢州）、江苏、湖北、江西、湖南、福建、台湾、广东、海南、四川、云南；日本、印度、不丹、尼泊尔、泰国、菲律宾、马来西亚、印度尼西亚。

224. 黑斑黄枝尺蛾 *Monocerotesa lutearia* Leech，1891

分布：中国浙江（舟山、杭州、宁波、台州）。

225. 女贞尺蛾 *Naxa seriaria* （Motschulsky，1866）

分布：中国浙江（舟山、湖州、杭州、宁波、金华、台州、丽水、温州）。

226. 泼墨尺蛾 *Ninodes splendens* （Butler，1878）

分布：中国浙江（舟山、湖州、杭州、宁波、丽水）、内蒙古、河北、山东、江苏、湖北、湖南、四川；朝鲜、日本。

227. 仿麻青尺蛾 *Nipponogelasma chlorissodes* （Prout，1912）

分布：中国浙江（舟山、宁波）、山东、台湾、海南、香港。

228. 泛波尺蛾 *Nycterosea obstipata* Fabricius，1794

分布：中国浙江（舟山、杭州、宁波）。

229. 贡尺蛾 *Odontoperaaurata* （Prout，1915）

分布：中国浙江（舟山、湖州、杭州、宁波、丽水）、四川；日本。

230. 核桃四星尺蛾 *Ophthalmitis albosignaria* （Bremer & Grey，1853）

分布：中国浙江（舟山、杭州、宁波、衢州、丽水、温州）、黑龙江、吉林、辽宁、内蒙古、北京、河南、陕西、甘肃、江苏、安徽、湖北、江西、湖南、福建、台湾、广西、四川、云南；俄罗斯、日本、朝鲜半岛。

231. 胡桃星尺蛾 *Ophthalmodes albosignaria* Oberthur，1913

分布：中国浙江（舟山、湖州、杭州、宁波、台州、丽水、温州）。

232. 四星尺蛾 *Ophthalmodes irrorataria* Bremer *et* Grey，1853

分布：中国浙江（舟山、湖州、杭州、宁波、衢州、丽水、温州）、东北、华北、山东、陕西、福建、台湾、四川、贵州、云南；俄罗斯、朝鲜、日本。

233. 聚线琼尺蛾 *Orthocabera sericea* （Butler，1879）

分布：中国浙江（舟山、宁波、丽水）、江西、福建、广东、广西、四川、云南；印度、越南。

234. 清波琼尺蛾 *Orthocabera tinagmaria* （Guenée，1857）

分布：中国浙江（舟山、宁波、金华）、湖北、江西、湖南、福建、广西、四川；日本。

235. 雪尾尺蛾 *Ourapteryx nivea* Butler，1884

分布：中国浙江（舟山、湖州、嘉兴、杭州、宁波、金华、台州、衢州、丽水、温州）、河南、湖南；日本。

236. 柿星尺蛾 *Parapercnia giraffata* （Guenée，1857）

分布：中国浙江（舟山、杭州、宁波）、北京、河北、山西、河南、陕西、甘肃、安徽、湖北、江西、湖南、福建、台湾、广西、四川、贵州、云南；日本、朝鲜半岛、印度、缅甸、印度尼西亚。

237. 褐缘尺蛾 *Peratophyga hyalineata* Butler，1879

分布：中国浙江（舟山、杭州、宁波、丽水）。

238. 黑斑星尺蛾 *Percnia albinigrata* Warren，1896

分布：中国浙江（舟山、湖州、杭州、宁波、丽水）。

239. 柿星尺蛾 *Percnia giraffata* Guenee，1857

分布：中国浙江（舟山、湖州、杭州、宁波、金华、衢州、丽水、温州）、河北、山西、河南、安徽、台湾、四川；俄罗斯、朝鲜、日本、越南、缅甸、印度、印度尼西亚。

240. 肜觅尺蛾 *Petelia riobearia* (Wehrli，1860)

分布：中国浙江（舟山、杭州、宁波）、陕西、江西、湖南、广西、云南。

241. 粉尺蛾 *Pingasa alba brunnescens* Prout，1913

分布：中国浙江（舟山、湖州、杭州、宁波、台州、衢州、丽水、温州）、湖北、江西、湖南、广西、贵州、华东；日本。

242. 小四目尺蛾 *Problepsis minuta* Lnoue，1958

分布：中国浙江（舟山、湖州、杭州、宁波、丽水）。

243. 佳眼尺蛾 *Problepsis eucircota* Prout，1913

分布：中国浙江（舟山、杭州、金华、杭州）、河南、陕西、甘肃、上海、湖北、江西、湖南、福建、广西、四川、贵州、云南；日本、朝鲜半岛。

244. 紫白尖尺蛾 *Pseudomiza obliquaria* (Leech，1897)

分布：中国浙江（舟山、杭州、宁波、金华）、陕西、甘肃、湖北、江西、湖南、福建、台湾、海南、广西、四川、云南、西藏；尼泊尔。

245. 双珠严尺蛾 *Pylargosceles steganioides* (Butler，1878)

分布：中国浙江（舟山、杭州、衢州）、北京、河北、山东、河南、陕西、甘肃、上海、湖北、湖南、福建、台湾、广东、广西、四川；日本、朝鲜半岛。

246. 前黄尾枝尺蛾 *Rhynchobapta flaviceps* Butler，1934

分布：中国浙江（舟山、湖州、杭州）。

247. 线角印尺蛾 *Rhynchobapta eburnivena* Warren，1896

分布：中国浙江（舟山、宁波）、湖北、湖南、福建、海南、四川；日本、印度、印度尼西亚。

248. 红棕淡带尺蛾 *Sabaria rosearia* Leech，1915

分布：中国浙江（舟山、湖州、杭州、宁波、金华、台州、丽水）。

249. 三线银尺蛾 *Scopula pudicaria* Motschulsky，1861

分布：中国浙江（舟山、湖州、绍兴、宁波、金华、衢州、丽水、温州）、东北、内蒙古；朝鲜、日本、欧洲。

250. 槐尺蛾 *Semiothisa cinerearia* Bremer *et* Grey，1853

分布：中国浙江（舟山、湖州、杭州、绍兴、宁波、金华、衢州、丽水、温州）、黑龙江、吉林、辽宁、河北、山西、山东、河南、陕西、甘肃、江苏、安徽、湖北、江西、湖南、台湾、广西、四川、西藏；朝鲜、日本。

251. 二星大尺蛾 *Semiothisa defixaria* Walker，1861

分布：中国浙江（舟山、湖州、杭州、宁波、丽水）。

252. 淡尾枝尺蛾 *Semiothisa pluviata* Fabricius，1798

分布：中国浙江（舟山、湖州、杭州、宁波、金华、台州、丽水、温州）、黑龙江、河南、江苏、湖北、江西、湖南、广东、广西、四川、云南、西藏；俄罗斯、朝鲜、日本、印度、缅甸、越南。

253. 尘尺蛾 *Serraca punctinalis* （Scopoli，1763）

分布：中国浙江（舟山、杭州、绍兴、宁波）、四川；俄罗斯、朝鲜、日本。

254. 宁波阿里山夕尺蛾 *Sibatania arizana placata* （Prout，1929）

分布：中国浙江（舟山、杭州、宁波）、湖北、江西、湖南、福建、广西、四川、云南。

255. 忍冬尺蛾 *Somatina indicataria* Walker，1861

分布：中国浙江（舟山、湖州、杭州、绍兴、宁波、金华、衢州、丽水）。

256. 缺口镰翅青尺蛾 *Tanaorhinus discolor* Warren，1896

分布：中国浙江（舟山、杭州、宁波、丽水）、四川、台湾；印度、日本。

257. 钩镰翅绿尺蛾 *Tanaorhinus rafflesi rafflesi* Moore，1859

分布：中国浙江（舟山、杭州、宁波、丽水）、江西、福建、台湾、华南；印度、马来西亚、菲律宾、印度尼西亚。

258. 镰翅绿尺蛾 *Tanaorhinus reciprocata* Walker，1861

分布：中国浙江（舟山、湖州、杭州、宁波、丽水）。

259. **三岔镰翅绿尺蛾** *Tanaorhinus vittata* Moore，1867

分布：中国浙江（舟山、杭州、宁波）。

260. **金星垂耳尺蛾** *Terpna amplificata* Walker，1862

分布：中国浙江（舟山、杭州、衢州、温州）、浙江、甘肃、安徽、湖北、江西、湖南、福建、广西、四川。

261. **樟翠尺蛾** *Thalassodes quadraria* Guenee，1857

分布：中国浙江（舟山、湖州、杭州、绍兴、宁波、金华、衢州、丽水、温州）、江西、福建、台湾、广东、广西、云南；日本、泰国、印度、马来西亚、印度尼西亚。

262. **菊四目绿尺蛾** *Thetidia albocostaria* Bremer，1864

分布：中国浙江（舟山、宁波）、黑龙江、吉林、辽宁、内蒙古、河南、陕西、甘肃、青海、江苏、上海、安徽、湖北、湖南；俄罗斯、日本、朝鲜半岛。

263. **灰沙黄蝶尺蛾** *Thinopteryx delectans* (Butler，1878)

分布：中国浙江（舟山）、江西、湖南、福建、四川；日本、朝鲜半岛。

264. **黄蝶尺蛾** *Thinopteryx crocoptera* (Kollar，1844)

分布：中国浙江（舟山）、河南、陕西、湖北、江西、湖南、福建、台湾、广东、海南、广西、四川、云南、西藏；日本、朝鲜半岛、印度、越南、斯里兰卡、马来西亚、印度尼西亚。

265. **紫线尺蛾** *Timandra comptaria* Walker，1862

分布：中国浙江（舟山、湖州、杭州、绍兴、宁波、金华、台州、衢州、丽水）、河北、湖北、江西、湖南、福建、海南、广西、四川；朝鲜、日本、泰国、马来西亚、不丹、印度。

266. **分紫线尺蛾** *Timandra dichela* (Prout，1935)

分布：中国浙江（舟山、宁波）、河南、湖北、江西、湖南、福建、台湾、广东、海南、四川、云南；俄罗斯东南部、日本、朝鲜半岛、印度。

267. **缺口青尺蛾** *Timandromorpha discolor* (Warren，1896)

分布：中国浙江（舟山、湖州、杭州、宁波、丽水）、湖南、福建、台湾、海南、四川；日本、印度、印度尼西亚。

268. 三角尺蛾 *Trigonopti lalatimarginaria* Leech，1891

分布：中国浙江（舟山、湖州、杭州、绍兴、宁波、台州、衢州、丽水、温州）、江苏、江西、湖南、福建、台湾、广西、四川；朝鲜、日本。

269. 金叉俭尺蛾 *Trotocraspeda divaricata* (Moore，1888)

分布：中国浙江（舟山、宁波）、湖北、江西、湖南、福建、台湾、海南、广西、四川、云南；印度。

270. 黑玉臂尺蛾 *Xandrames dholaria* Butler，1868（彩图43）

分布：中国浙江（舟山、湖州、杭州、绍兴、宁波、金华、台州、丽水）、陕西、甘肃、湖北、湖南、四川、云南；朝鲜、日本。

271. 折玉臂尺蛾 *Xandrames latiferaria* (Walker，1860)

分布：中国浙江（舟山、杭州、宁波、丽水、衢州）、陕西、湖北、江西、湖南、福建、台湾、广东、海南、四川、贵州、云南、西藏；日本、尼泊尔、印度、泰国、印度尼西亚。

272. 中国虎尺蛾 *Xanthabraxas hemionata* (Guenee，1858)（彩图44）

分布：中国浙江（舟山、湖州、杭州、绍兴、宁波、金华、台州、衢州、丽水、温州）、安徽、湖北、江西、湖南、福建、广东、广西。

273. 潢尺蛾 *Xanthorhoe biriviata* Leech，1897

分布：中国浙江（舟山、湖州、宁波、丽水）。

274. 白珠绶尺蛾 *Xerodes contiguaria* (Leech，1897)

分布：中国浙江（舟山、宁波）、江苏、湖北、湖南、福建、台湾、四川、贵州；日本。

275. 落叶松授尺蛾 *Zethenia rufescentaria rufescentaria* Motschulsky，1861

分布：中国浙江（舟山、杭州、宁波）。

276. 烤焦尺蛾 *Zythos avellanea* (Prout，1932)

分布：中国浙江（舟山、丽水）、甘肃、湖北、江西、湖南、福建、台湾、广东、海南、广西、四川、云南；印度、缅甸、越南、马来西亚、印度尼西亚。

钩蛾科 Drepanidae

主要特征：中等大小，翅宽阔。触角双栉形，有时线状、锯齿形或单栉形；下唇须3节，上翘，伸出或下垂；第3节具光滑鳞片；仅少数属具有单眼。中足胫距1对，有时缺失；后足胫距2对，有时1对或缺失。腹部具发达鼓膜听器。前翅顶角常为角状或钩状。除山钩蛾亚科无翅缰外，其他亚科翅缰均发达。前翅具窄长径副室；M_2位于M_1与M_3中间（多数圆钩蛾亚科和波纹蛾亚科）或距M_3较M_1近（钩蛾亚科和山钩蛾亚科）。后翅Sc+R_1在中室末端与Rs接近后远离；多数M_2较近M_3。

分布：钩蛾科分4亚科，即圆钩蛾亚科、钩蛾亚科、山钩蛾亚科和波纹蛾亚科。该科共约120属650种。本次调查发现舟山分布8属9种。

277. 中华豆斑钩蛾 *Auzata chinensis* Watson，1958

分布：中国浙江（舟山、湖州、杭州、宁波）、上海、湖南、四川、西藏。

278. 广东晶钩蛾 *Deroca hyalina latizona* Watson，1957

分布：中国浙江（舟山、丽水、宁波）、江西、湖南、福建、台湾、广东、四川。

279. 窗翅钩蛾 *Macrauzata ferestraria* (Moore)，1867

分布：中国浙江（舟山、湖州、杭州、绍兴、宁波、台州、衢州、丽水）、陕西、安徽、湖北、江西、湖南、四川；日本、印度。

280. 丁铃钩蛾 *Macrocilix mysticata* Chu *et* Wang，1988

分布：中国浙江（宁波、湖州、杭州、舟山、金华、丽水）、江西、湖南、福建、海南、广西、四川、贵州。

281. 接骨木山钩蛾 *Oreta loochooana* Swinhoe，1902

分布：中国浙江（舟山、湖州、杭州、绍兴、宁波、丽水、温州）、江西、台湾、四川；日本。

282. 点带山钩蛾 *Oreta purpurea* Lnoue，1896

分布：中国浙江（舟山、杭州、绍兴、宁波、台州、衢州、丽水、温州）、湖北、台湾；日本。

283. 三线钩蛾 *Pseudalbara parvula* (Leech，1890)

分布：中国浙江（舟山、湖州、杭州、宁波、衢州、丽水）、黑龙江、北京、河北、河南、陕西、湖北、江西、湖南、福建、广西、四川、贵州；朝鲜、日本、欧洲。

284. 叉突黄钩蛾 *Tridrepana bicuspidata* Song，Xue & Han，2011

分布：中国浙江（舟山、宁波、衢州、金华、丽水）、海南。

285. 青冈树钩蛾 *Zanclalbara scabiosa*（Butler，1979）

分布：中国浙江（舟山、湖州、杭州、宁波、衢州、丽水）、台湾、四川；朝鲜、日本。

波纹蛾科 Thyatiridae

主要特征：本科外形更似夜蛾。有单眼，下唇须小，喙发达。触角通常为扁柱形或扁棱柱形。前翅中室后缘翅脉三叉式。后翅Sc+R$_1$脉与中室末端和Rs脉接近可接触，其基部与中室分离。爪形突三叉。幼虫趾钩双序中带。幼虫取食树木和灌木叶子，暴露或缀叶取食。幼虫具毛瘤或枝刺。

分布：本次调查发现舟山分布2属3种。

286. 阿泊波纹蛾 *Bombycia ampliata* Butler，1878

分布：中国浙江（舟山、湖州、杭州、宁波）、黑龙江、吉林、辽宁、河南、江西；朝鲜、日本。

287. 波纹蛾 *Thyatira batis* Linnaeus，1758

分布：中国浙江（舟山、湖州、杭州、绍兴、宁波、台州、丽水）、黑龙江、吉林、辽宁、河北、江西、四川、云南、西藏；朝鲜、日本、缅甸、印度尼西亚、印度、欧洲。

288. 红波纹蛾 *Thyatira rubrescens* Werny，1966

分布：中国浙江（舟山、杭州、宁波、金华、丽水）、河南、陕西、安徽、湖北、江西、湖南、福建、广东、海南、广西、四川、云南、西藏；印度、尼泊尔、越南。

凤蛾科 Epicopeiidae

主要特征：成虫体型为中型，下颚须退化，触角双栉状，前、中足胫节各具1对距，后足胫节2对距，无鼓膜听器，中室内有M主干，并在前翅分叉，后翅不分叉。后翅亚缘脉特别延长，与第1、第2径脉组成尾带。

分布：该科共9属25种，分布于古北区以及亚洲的热带地区。本次调查发现舟山分布1属1种。

289. 榆凤蛾 *Epicopeia mencia* Moore，1874

分布：中国浙江（舟山、湖州、杭州、绍兴、宁波）、黑龙江、吉林、辽宁、河北、北京、河南、山西、山东、甘肃、江苏、安徽、贵州、四川、云南、广西、湖北、江西、上海；朝鲜。

枯叶蛾科 Lsiocampidae

主要特征：体中型至大型，具密鳞片，体躯粗壮，多黄褐色，有些种类静止时后翅的波状边缘伸出前翅两侧，形似枯叶状，下唇须前伸似叶柄，因此得中名。

雌雄触角双栉形。额通常具1簇密毛。喙退化或缺，下唇须粗，常呈鼻状或尖锥状延长。无单眼。复眼小而强烈凸突。胸部大多粗壮多毛。足短，强壮而被密毛。具翅抱。翅面颜色丰富，除黄褐色、灰褐、红褐和黑褐色外，亦有火红色、苹果绿、铜褐色、暗灰蓝色等。前翅通常有1枚白色中点，一些种类具内线、中线、外线和亚缘斑列。前翅外缘经常呈锯齿形，后缘明显缩短。前翅反面也会有斑纹，多为弧形带，与正面的花纹相配合。后翅大多呈圆形，斑纹位于前缘。

分布：《中国动物志》（2006年出版）记载枯叶蛾科39属219种和亚种。本次调查发现舟山分布10属16种。

290. 松小毛虫 *Cosmotriche inexperta*（Leech，1899）

分布：中国浙江（舟山、湖州、杭州、宁波）、江西、福建。

291. 杉枯叶蛾 *Cosmotriche lunigera*（Esper，1784）

分布：中国浙江（舟山、杭州、宁波、丽水）。

292. 波纹杂毛虫 *Cyclophragmau undans*（Walker），1855

分布：中国浙江（舟山、湖州、杭州、宁波、台州、丽水）、陕西、江苏、安徽、湖北、福建、湖南、广西、贵州、四川；印度、巴基斯坦。

293. 云南松毛虫 *Dendrolimus houi* Lajonquiére，2007

分布：中国浙江（舟山、杭州、宁波、台州、金华、衢州、丽水、温州）、安徽、湖北、江西、湖南、广东、福建、广西、贵州、四川、云南；印度、缅甸、斯里兰卡、印度尼西亚。

294. 思茅松毛虫 *Dendrolimus kikuchii* Matsumura，1927（彩图45）

分布：中国浙江（舟山、杭州、宁波、金华、衢州、丽水）、河南、甘肃、安徽、江西、湖北、湖南、台湾、福建、广东、广西、四川、贵州；越南北部。

295. 马尾松毛虫 *Dendrolimus punctatus*（Walker，1855）

分布：中国浙江（舟山、湖州、嘉兴、杭州、绍兴、宁波、金华、台州、衢州、丽水、温州）、河南、陕西、江苏、安徽、江西、湖北、湖南、台湾、福建、广东、海南、广西、四川、贵州、云南；越南。

296. 落叶松毛虫 *Dendrolimus superans* （Butler，1877）（彩图46）

分布：中国浙江（舟山、杭州、金华、丽水）、黑龙江、吉林、辽宁、内蒙古、山东、河北、新疆、福建、江西；俄罗斯、蒙古、朝鲜、日本。

297. 竹黄毛虫 *Euthrix laeta* （Walker，1855）

分布：中国浙江（舟山、湖州、杭州、绍兴、宁波、金华、衢州、丽水、温州）、河南、陕西、江苏、安徽、江西、湖北、湖南、台湾、福建、广东、广西、四川、云南；缅甸、印度、斯里兰卡。

298. 杨褐枯叶蛾 *Gastropacha populifolia* （Esper，1784）

分布：中国浙江（舟山、湖州、嘉兴、杭州、绍兴、宁波、金华、丽水、温州）、黑龙江、吉林、辽宁、天津、山西、河北、山东、宁夏、河南、甘肃、青海、新疆、江苏、上海、湖北、江西、湖南、福建、台湾、广西、四川、云南；朝鲜、日本、欧洲。

299. 赤李褐枯叶蛾 *Gastropacha quercifolia lucens* Mell，1939

分布：中国浙江（舟山、湖州、嘉兴、杭州、绍兴、宁波、金华、台州、衢州、丽水、温州）、黑龙江、吉林、辽宁、河北、山东、山西、河南、甘肃、宁夏、青海、新疆、江苏、安徽、湖北、江西、湖南、福建、台湾、四川、云南；欧洲。

300. 李枯叶蛾 *Gastropacha quercifolia* Linnaeus，1758

分布：中国浙江（舟山、湖州、嘉兴、杭州、绍兴、宁波、金华、台州、衢州、丽水、温州）、黑龙江、吉林、辽宁、河北、山东、山西、河南、甘肃、宁夏、青海、新疆、江苏、安徽、湖北、江西、湖南、福建、台湾、四川、云南；日本、朝鲜、蒙古、欧洲。

301. 油茶大枯叶蛾 *Lebeda nobilis sinina* Lajonquiere，1979

分布：中国浙江（舟山、湖州、嘉兴、杭州、绍兴、宁波、金华、丽水、温州）、河南、陕西、江苏、安徽、湖北、安徽、江西、福建、湖南、台湾、广西、云南。

302. 黄褐天幕毛虫 *Malacosoma Neustria* Motschulsky，1861

分布：中国浙江（舟山、杭州、宁波、金华、丽水）、河北、山西、山东、陕西、青海、甘肃、江苏、江西、安徽、四川；日本、朝鲜、俄罗斯。

303. 苹毛虫 *Odonestis pruni* Linnaeus，1758

分布：中国浙江（舟山、湖州、嘉兴、杭州、绍兴、宁波、台州、衢州、丽水、温州）、黑龙江、吉林、辽宁、山东、河南、安徽、江苏、湖北、江西、湖南、福建、上海、广东、广西、海南、台湾、香港、澳门、四川、云南、华北；朝鲜、日本、欧洲。

304. 松栎毛虫 *Paralebeda plagifera* Walker，1855

分布：中国浙江（舟山、杭州、宁波、丽水）、河南、陕西、安徽、江西、福建、湖南、四川、西藏、云南；印度、尼泊尔、印度尼西亚。

305. 栗黄枯叶蛾 *Trabala vishnou* Lefebure，1827（彩图47）

分布：中国浙江（舟山、湖州、杭州、绍兴、宁波、金华、台州、衢州、丽水、温州）、河北、山西、陕西、河南、甘肃、安徽、江苏、湖北、江西、湖南、福建、台湾、广东、四川、云南；日本、缅甸、印度、斯里兰卡、印度尼西亚、巴基斯坦。

大蚕蛾科 Saturniidae

主要特征：大型蛾类，翅展可达30cm，有些种类具细长尾带。色彩艳丽。喙不发达，触角多为双栉形。前翅顶角凸出；后翅无翅缰，肩角发达。前后翅通常具半透明眼斑或窗纹。前后翅M$_2$均接近M$_1$或与M$_1$共柄；后翅Sc+R$_1$与中室分离或以横脉相连。

分布：大蚕蛾科全世界约180属，3 400余种，中国分布大蚕蛾科11属约60种。本次调查发现舟山分布4属7种。

306. 长尾大蚕蛾 *Actias dubernardi* Oberthür，1897（彩图48）

分布：中国浙江（舟山、杭州、宁波、金华、丽水）、湖北、湖南、福建、广西、云南、贵州。

307. 黄尾大蚕蛾 *Actias heterogyna* Mell，1914

分布：中国浙江（舟山、湖州、杭州、绍兴、宁波、台州、衢州、丽水）、福建、广东、广西、西藏。

308. 红尾大蚕蛾 *Actias rhodopneuma* Rober，1925

分布：中国浙江（舟山、湖州、杭州、宁波、衢州、丽水）、福建、广东、海南、广西、云南、四川。

309. 绿尾大蚕蛾 *Actias selene ningpoana* Felder，1862（彩图49a、彩图49b）

分布：中国浙江（舟山、湖州、嘉兴、杭州、绍兴、宁波、衢州、丽水、温州）、吉林、辽宁、河北、山东、江苏、河南、湖北、湖南、江西、福建、台湾、广东、海南、广西、四川、云南、西藏；日本。

310. 柞蚕蛾 *Antheraea pernyi* Guerin-Meneville，1855（彩图 50）

分布：中国浙江（湖州、嘉兴、杭州、绍兴、宁波、舟山、金华、台州、丽水）、黑龙江、吉林、辽宁、陕西、河北、山东、河南、甘肃、江苏、湖北、江西、湖南、四川、贵州、福建、台湾、广东、海南、广西、云南、西藏；日本。

311. 黄豹大蚕蛾 *Loepa katinka* Westwood，1848（彩图 51）

分布：中国浙江（舟山、湖州、杭州、绍兴、宁波、台州、衢州、丽水）、河北、河南、宁夏、安徽、湖北、江西、福建、广东、海南、广西、四川、云南、西藏；印度。

312. 樗蚕 *Samia cynthia*（Drurvy，1773）（彩图 52）

分布：中国浙江（舟山、湖州、嘉兴、杭州、绍兴、宁波、台州、金华、衢州、丽水、温州）、吉林、辽宁、河北、山西、山东、河南、陕西、甘肃、江苏、安徽、湖北、江西、福建、台湾、广东、海南、广西、四川、贵州、云南、西藏；朝鲜、日本。

箩纹蛾科 Brahmaeidae

主要特征：大型蛾类；喙发达，下唇须长，向上伸；雌雄触角均双栉形。翅宽大，前翅顶角圆；翅色浓厚，有许多箩筐条纹和波状纹。后足胫节2对距。幼虫与成虫颜色较为相近。有些种类幼虫背部有多条无毒肉刺。曾用名"水蜡蛾科"。

分布：世界已知6属70种左右，主要分布于东洋区、古北区和非洲区。中国分布5属10余种。本次调查发现舟山分布2属3种。

313. 紫光箩纹蛾 *Brahmaea porphria* Chu *et* Wang，1977

分布：中国浙江（舟山、湖州、嘉兴、杭州、宁波、台州、丽水、温州）、河南、甘肃、江苏、上海、江西、湖南、福建、广东、广西。

314. 黄褐箩纹蛾 *Brahmaea certhia*（Fabricius），1793

分布：中国浙江（舟山、杭州、宁波）、黑龙江、陕西、江苏、安徽、江西。

315. 枯球箩纹蛾 *Brahmophthalma wallichii*（Gray），1833

分布：中国浙江（舟山、湖州、杭州、宁波、衢州、丽水）、河北、山西、陕西、甘肃、湖北、江西、湖南、福建、台湾、广东、四川、贵州、云南；印度。

天蛾科 Sphingidae Latreille，1802

主要特征：体型中到大型，身体呈纺锤形，头较大，无单眼，多数种类喙发达；触角端部较细而弯曲；前翅狭长，顶角尖，后翅较小，呈三角形，飞行能力强；腹部粗壮，末端尖。天蛾幼虫多为圆筒形，一般头、胸部比腹部细。第8节背板末端有1锥形体，即为尾角。

分布：世界广布。世界已知1 470种左右，中国记录260种左右，浙江分布79种。本次调查发现舟山分布21属40种。

316. 芝麻鬼脸天蛾 *Acherontia styx* Westwood，1847（彩图53）

分布：中国浙江（舟山、湖州、杭州、绍兴、宁波、台州、金华、衢州、丽水、温州）、北京、河北、山西、山东、河南、江苏、湖北、江西、湖南、台湾、广东、海南、广西、云南；朝鲜、日本、缅甸、印度、斯里兰卡、马来西亚。

317. 缺角天蛾 *Acosmeryx castanea* Rothschild *et* Jordan，1903

分布：中国浙江（舟山、湖州、杭州、宁波、衢州、丽水、温州）、江西、湖南、福建、台湾、广东、海南、四川、云南；日本。

318. 葡萄缺角天蛾 *Acosmeryx naga* (Moore，1857)

分布：中国浙江（舟山、杭州、绍兴、宁波、台州、衢州、丽水）、北京、河北、河南、湖南、贵州；朝鲜、日本、印度。

319. 中国天蛾 *Amorpha sinica* Rothschild *et* Jordan，1903

分布：中国浙江（舟山、杭州、宁波）、湖南、陕西、海南、贵州。

320. 白薯天蛾 *Agrius convolvuli* (Linnaeus，1758)

分布：中国浙江（舟山、湖州、嘉兴、杭州、宁波、金华、台州、衢州、丽水）、北京、河北、山西、山东、河南、江苏、安徽、湖北、江西、湖南、福建、台湾、广东、海南、广西；朝鲜、日本、越南、缅甸、印度、斯里兰卡、马来西亚、欧洲。

321. 榆绿天蛾 *Callambulyx tatarinovi* (Bremer *et* Grey，1853)

分布：中国浙江（舟山、嘉兴、杭州、绍兴、宁波、金华、台州、衢州、温州）。

322. 平背天蛾 *Cechenena minor* (Butler，1875)

分布：中国浙江（舟山、湖州、杭州、宁波、丽水、温州）、河南、湖南、福建、台湾、广东、海南；印度、泰国、马来西亚。

323. 咖啡透翅天蛾 *Cephonodes hylas* (Linnaeus, 1882)

分布：中国浙江（湖州、杭州、宁波、舟山、丽水、温州）。

324. 南方豆天蛾 *Clanis bilineata* (Walker, 1866)

分布：中国浙江（舟山、湖州、嘉兴、杭州、宁波、衢州、丽水、温州）、湖北、湖南、福建、四川、华南；印度。

325. 豆天蛾 *Clanis bilineata tsingtauica* Mell, 1922 （彩图 54）

分布：中国浙江（湖州、嘉兴、杭州、绍兴、宁波、舟山、金华、台州、衢州、丽水、温州）及全国各地广布；朝鲜、日本、印度。

326. 洋槐天蛾 *Clanis deucalion* (Walker, 1856)

分布：中国浙江（舟山、湖州、杭州、绍兴、宁波、衢州、丽水、温州）、辽宁、河北、山东、河南、江苏、湖北、湖南、福建、广东、海南、四川；印度。

327. 枫天蛾 *Cypoides chinensis* (Rothschild & Jordan, 1903)

分布：中国浙江（舟山、杭州）、陕西、甘肃、安徽、湖北、江西、湖南、福建、台湾、广东、海南、香港、广西、贵州、云南；越南、泰国。

328. 星天蛾 *Dolbina tancrei* Staudinger, 1887 （彩图 55）

分布：中国浙江（舟山、湖州、杭州、宁波、金华、台州、衢州、丽水、温州）、黑龙江、湖南；朝鲜、日本。

329. 小星天蛾 *Dolbina exacta* Staudinger, 1892

分布：中国浙江（舟山、宁波）、黑龙江、北京、山西、湖北、湖南、广西、四川；俄罗斯、朝鲜、韩国、日本。

330. 旋花天蛾 *Herse convolvli* (Linnaeus, 1758)

分布：中国浙江（舟山、湖州、嘉兴、杭州、宁波、金华、台州、衢州、丽水）、北京、河北、山西、山东、河南、江苏、安徽、湖北、江西、湖南、福建、台湾、广东、海南、广西；朝鲜、日本、越南、缅甸、印度、斯里兰卡、马来西亚、欧洲。

331. 松黑天蛾 *Hyloicus caligineus* Rothschild *et* Jordar, 1903

分布：中国浙江（舟山、湖州、杭州、绍兴、宁波、台州、金华、衢州、丽水、温州）、黑龙江、河北、山东、河南、江苏；俄罗斯、日本。

332. 华夏黄脉天蛾 *Laothoe amurensis sinica* (Rothischild & Jordan, 1903)

分布：中国浙江（舟山、杭州、宁波）、陕西、湖南、海南、贵州。

333. 青背长喙天蛾 *Macroglossum bombylans* (Boisduval, 1928)

分布：中国浙江（舟山、湖州、宁波、金华、丽水、温州）、河北、湖北、湖南、海南；日本、印度。

334. 长喙天蛾 *Macroglossum corythus* (Butler, 1875)（彩图 56）

分布：中国浙江（舟山、湖州）、黑龙江、吉林、辽宁、北京、山东、江苏、湖北、江西、湖南、福建、台湾、广东、海南、香港、广西、重庆、四川、云南、西藏；印度、孟加拉国、越南、泰国、菲律宾、马来西亚、印度尼西亚。

335. 佛瑞兹长喙天蛾 *Macroglossum fritzei* Rothschild & Jordan, 1903

分布：中国浙江（舟山、宁波、金华）、湖北、江西、湖南、福建、台湾、广东、海南、香港、广西；日本、缅甸、泰国。

336. 夜长喙天蛾 *Macroglossum nycteris* Kollar, 1844

分布：中国浙江（舟山、嘉兴、湖州、杭州、宁波、金华、丽水、温州）。

337. 湖南长喙天蛾 *Macroglossum hunanensis* Chu *et* Wang, 1980

分布：中国浙江（湖州、杭州、绍兴、宁波、嘉兴、舟山、丽水）、江西、湖南、福建、广东、海南。

338. 黑长喙天蛾 *Macrogolossum pyrrhosticta* (Butler, 1875)

分布：中国浙江（舟山、湖州、嘉兴、杭州、宁波、金华、丽水、温州）。

339. 小豆长喙天蛾 *Macroglossum stellatarum* (Linnaeus, 1758)

分布：中国浙江（舟山、湖州、嘉兴、杭州、宁波、衢州、丽水、温州）、吉林、辽宁、河北、山西、内蒙古、山东、河南、甘肃、青海、新疆、江苏、湖北、江西、湖南、广东、海南、广西、四川；朝鲜、日本、越南、印度、尼日利亚、欧洲。

340. 椴六点天蛾 *Marumba dyras* (Walker, 1856)（彩图 57）

分布：中国浙江（舟山、湖州、杭州、宁波、衢州、丽水）、辽宁、河北、江苏、湖北、河南、江西、湖南、福建、广东、海南、四川、贵州、云南；印度、斯里兰卡。

341. 梨六点天蛾 *Marumba complacens* Walker，1864

分布：中国浙江（舟山、湖州、嘉兴、杭州、宁波、金华、衢州、丽水）、河南、江苏、湖南、海南、湖北、四川、云南。

342. 枣桃六点天蛾 *Marumba gaschkewitschi* (Bremem *et* Grey，1853)

分布：中国浙江（舟山、杭州、宁波、台州、金华、台州、衢州、丽水、温州）、辽宁、河北、山东、河南、山西、陕西、宁夏、江苏、湖北、江西、湖南、广东、四川、西藏；日本。

343. 大背天蛾 *Meganoton analis* (Felder，1874) (彩图 58)

分布：中国浙江（舟山、湖州、嘉兴、杭州、宁波、金华、衢州、丽水）、湖北、江西、福建、广东、湖南、海南、四川、云南；印度。

344. 栎鹰翅天蛾 *Oxyambulyx liturata* (Butler，1875)

分布：中国浙江（舟山、湖州、杭州、绍兴、宁波、衢州、丽水、温州）、湖北、湖南、福建、海南、四川、云南；缅甸、印度、斯里兰卡、菲律宾、印度尼西亚。

345. 鹰翅天蛾 *Oxyambulyx ochracea* (Butler，1885) (彩图 59)

分布：中国浙江（舟山、湖州、嘉兴、杭州、绍兴、宁波、金华、台州、衢州、丽水、温州）、辽宁、北京、河北、江苏、安徽、湖北、江西、湖南、福建、台湾、四川、贵州、华南；日本、印度、缅甸。

346. 构月天蛾 *Parum colligata* (Walker，1856)

分布：中国浙江（舟山、湖州、嘉兴、杭州、绍兴、宁波、金华、台州、衢州、丽水、温州）、吉林、辽宁、北京、河北、山东、河南、湖北、湖南、福建、台湾、广东、海南、广西、四川、贵州；日本、缅甸、印度、斯里兰卡。

347. 红天蛾 *Pergesa elpenor lewisi* (Butler，1875) (彩图 60)

分布：中国浙江（湖州、杭州、绍兴、宁波、金华、台州、衢州、丽水、温州）、吉林、辽宁、河北、山西、山东、河南、江苏、福建、台湾、广东、海南、四川；朝鲜、日本。

348. 盾天蛾 *Phyllosphingia dissimilis* Bremer，1861 (彩图 61)

分布：中国浙江（舟山、湖州、杭州、绍兴、宁波、金华、丽水、温州）、黑龙江、辽宁、北京、河北、山东、湖北、湖南、台湾、海南；日本、印度。

349. 紫光盾天蛾 *Phyllosphingia dissimilis* Jordan，1928

分布：中国浙江（舟山、湖州、杭州、绍兴、宁波、台州、衢州、温州）、黑龙江、北京、河北、山东、江西、福建、广东；日本、印度。

350. 丁香天蛾 *Psilogramma increta* (Walker，1965)

分布：中国浙江（舟山、湖州、杭州、绍兴、宁波）、北京、山东、江苏、江西、湖南、台湾、广东、海南；日本、朝鲜。

351. 霜天蛾 *Psilogramma menephron* (Cramer，1780)（彩图 62）

分布：中国浙江（舟山、湖州、嘉兴、杭州、绍兴、辽宁、北京、天津、河北、山东、河南、陕西、江苏、上海、安徽、江西、湖南、福建、台湾、广东、广西、四川、云南；朝鲜、日本、印度、斯里兰卡、缅甸、菲律宾、印度尼西亚、大洋洲。

352. 斜纹天蛾 *Theretra clotho clotho* (Drury，1773)（彩图 63）

分布：中国浙江（舟山、湖州、嘉兴、杭州、绍兴、宁波、金华、台州、衢州、丽水、温州）、江苏、湖北、江西、湖南、福建、台湾、广东、海南、贵州、云南；日本、印度尼西亚、印度、斯里兰卡、马来西亚、菲律宾。

353. 雀纹天蛾 *Theretra japonica* (Orza，1869)（彩图 64）

分布：中国浙江（舟山、宁波）、黑龙江、吉林、辽宁、内蒙古、北京、河北、山东、河南、陕西、宁夏、甘肃、青海、江苏、上海、安徽、湖北、江西、湖南、福建、台湾、广东；俄罗斯、日本、朝鲜、韩国。

354. 芋双线天蛾 *Theretra oldenlandiae* (Fabricius，1775)（彩图 65）

分布：中国浙江（舟山、湖州、嘉兴、杭州、绍兴、宁波、金华、台州、衢州、丽水、温州）、河北、山东、河南、江苏、安徽、湖北、江西、湖南、台湾、广东、海南、广西、四川；朝鲜、日本、越南、缅甸、印度、马来西亚、斯里兰卡、新几内亚、大洋洲。

355. 芋单线天蛾 *Theretra pinastrina pinastrina* (Martyn，1876)

分布：中国浙江（舟山、湖州、嘉兴、杭州、宁波、金华、衢州、丽水、温州）、湖南、福建、台湾、广东、海南、云南；朝鲜、日本、越南、印度、斯里兰卡、缅甸、马来西亚、印度尼西亚、摩洛哥。

舟蛾科 Notodontidae

主要特征：一般中等大小，翅展35～60 mm，少数较大，翅展达100 mm以上，也有较小，翅展不到20 mm，大多褐色或暗灰色，少数洁白或其他鲜艳颜色，夜间活动，具趋光性，外表与夜蛾相似，但口器不发达，喙柔弱或退化；无下颚须；下唇须中等大。雄蛾触角常为双栉形，部分栉齿形或锯齿形具毛簇，少数为线形或毛丛形，雌蛾常为线形，但也有与雄蛾相同的，如为双栉形，其分枝必较雄蛾短；头部具毛簇。

胸部被浓厚的毛和鳞，不少的属背面中央有竖立、纵行的脊形毛簇或称冠形毛簇，极少数的属（如掌舟蛾属）在后胸背上有较短的竖立横行毛簇；鼓膜位于胸腹面1小凹窝内，膜向下（与夜蛾科不同）。前足胫节无距，但常具发达的叶突；中、后足胫节有距，中足1对，后足2对。

翅的形状大都与夜蛾相似，少数像天蛾，个别像钩蛾。但在许多属里，前翅的后缘中央有1个齿形毛簇或呈月牙形的缺刻，缺刻两侧具齿形毛簇或梳形毛簇，静止时两翅后褶成屋顶形，毛簇竖起如角。前后翅脉序与夜蛾总科中各科近似，分别由13支和9支脉组成，但前后翅肘脉（Cu）三叉形（广舟蛾亚科Platychasmatinae除外，为四叉型），即M_2位于中室横脉中央或稍上方，少数为稍下方（但不呈四叉形），与M_3、Cu_1脉平行；前翅臀脉1条（2A），但基部分叉，M_1脉从中室上角伸出或与R_5、R_4、R_3、R_2脉共柄，$R_{3\sim5}$脉常共柄，有或无径副室，R_2脉从径副室伸出或与R_3、R_4、R_5脉共柄，极少数为单独游离从中室前缘伸出；后翅臀脉2条（2A，3A），M_2脉有时微弱甚至消失，M_1与Rs脉常共柄，$Sc+R_1$脉与中室前缘平行至中室中部以后，但不超过中室，$Sc+R_1$脉基部有时稍弯曲，无短脉与翅缰相连（与尺蛾科不同），翅缰发达。雄蛾第8节背片和腹片常形成各种各样的骨化物，它们（特别是腹片）的形状是种类（特别是近似种）鉴别特征之一。

分布：本科世界已知3 500多种，我国已记载580多种。本次调查发现舟山分布33属37种。

356. 新奇舟蛾 *Allata sikkima* (Moore, 1879)

分布：中国浙江（舟山、湖州、杭州）、甘肃、江西、湖南、福建、海南、广西、四川、贵州、云南；印度、越南、马来西亚、印度尼西亚。

357. 妙反掌舟蛾 *Antiphalera exquisitor* Schintlmeister, 1989

分布：中国浙江（舟山、杭州、宁波、金华、丽水、温州）、江西、福建、广东、海南、广西。

358. 竹篦舟蛾 *Besaia* (*Besaia*) *goddrica* (Schaus, 1928)

分布：中国浙江（舟山、湖州、杭州、绍兴、宁波、衢州、丽水、温州）、陕西、江苏、安徽、湖北、江西、湖南、福建、广东、四川。

359. 昏舟蛾 *Betashachia senescens*（Kiriakoff，1963）

分布：中国浙江（舟山、杭州、宁波）、江苏、江西、福建、广东、广西、四川；韩国。

360. 杨二尾舟蛾 *Cerura menciana* Moore，1877

分布：中国浙江（舟山、嘉兴、杭州、绍兴、宁波、金华、台州、衢州、丽水、温州）、内蒙古、山东、河南、陕西、宁夏、甘肃、新疆、江苏、湖北、江西、福建、台湾、四川、西藏；日本、朝鲜、欧洲。

361. 杨扇舟蛾 *Clostera anachoreta*（Denis *et* Schiffermuller，1775）

分布：中国浙江（舟山、杭州、绍兴、宁波、衢州、丽水）、黑龙江、吉林、辽宁、内蒙古、河北、山西、山东、河南、陕西、宁夏、甘肃、青海、新疆、江苏、安徽、湖北、江西、湖南、福建、台湾、广东、广西、四川、云南、西藏；朝鲜、日本、中亚、印度、斯里兰卡、印度尼西亚、欧洲。

362. 分月扇舟蛾 *Clostera anastomosis*（Linnaeus，1758）

分布：中国浙江（舟山、湖州、杭州、宁波、金华、台州、丽水）、黑龙江、吉林、辽宁、内蒙古、河北、山西、青海、新疆、湖北、江西、湖南、福建、四川、云南；朝鲜、日本、蒙古、欧洲。

363. 灰舟蛾 *Cnethodonta grisescens* Staudinger，1887

分布：中国浙江（舟山、湖州、杭州、宁波）、黑龙江、吉林、河北、山东、河南、陕西、甘肃、湖北、江西、湖南、福建、台湾、广东、广西、四川、云南；朝鲜、越南、日本、俄罗斯。

364. 著蕊尾舟蛾 *Dudusa nobilis* Walker，1865

分布：中国浙江（舟山、湖州、杭州、宁波、丽水、温州）、河北、江西、台湾、广东、广西、四川；印度、缅甸。

365. 栎纷舟蛾 *Fentonia ocypete*（Bremer，1816）

分布：中国浙江（舟山、湖州、杭州、宁波、金华、台州、衢州、丽水）、黑龙江、吉林、辽宁、河北、山西、河南、陕西、湖北、江西、湖南、福建、台湾、四川、云南；朝鲜、日本、印度、新加坡。

366. 涟纷舟蛾 *Fentonia parabolica*（Matsumura，1925）

分布：中国浙江（舟山、湖州、杭州、宁波、丽水、温州）、台湾。

367. 钩翅舟蛾 *Gangarides dharma* Moore，1865

分布：中国浙江（舟山、湖州、杭州、绍兴、宁波、金华、台州、衢州、丽水）、辽宁、河北、陕西、湖北、江西、湖南、福建、广东、广西、四川、云南、西藏；朝鲜、越南、孟加拉国、印度。

368. 角翅舟蛾 *Gonoclostera timoniorum* (Bremer，1861)

分布：中国浙江（舟山、杭州、宁波、金华）、黑龙江、吉林、辽宁、河北、山东、陕西、江苏、安徽、湖北、江西、湖南；日本、朝鲜、俄罗斯。

369. 光锦舟蛾秦巴亚种 *Ginshachia phoebe shanguang* Schintlmeister *et* Fang，2001

分布：中国浙江（舟山、杭州）、陕西、甘肃、广西、四川。

370. 怪舟蛾 *Hagapteryx admirabilis* (Stauginger，1887)

分布：中国浙江（舟山、杭州、宁波、台州）、黑龙江、河北、河南、湖北、江西、福建；日本、俄罗斯。

371. 栎枝背舟蛾 *Harpyia umbrosa* (Staudinger，1892)

分布：中国浙江（舟山、湖州、杭州、宁波、台州、温州）、黑龙江、河北、山西、山东、陕西、江苏、湖北、湖南、四川；朝鲜、日本。

372. 黄二星舟蛾 *Lampronadata cristata* Butler，1877

分布：中国浙江（舟山、湖州、嘉兴、杭州、绍兴、宁波、衢州、丽水）、黑龙江、吉林、辽宁、河北、山东、河南、陕西、江苏、安徽、湖北、江西、四川；俄罗斯、朝鲜、日本、缅甸。

373. 竹缕舟蛾 *Loudonta dispar* (Kiriakoff，1962)

分布：中国浙江（舟山、湖州、杭州、绍兴、宁波、金华、台州、温州）、江苏、江西、湖南、福建、广西、四川。

374. 间掌舟蛾 *Mesophalera sigmata* (Butler，1877)

分布：中国浙江（舟山、杭州、衢州、丽水）、山东、江西、湖南、福建、台湾、四川；朝鲜、日本。

375. 杨小舟蛾 *Micromelalopha troglodyta* (Graeser，1890)

分布：中国浙江（舟山、湖州、杭州、温州）、黑龙江、吉林、河北、山东、河南、江苏、安徽、江西、四川；日本、朝鲜。

376. 竹拟皮舟蛾 *Mimopydna insignis*（Leech，1924）

分布：中国浙江（舟山、湖州、杭州、宁波、台州、丽水）、湖北、江西、湖南、福建、四川、云南。

377. 大新二尾舟蛾 *Neocerura kandyia wisei*（Swinhoe，1891）

分布：中国浙江（舟山、湖州、嘉兴、杭州、绍兴、宁波、台州、丽水、温州）、江苏、湖北、台湾、广东、广西、四川、云南；日本、印度、斯里兰卡、印度尼西亚。

378. 朝鲜新林舟蛾 *Neodrymonia coreana* Matsumura，1922

分布：中国浙江（舟山、湖州、杭州、宁波、丽水）、山东、江苏、江西、湖南、福建、广东、四川、云南；朝鲜。

379. 新涟纷舟蛾 *Neoshachia parabolica*（Matsumura，1925）

分布：中国浙江（舟山、湖州、杭州、宁波、丽水、温州）、台湾。

380. 梭舟蛾 *Netria viridescens* Walker，1855（彩图66）

分布：中国浙江（舟山、杭州、绍兴、宁波、台州、衢州、丽水）、上海、江西、湖南、台湾、福建、广东、广西、贵州；越南、印度、缅甸、泰国、马来西亚、斯里兰卡、印度尼西亚。

381. 竹箩舟蛾 *Norraca retrofusca* de Joannis，1907

分布：中国浙江（舟山、湖州、杭州、绍兴、宁波、台州、丽水、温州）、河南、江苏、江西、湖南、四川、贵州；越南。

382. 竹窗舟蛾 *Oraura ordgara*（Schaus，1928）

分布：中国浙江（舟山、湖州、杭州、宁波、丽水、温州）。

383. 皮纤舟蛾 *Periergos magna*（Matsumura，1920）

分布：中国浙江（舟山、宁波）、陕西、福建、台湾、广东、广西、四川、云南。

384. 栎掌舟蛾 *Phalera assimilis*（Bremer *et* Grey，1852）

分布：中国浙江（舟山、湖州、嘉兴、杭州、绍兴、宁波、金华、台州、衢州、缙云、遂昌、丽水、温州）、黑龙江、吉林、辽宁、河北、山西、山东、河南、陕西、江苏、安徽、湖北、江西、湖南、台湾、四川；俄罗斯、朝鲜、日本、德国。

385. 榆掌舟蛾 *Phalera fuscescens* Butler，1919

分布；浙江（舟山、杭州、宁波、衢州、丽水、温州）、黑龙江、辽宁、内蒙古、河北、河南、陕西、江苏、江西、湖南、福建、云南；日本、朝鲜。

386. 苹掌舟蛾 *Phalera flavescens*（Bremer *et* Grey，1852）（彩图 67）

分布：中国浙江（舟山、湖州、杭州、绍兴、宁波、金华、台州、衢州、丽水、温州）、黑龙江、吉林、辽宁、内蒙古、北京、天津、河北、山西、山东、河南、陕西、甘肃、江苏、上海、安徽、湖北、江西、湖南、福建、台湾、广东、海南、香港、澳门、广西、重庆、四川、贵州、云南；俄罗斯、朝鲜、日本。

387. 槐羽舟蛾 *Pterostoma sinicum* Moore，1877

分布：中国浙江（舟山、湖州、嘉兴、杭州、宁波）、黑龙江、河北、山西、山东、河南、陕西、江苏、安徽、湖北、江西、湖南、广西、四川；朝鲜、俄罗斯、日本。

388. 皮舟蛾 *Pydna testacea* Walker，1856

分布；浙江（舟山、湖州、杭州、宁波、台州）。

389. 白斑四距舟蛾 *Quadricalcarifera fasciata*（Moore，1879）

分布：中国浙江（舟山、湖州、杭州、宁波、衢州、丽水）、安徽、江西、湖南、福建、台湾、四川、云南；印度。

390. 点舟蛾 *Stigmatophorina hammamelis* Mell，1922

分布：中国浙江（舟山、杭州、宁波、金华、台州、衢州、丽水）、河南、江苏、安徽、湖北、江西、湖南、福建、广东、四川、云南。

391. 微灰胯舟蛾 *Syntypistis subgriseoviridis*（Kiriakoff，1963）

分布：中国浙江（舟山、湖州、杭州、宁波）、陕西、甘肃、江苏、湖北、江西、湖南、广西、四川。

392. 胡桃美舟蛾 *Uropyia meticulodina*（Oberthür，1884）

分布：中国浙江（舟山、湖州、杭州、绍兴、宁波、金华、台州、丽水、温州）、黑龙江、吉林、辽宁、河北、山东、河南、陕西、江苏、安徽、湖北、江西、湖南、福建、广西、四川、云南；俄罗斯、朝鲜、日本。

毒蛾科 Lymantriidae

主要特征：成虫体中型至大型。体粗壮多毛，雌蛾腹端有肛毛簇。口器退化，下唇须小。无单眼。触角双栉齿状，雄蛾的栉齿比雌蛾的长。有鼓膜器。翅发达，大多数种类翅面被鳞片和细毛，有些种类，如古毒蛾属、草毒蛾属，雌蛾翅退化或仅留残迹或完全无翅。成虫（蛾）大小、色泽往往因性别有显著差异。成虫（蛾）活动多在黄昏和夜间，少数在白天。

分布：本次调查发现舟山分布12属31种。

393. 茶白毒蛾 *Arctornis alba* (Bremer，1861)

分布：中国浙江（舟山、湖州、杭州、宁波、台州、丽水、温州）、黑龙江、吉林、辽宁、河北、山东、河南、江苏、安徽、湖北、江西、湖南、福建、台湾、广东、广西、四川、贵州、云南；俄罗斯、朝鲜、日本。

394. 葡萄毒蛾 *Cifuna jankowskii* (Oberthur，1879)

分布：中国浙江（舟山、宁波、衢州）、黑龙江、陕西、江苏、湖北、江西、湖南；俄罗斯、日本。

395. 肾毒蛾 *Cifuna locuples* Walker，1855

分布：中国浙江（舟山、湖州、嘉兴、杭州、绍兴、宁波、三门、金华、台州、衢州、丽水、温州）、黑龙江、吉林、辽宁、内蒙古、河北、山西、山东、河南、陕西、宁夏、江苏、安徽、湖北、江西、湖南、福建、广东、广西、四川、贵州、云南、西藏；俄罗斯、朝鲜、日本、越南、印度。

396. 松茸毒蛾 *Dasychira axutha* Collenette，1943

分布：中国浙江（舟山、湖州、杭州、宁波、金华、台州、衢州、丽水）、黑龙江、辽宁、湖北、江西、湖南、广东、广西；日本。

397. 蔚茸毒蛾 *Dasychira glaucinoptera* Collenette，1934

分布：中国浙江（舟山、湖州、杭州、宁波、丽水）、江西、福建、四川、云南、西藏。

398. 茸毒蛾 *Dasychira pudibunda* (Linnaeus，1758)

分布：中国浙江（舟山、湖州、杭州、宁波、台州、丽水）、黑龙江、吉林、辽宁、河北、山西、山东、河南、陕西；日本、欧洲。

399. 叉带黄毒蛾 *Euproctis angulata* Matsumura，1927

分布：中国浙江（舟山、湖州、杭州、宁波、台州、丽水）、河南、江西、湖南、台湾、广东。

400. 乌桕黄毒蛾 *Euproctis bipunctapex* （Hampson，1891）

分布：中国浙江（舟山、湖州、嘉兴、杭州、绍兴、宁波、金华、台州、衢州、丽水、温州）、河南、江苏、湖北、江西、湖南、福建、台湾、广东、广西、四川、云南、西藏；印度、新加坡。

401. 梯带黄毒蛾 *Euproctis montis* （Leech，1890）

分布：中国浙江（舟山、湖州、杭州、宁波、丽水）、江苏、湖北、江西、湖南、福建、广东、广西、四川、云南。

402. 幻带黄毒蛾 *Euproctis varians* （Walker，1855）

分布：中国浙江（舟山、湖州、杭州、宁波、金华、丽水、温州）、河北、山东、河南、陕西、江苏、安徽、湖北、江西、湖南、福建、台湾、广东、广西、四川、贵州、云南；印度、马来西亚。

403. 半带黄毒蛾 *Euproctis digramma* （Guerin，1829）

分布：中国浙江（舟山、湖州、杭州、宁波、丽水）。

404. 双弓黄毒蛾 *Euproctis diploxutha* Collenette，1939

分布：中国浙江（舟山、湖州、杭州、宁波、丽水、温州）、江苏、安徽、湖北、江西、湖南、广东、云南。

405. 折带黄毒蛾 *Euproctis flava* （Bremer，1861）

分布：中国浙江（舟山、湖州、嘉兴、杭州、宁波、金华、丽水）、黑龙江、吉林、辽宁、河北、山东、河南、陕西、江苏、安徽、湖北、江西、湖南、福建、广东、广西、四川、贵州；俄罗斯、朝鲜、日本。

406. 红尾黄毒蛾 *Euproctis lunata* Walker，1855

分布：中国浙江（舟山、湖州、杭州、绍兴、宁波、金华、丽水、温州）、江西、湖南、福建、四川；缅甸、印度、斯里兰卡。

407. 茶黄毒蛾 *Euproctis pseudoconspersa* Strand，1923

分布：中国浙江（舟山、杭州、绍兴、宁波、金华、台州、衢州、丽水、温州）、陕西、江苏、安徽、湖北、江西、湖南、福建、台湾、广东、广西、四川、贵州、云南；日本。

408. 榆黄足毒蛾 *Ivela ochropoda* Eversmann，1847

分布：中国浙江（舟山、湖州、杭州、绍兴、宁波、金华、台州、衢州、丽水）、黑龙江、内蒙古、河北、山西、山东、河南、陕西；俄罗斯、朝鲜、日本。

409. 素毒蛾 *Laelia coenosa* (Hubner，1804)

分布：中国浙江（舟山、湖州、杭州、绍兴、宁波、台州、丽水、温州）、黑龙江、吉林、辽宁、河北、山东、河南、江苏、湖北、江西、湖南、福建、广东、广西、贵州、云南；朝鲜、日本、越南、欧洲。

410. 瑕素毒蛾 *Laelia monoscola* Couenstte，1934

分布：中国浙江（舟山、湖州、杭州、宁波、丽水、温州）、湖北、江西、福建。

411. 杨雪毒蛾 *Leucoma candida* (Staudinger，1892)

分布：中国浙江（舟山、嘉兴、杭州、绍兴、宁波、金华、台州）。

412. 点窗毒蛾 *Leucoma diaphora* Collenette，1934

分布：中国浙江（舟山、湖州、杭州、宁波、丽水）、江西、广东。

413. 丛毒蛾 *Locharna strigipennis* Moore，1879

分布：中国浙江（舟山、湖州、杭州、丽水）、甘肃、江苏、安徽、湖北、江西、湖南、福建、台湾、广东、广西、四川、贵州、云南；印度、缅甸、马来西亚。

414. 舞毒蛾 *Lymantria dispar* (Linnaeus，1758)

分布：中国浙江（舟山、宁波、台州、丽水、温州）、黑龙江、吉林、辽宁、内蒙古、河北、山西、山东、河南、陕西、宁夏、甘肃、青海、新疆、安徽、江西、湖南、四川、贵州、云南；朝鲜、日本、欧洲、美国。

415. 条毒蛾 *Lymantria dissoluta* Swinhoe，1903

分布：中国浙江（舟山、湖州、嘉兴、杭州、绍兴、宁波、金华、台州、衢州、丽水、温州）、江苏、安徽、湖北、江西、湖南、台湾、广东、广西。

416. 赤腹舞毒蛾 *Lymantria fumida* Butler，1877

分布：中国浙江（舟山、湖州、嘉兴、杭州、宁波、金华、丽水、温州）。

417. 松针毒蛾 *Lymantria monacha* (Linnaeus, 1758)

分布：中国浙江（舟山、杭州、宁波、金华、台州、丽水）、黑龙江、吉林、辽宁、台湾、贵州、云南；日本、欧洲。

418. 枫毒蛾 *Lymantria sinica* Moore, 1879

分布：中国浙江（舟山、杭州）、江苏、安徽、湖北、江西、湖南、福建、台湾、广东、广西、四川。

419. 侧柏毒蛾 *Parocneria furva* (Leech, 1888)

分布：中国浙江（舟山、湖州、杭州、台州、衢州、丽水）、河北、山东、河南、青海、江苏、湖北、湖南、广西、四川。

420. 黄羽毒蛾 *Pida strigipennis* (Moore, 1879)

分布：中国浙江（舟山、湖州、杭州、绍兴、宁波、金华、衢州、丽水）、河南、江苏、上海、安徽、湖北、江西、湖南、台湾、广东、广西、四川、云南、贵州、西藏；缅甸、印度、斯里兰卡、马来西亚。

421. 黑褐盗毒蛾 *Porthesia atereta* Collenette, 1932

分布：中国浙江（舟山、湖州、杭州、绍兴、宁波、台州、衢州、丽水）、湖北、江西、湖南、福建、台湾、广东、广西、四川、贵州、云南、西藏；马来西亚。

422, 戟盗毒蛾 *Porthesia kurosawai* Inoue, 1956

分布：中国浙江（舟山、杭州、宁波、台州、衢州、丽水）、辽宁、湖北、江西、福建、台湾、广西、四川；朝鲜、日本。

423. 盗毒蛾 *Porthesia simihs* (Fueszly, 1775)

分布：中国浙江（舟山、湖州、嘉兴、杭州、绍兴、宁波、金华、台州、丽水、温州）、黑龙江、吉林、辽宁、内蒙古、河北、山东、河南、甘肃、青海、江苏、安徽、湖北、江西、湖南、福建、台湾、广东、广西、四川；朝鲜、日本、欧洲。

灯蛾科 Arctiidae

主要特征：小至中型蛾类，少数大型。雄蛾触角多为栉齿形，少数为线形或锯齿形；雌蛾多为线形具纤毛，少数为短栉齿状；头顶及额常密被毛；喙发达或不发达；下唇须向前平伸或向上伸。胸背面的领片与肩片多具有斑点或斑带。翅通常发达，只有少数种类的雌蛾翅稍退化而小于雄蛾。前翅通常较窄长，后翅较宽，某些种雄蛾后翅臀角延长成1尖突。前翅的颜色多为白色、灰色、浅黄色、黄色、红色、褐色及黑色等。后翅多为红色或黄色。前翅M_2脉从中室下角微向上方伸出；M_1脉从中室上角或从上角微向下方伸出；有或无径副室；某些种类缺R_3脉或R_4脉，有些缺M_3脉。苔蛾亚科的部分属Sc脉与前缘之间有4或5个短横脉相连。后翅$Sc+R_1$脉与中室上缘并合至中部或中部以外；M_1与Rs脉有时并合，有些种类缺M_2脉或M_3脉，或两者并合。腹部一般较粗钝，苔蛾亚科的腹部则较纤细，多为黄色或红色，除苔蛾亚科的大多数属种外，其背面与侧面常具黑色点斑。

分布：世界广布，中国目前记载灯蛾科约133属558种。

苔蛾亚科 Lithosiinae

主要特征：身体通常细长，腹部常长达后翅的后缘。头宽，额扁平；通常无单眼，或很微弱；如果有单眼，则腹部无点斑或带纹。下唇须向上伸或平伸；喙通常发达；复眼较凸出。雄蛾触角栉齿形，或两性均为线形具纤毛。足长，后足胫节通常有2对距，少数1对距。前翅通常窄长，后翅宽大，休息时，常将翅折叠在腹部上。腹部一般无黑点或带。幼虫通常以地衣、苔藓为食。

分布：本次调查发现舟山分布5属10种。

424. 条纹艳苔蛾 *Asura strigipennis* (Herrich-Shafer，1855)

分布：中国浙江（舟山、湖州、杭州、绍兴、宁波、金华、台州、丽水、温州）、陕西、江苏、湖北、江西、湖南、海南、福建、台湾、广东、广西、四川、云南、西藏；印度、印度尼西亚。

425. 灰土苔蛾 *Eilema griseola* (Hübner，1827)

分布：中国浙江（舟山）、黑龙江、吉林、辽宁、北京、山西、山东、陕西、甘肃、安徽、江西、福建、广西、四川、云南；日本、朝鲜半岛、尼泊尔、印度、欧洲。

426. 新阳苔蛾 *Heliosca novirufa* Fang，1992

分布：中国浙江（舟山）。

427. 异美苔蛾 *Miltochrista aberrans* Butler，1877

分布：中国浙江（舟山、湖州、杭州、宁波、台州、丽水、温州）、黑龙江、吉林、河北、河南、陕西、江苏、湖北、江西、湖南、福建、台湾、广东、海南、四川；朝鲜、日本。

428. 黑缘美苔蛾 *Miltochrista delineata* (Walker，1854)

分布：中国浙江（舟山、湖州、嘉兴、杭州、宁波、台州、丽水、温州）、甘肃、江苏、湖北、江西、湖南、福建、台湾、广东、香港、广西、四川、云南、西藏。

429. 优美苔蛾 *Miltochrista striata* (Bremer et Grey，1853)

分布：中国浙江（舟山、金华、衢州）、吉林、河北、山东、河南、陕西、甘肃、江苏、湖北、江西、湖南、福建、广东、海南、广西、四川、云南；日本。

430. 之美苔蛾 *Miltochrista zicazac* (Walker，1856)

分布：中国浙江（舟山、杭州、宁波、台州、丽水）、山西、河南、陕西、江苏、湖北、江西、湖南、福建、台湾、广东、广西、四川、云南。

431. 毛黑美苔蛾 *Miltochrista nigrociliata* Fang，1991

分布：中国浙江（舟山、衢州）、福建。

432. 玫痣苔蛾 *Stigmatophora rhodophila* (Walker，1864)

分布：中国浙江（舟山、湖州、杭州、宁波、台州、衢州、丽水）、黑龙江、吉林、河北、山西、山东、河南、陕西、江苏、湖北、江西、湖南、福建、广西、四川、云南；朝鲜、日本。

433. 黄痣苔蛾 *Stigmatophora flava* (Bremer et Grey，1853)

分布：中国浙江（舟山、湖州、杭州、宁波、台州、丽水）、黑龙江、吉林、辽宁、河北、山西、山东、河南、陕西、甘肃、新疆、江苏、湖北、江西、湖南、福建、台湾、广东、四川、贵州、云南；朝鲜、日本。

灯蛾亚科 Arctiinae

主要特征：成虫一般为中到大型，体色鲜艳，通常为红色或黄色，且多具条纹或斑点。成虫触角丝状或羽状。腹部具有斑点或带。有单眼。前翅较长而阔，但前翅 M_2、M_3 与Cu接近，似自中室下角分出；后翅较宽，后翅Sc+R_1与Rs自基部合并，至中室中部或以外才复分开。成虫具趋光性，多在夜间活动。

分布：本次调查发现舟山分布9属14种。

434. 红缘灯蛾 *Aloa lactinea* (Cramer，1777)

分布：中国浙江（舟山、湖州、嘉兴、杭州、绍兴、宁波、金华、台州、衢州、丽水、温州）、辽宁、河北、山西、陕西、山东、河南、安徽、江苏、福建、江西、湖北、湖南、广东、海南、广西、四川、云南、西藏、台湾；朝鲜、日本、尼泊尔、缅甸、印度、越南、斯里兰卡、印度尼西亚。

435. 白雪灯蛾 *Chionarctia niveua* Ménétriès，1859

分布：中国浙江（舟山、湖州、嘉兴、杭州、绍兴、宁波、金华、衢州、丽水、温州）、黑龙江、吉林、辽宁、内蒙古、河北、陕西、河南、福建、江西、贵州、山东、江西、湖北、湖南、广西、四川、云南；朝鲜、日本。

436. 黑条灰灯蛾 *Creatonotos gangis* Linnaeus，1763

分布：中国浙江（舟山、湖州、嘉兴、杭州、绍兴、宁波、金华、台州、衢州、丽水、温州）、辽宁、江苏、江西、湖北、湖南、四川、台湾、福建、广东、河南、安徽、江苏、海南、台湾、广西、云南、西藏；越南、缅甸、印度、尼泊尔、巴基斯坦、斯里兰卡、马来西亚、印度尼西亚、新加坡、澳大利亚。

437. 八点灰灯蛾 *Creatonotos transiens*（Walker，1855）

分布：中国浙江（舟山、宁波、金华、衢州）、山西、山东、河南、陕西、甘肃、江苏、安徽、湖北、江西、湖南、福建、台湾、广东、海南、广西、四川、贵州、云南、西藏；印度、缅甸、越南、菲律宾、印度尼西亚。

438. 漆黑望灯蛾 *Lemyra infernalis* Butler，1877

分布：中国浙江（舟山、湖州、杭州、丽水）、辽宁、北京、陕西、湖北、湖南、河北；日本。

439. 粉蝶灯蛾 *Nyctemera adversata*（Schaller，1788）

分布：中国浙江（舟山、湖州、嘉兴、杭州、宁波、台州、衢州、丽水、温州）、河南、江西、湖南、四川、江西、湖北、江苏、海南、北京、内蒙古、台湾、福建、广东、海南、广西、云南、西藏；日本、缅甸、印度、马来西亚、印度尼西亚、尼泊尔。

440. 肖浑黄灯蛾 *Rhyparioides amurensis*（Bremer，1861）

分布：中国浙江（舟山、湖州、杭州、绍兴、宁波、金华、台州、丽水、温州）、黑龙江、吉林、辽宁、内蒙古、山东、河北、山西、陕西、江苏、福建、江西、湖北、湖南、广西、河南、云南、四川；朝鲜、日本。

441. 红点浑黄灯蛾 *Rhyparioides subvarius*（Walker，1855）

分布：中国浙江（舟山、湖州、杭州、宁波、台州、丽水、温州）、福建、江西、湖北、湖南、安徽、华北、四川、广东沿海；朝鲜、日本。

442. 仿污白灯蛾 *Spilarctia lubricipeda* (Linnaeus, 1758)

分布：中国浙江（舟山、湖州、杭州、绍兴、宁波、金华、台州、丽水、温州）。

443. 尘污灯蛾 *Spilarctia obliqua* Walker, 1855

分布：中国浙江（舟山、湖州、嘉兴、杭州、绍兴、宁波、金华、台州、丽水、温州）、江苏、福建、江西、西藏、台湾、广东、广西、陕西、四川、云南；朝鲜、日本、印度、尼泊尔、缅甸、不丹、巴基斯坦。

444. 人纹污灯蛾 *Spilarctia subcarnea* (Walker, 1855)

分布：中国浙江（舟山、湖州、嘉兴、杭州、绍兴、宁波、金华、台州、衢州、丽水、温州）、黑龙江、吉林、甘肃、陕西、辽宁、河南、山东、安徽、江苏、江西、湖南、湖北、福建、台湾、广东、上海、广西、贵州、四川、云南；朝鲜、日本、菲律宾。

445. 星白雪灯蛾 *Spilosoma menthastri* (Denis & Schiffermüller, 1775)

分布：中国浙江（舟山、湖州、嘉兴、杭州、绍兴、宁波、金华、台州、衢州、丽水、温州）、黑龙江、吉林、辽宁、内蒙古、河北、湖北、陕西、河南、江苏、安徽、江西、湖北、湖南、福建、四川、贵州、云南；朝鲜、日本、欧洲。

446. 红星雪灯蛾 *Spilosoma punctarium* (Stoll, 1782)

分布：中国浙江（舟山、杭州、宁波、丽水）、黑龙江、广西、吉林、辽宁、北京、陕西、江苏、安徽、江西、湖北、湖南、四川、贵州、云南、台湾；俄罗斯（西伯利亚）、朝鲜、日本。

447. 拟三色星灯蛾 *Utetheisa lotrix lotrix* (Cramer, 1779)

分布：中国浙江（舟山、宁波、台州、温州）。

瘤蛾科 Nolidae

主要特征：小型到微型，无单眼，复眼大。胸、腹部纤细，在腹部前几节背部着生有毛簇。前翅中室附近有隆起的竖鳞呈瘤状，根据种类不同其形状多样。雄性翅缰钩多为条形。雄性外生殖器结构简单；雌性外生殖器的交配囊多为密布角片或颗粒或褶皱。幼虫多取食草本科植物，也有些种类取食花蕊和树木（邵天玉，2011）。

分布：全世界30属3 000种以上为世界性分布，主要分布于热带、温带东洋区和古北区东部。我国记录90种以上，浙江分布12属14种。本次调查发现舟山分布1属1种。

448. 稻穗点瘤蛾 *Celama taeniata* (Snellen, 1874)

分布：中国浙江（舟山、杭州、台州、丽水）、江西、福建、云南；日本、印度、斯里兰卡、缅甸、印度尼西亚。

鹿蛾科 Clenuchidae（Amatidae）

主要特征：小至中型蛾类，外形似斑蛾或黄蜂。喙发达，但有时退化，下唇须短而平伸，长而向下弯或向上翻，头小，额圆。翅面常缺鳞片，形成透明窗状，前翅较长，翅顶稍圆，中室为翅长的一半多，后翅明显小于前翅，前翅Ia与Ib脉在翅基部成叉状相接，7、8、9脉共柄，5脉从横脉纹中部下方伸出，后翅缺8脉。鹿蛾多为昼出性，休息时翅张开，由于体钝，加上后翅很小，飞翔力弱，人们常可用手去捕捉它们。

分布：鹿蛾分布以热带、亚热带居多，全世界已知2 000种以上。因其鼓膜器的着生部位相同之故，近代许多学者将鹿蛾科作为灯蛾科的一个亚科。本次调查发现舟山分布1属2种。

449. 广鹿蛾 *Amata emma* Butler，1876（彩图68）

分布：中国浙江（舟山、湖州、杭州、绍兴、宁波、金华、台州、衢州、丽水）、河北、陕西、山东、江苏、河南、江西、湖北、湖南、四川、台湾、福建、广东、广西、贵州、云南；日本、缅甸、印度。

450. 蕾鹿蛾 *Amata germana* Felder，1862

分布：中国浙江（舟山、湖州、嘉兴、绍兴、宁波、金华、丽水、温州）、上海、江苏、安徽、江西、湖南、福建、山东、四川、云南、东北、华南；日本、印度尼西亚。

虎蛾科 Agaristidae

主要特征：中大型，色斑艳丽。喙发达，下唇顺向上伸，额有椎形突或角突，复眼大，少数具毛，无单眼；中足胫节有距1对，后足胫节有距2对；前翅翅脉属四岔型，多有副室。许多种类翅面有银蓝色鳞片；后翅Sc与R有一处并接，但不超过中室之半（Pseudospiris除外）。幼虫多具绚丽的色彩和鲜明的斑纹。体常有长毛，第8腹节背面隆起，腹足4对，在地表土中化蛹，蛹为裸蛹。

分布：本次调查发现舟山分布1属1种。

451. 葡萄修虎蛾 *Sarbanissa subflava*（Moore，1877）

分布：中国浙江（舟山、湖州、杭州、台州、衢州、丽水）、黑龙江、辽宁、河北、山东、湖北、广东、江西、贵州；朝鲜、日本。

夜蛾科 Noctuidae

主要特征：中等至大型蛾类，部分类群小型。成虫喙多发达，静止时卷缩；少数喙短小。下唇须通常发达，向前或向上伸，少数种类向上弯至后胸。极少数种类有下颚须。多数有单眼。复眼大，半球形；少数种类副眼呈椭圆形。额圆，有时有不同形状的突起。触角线形、锯齿形或栉齿形。后足胫节具2对距，有时具刺。前翅通常有径副室；M_2脉基部接近M_3，或与M_3同出自中室下角。后翅M_2脉出自中室下角（四叉型）或中室端脉中部（三叉型）；Sc+R_1与Rs有部分合并，但不超过中室前缘中部；翅缰发达。颜色灰暗或艳丽，翅面斑纹丰富。

分布：夜蛾科是鳞翅目中最大的科，全世界超过3万种。其分类系统近年来有许多变化。本次调查发现舟山分布57属72种。

452. 榆剑纹夜蛾 *Acronicta hercules*（Felder *et* Rogenhofer，1874）

分布：中国浙江（舟山、湖州、嘉兴）、黑龙江、河北、湖南、福建；日本。

453. 桃剑纹夜蛾 *Acronicta intermedia* Warren，1909

分布：中国浙江（舟山、湖州、嘉兴、杭州、宁波、金华、丽水、温州）、青海、河北、湖北、湖南、四川、福建、云南、西藏；朝鲜、日本。

454. 梨剑纹夜蛾 *Acronicta rumicis*（Linnaeus，1758）

分布：中国浙江（舟山、湖州、嘉兴、杭州、宁波、金华、衢州、温州）、青海、河北、湖北、湖南、四川、福建、云南、西藏；朝鲜，日本。

455. 点疬夜蛾 *Adrapsa notigera*（Butler，1879）

分布：中国浙江（舟山、宁波、金华）、湖南、海南；日本。

456. 小地老虎 *Agrotis ipsilon*（Hufnagel，1768）

分布：中国及世界广布。

457. 黄地老虎 *Agrotis segetum*（Denis *et* Schiffermuller，1775）

分布：中国浙江（舟山、湖州、杭州、衢州、丽水、温州）。

458. 小桥夜蛾 *Anomis flava*（Fabricius，1775）

分布：中国除西北若干省份外广布；亚洲其他国家、欧洲、非洲。

459. 超桥夜蛾 *Anomis fulvida* Guenee，1852

分布：中国浙江（舟山、湖州、嘉兴、杭州、宁波、台州、温州）、山东、福建、江西、湖北、湖南、广东、四川、云南；缅甸、印度、斯里兰卡、印度尼西亚、大洋洲、美洲。

460. 桔安纽夜蛾 *Anua triphaenoides*（Walker，1858）

分布：中国浙江（舟山、湖州、杭州、宁波、金华、台州、丽水、温州）、江西、湖南、台湾、广东、云南；缅甸、印度。

461. 银纹夜蛾 *Argyrogramma agnata* Staudinger，1892

分布：中国广布；俄罗斯、朝鲜、日本。

462. 斜线关夜蛾 *Artena dotata*（Fabricius，1794）

分布：中国浙江（舟山）、河南、陕西、江苏、湖北、江西、湖南、福建、台湾、广东、四川、贵州、云南；印度、缅甸、新加坡。

463. 苎麻夜蛾 *Arcte coerula*（Guenee，1852）（彩图 69）

分布：中国浙江（舟山、湖州、嘉兴、杭州、绍兴、宁波、金华、台州、衢州、丽水、温州）、河北、江西、湖北、湖南、四川、福建、广东、云南；日本、印度、斯里兰卡、南太平洋部分岛屿。

464. 朽木夜蛾 *Axylia putris*（Linnaeus，1761）

分布：中国浙江（舟山、湖州、杭州、绍兴、宁波、金华、丽水、温州）、黑龙江、新疆、河北、山西、湖南、云南；朝鲜、日本、印度、欧洲。

465. 白线尖须夜蛾 *Bleptina albolinealis* Leech，1900

分布：中国浙江（舟山）、湖南、江西、福建、广西、四川。

466. 枫杨癣皮夜蛾 *Blenina quinaria* Moore，1882

分布：中国浙江（舟山、湖州、杭州、丽水）、陕西、安徽、江西、海南、西藏、湖北、湖南、四川、云南；印度。

467. 胞短栉夜蛾 *Brevipecten consanguis* Leech，1900

分布：中国浙江（舟山、湖州、杭州、宁波、丽水）。

468. 张卜夜蛾 *Bomolocha rhombalis*（Guenée，1854）

分布：中国浙江（舟山、杭州、宁波、金华）、河南、陕西、甘肃、江苏、湖南、福建、广西、四川、西藏；印度、缅甸。

469. 柿癣皮夜蛾 *Blenina senex* (Butler, 1878)

分布：中国浙江（舟山、湖州、杭州、宁波、丽水、温州）、江苏、江西、湖南、四川、福建、广西、云南；朝鲜、日本。

470. 散纹夜蛾 *Callopistria juventina* (Stoll in Cramer, 1782)

分布：中国浙江（舟山、湖州、嘉兴、杭州、宁波、丽水、温州）、黑龙江、江苏、河南、江西、湖北、湖南、福建、海南、四川、广西；日本、印度、欧洲、美洲。

471. 红晕散纹夜蛾 *Callopistria repleta* Walker, 1858

分布：中国浙江（舟山、湖州、嘉兴、杭州、宁波、台州、衢州、丽水）、黑龙江、山西、陕西、河南、湖南、福建、广西、海南、云南、湖北、四川；俄罗斯（西伯利亚）、朝鲜、日本、印度。

472. 疖角壶夜蛾 *Calyptra minuticornis* (Guenée, 1852)

分布：中国浙江（舟山、金华）、陕西、甘肃、福建、广东；印度、斯里兰卡、印度尼西亚。

473. 玛瑙夜蛾 *Cosmia achatina* Butler, 1879

分布：中国浙江（舟山、杭州、宁波）。

474. 三斑蕊夜蛾 *Cymatophoropsis trimaculata* (Bremer, 1861)

分布：中国浙江（舟山、湖州、杭州、宁波、金华、台州、丽水、温州）、黑龙江、河北、湖北、湖南、福建、广西、云南；俄罗斯（西伯利亚）、朝鲜、日本。

475. 灰歹夜蛾 *Diarsia canescens* (Butler, 1878)

分布：中国浙江（舟山、湖州、杭州、绍兴、宁波、金华、台州、丽水、温州）。

476. 井夜蛾 *Dysmilichia gemella* (Leech, 1889)

分布：中国浙江（舟山、湖州、嘉兴、杭州、绍兴、宁波、金华、台州、衢州、丽水、温州）、黑龙江、河北、福建；朝鲜、日本。

477. 鼎点钻夜蛾 *Earias cupreoviridis* (Walker, 1862)

分布：中国浙江（舟山、湖州、杭州、绍兴、宁波、金华、台州、丽水、温州）、河南、江苏、湖北、四川、云南、西藏、湖南、台湾、广东；朝鲜、日本、印度、印度尼西亚、斯里兰卡、非洲。

478. 粉缘钻夜蛾 *Earias pudicana* Staudinger，1887

分布：中国浙江（舟山、湖州、杭州、宁波、丽水、温州）、黑龙江、辽宁、山西、宁夏、河南、山东、湖北、河北、江苏、江西、湖南、四川、福建；俄罗斯、朝鲜、日本、印度。

479. 旋夜蛾 *Eligma narcissus*（Gramer，1775）

分布：中国浙江（舟山、杭州、宁波）、河北、山西、甘肃、湖北、湖南、福建、四川、云南；日本、印度、马来西亚、菲律宾、印度尼西亚。

480. 朝线夜蛾 *Elydna coreana* Matsumura，1922

分布：中国浙江（舟山、湖州、杭州）、河南；日本。

481. 谐夜蛾 *Emmelia trabealis*（Scopoli，1763）

分布：中国浙江（舟山、杭州、宁波）。

482. 光裳夜蛾 *Ephesia fulminea*（Scopoli，1763）

分布：中国浙江（舟山、湖州、杭州、金华）。

483. 目夜蛾 *Erebus crepuscularis*（Linnaeus，1767）（彩图 70）

分布：中国浙江（舟山、湖州、杭州、宁波、衢州、丽水）、江西、湖北、湖南、广东、广西、四川、云南、福建、海南；日本、缅甸、印度、斯里兰卡、新加坡、印度尼西亚。

484. 白边切夜蛾 *Euxoa oberthuri*（Leech，1900）

分布：中国浙江（舟山、绍兴、宁波、金华、丽水）。

485. 漆尾夜蛾 *Eutelia geyeri*（Felder *et* Rogenhofer，1874）

分布：中国浙江（舟山、金华、衢州）、陕西、甘肃、江苏、湖南、江西、福建、四川、云南、西藏；日本、印度。

486. 烟实夜蛾 *Heliothis assulta* Guenee，1852

分布：中国浙江（舟山、湖州、嘉兴、杭州、宁波、台州、丽水、温州）。

487. 鹰夜蛾 *Hypocala deflorata*（Fabricius，1794）

分布：中国浙江（舟山、杭州、宁波、丽水、温州）、河北、江西、湖北、湖南、四川、广东、贵州、云南；日本、泰国、印度。

488. 苹梢鹰夜蛾 *Hypocala subsatura* Guenee，1852

分布：中国浙江（舟山、湖州、杭州、宁波、衢州、丽水）、辽宁、甘肃、海南、内蒙古、河北、陕西、河南、山东、江苏、江西、湖北、湖南、台湾、福建、广东、云南、西藏；日本、印度、孟加拉国。

489. 变色夜蛾 *Hypopyra vespertilio* Fabricius，1878

分布：中国浙江（舟山、湖州、嘉兴、杭州、绍兴、宁波、台州、衢州、丽水、温州）、陕西、河南、江苏、安徽、江西、湖南、湖北、四川、广东、广西、云南；日本、缅甸、印度、马来西亚、印度尼西亚。

490. 两色髯须夜蛾 *Hypena trigonalis*（Guenée，1854）

分布：中国浙江（舟山、金华）、山东、河南、陕西、甘肃、浙江、江西、福建、四川、贵州、云南、西藏；日本、朝鲜、印度。

491. 马蹄髯须夜蛾 *Hypena sagitta*（Fabricius，1775）

分布：中国浙江（舟山、湖州、杭州、宁波、台州、丽水）、湖南、广东、四川、贵州、云南；日本、缅甸、印度、斯里兰卡。

492. 粉翠夜蛾 *Hylophilodes orientalis*（Hampson，1894）

分布：中国浙江（舟山、衢州、丽水）、陕西、福建、四川；印度。

493. 星坑翅夜蛾 *Ilattia stellata* Butler，1844

分布：中国浙江（舟山、湖州、杭州、宁波、丽水）。

494. 蓝条夜蛾 *Ischyja manlia*（Cramer，1766）

分布：中国浙江（舟山、湖州、杭州、宁波、台州、丽水）、江西、湖南、广东、广西、云南、山东、海南、福建；缅甸、印度、斯里兰卡、菲律宾、印度尼西亚。

495. 桔肖毛翅夜蛾 *Lagoptera dotata* Fabricius，1794

分布：中国浙江（舟山、湖州、杭州、绍兴、宁波、金华、台州、衢州、丽水、温州）、江西、湖北、四川、台湾、广东、贵州；缅甸、印度、新加坡。

496. 间纹德夜蛾 *Lepidodelta intermedia*（Bremer，1864）

分布：中国浙江（舟山、湖州、杭州、宁波、金华、台州、丽水、温州）、黑龙江、陕西、湖北、湖南、河南、四川、云南；朝鲜、日本、印度、斯里兰卡、非洲。

497. 白脉粘夜蛾 *Leucania venalba* Moore，1867

分布：中国浙江（舟山、湖州、杭州、宁波、台州、丽水、温州）、河北、湖北、福建；印度、斯里兰卡、新加坡、大洋洲。

498. 月蝠夜蛾 *Lophoruza lunifera*（Moore，1887）

分布：中国浙江（舟山）、甘肃、广东；日本、印度、斯里兰卡。

499. 奚毛胫夜蛾 *Mocis ancilla*（Warren，1913）

分布：中国浙江（舟山、杭州、宁波、金华、丽水、温州）、黑龙江、河北、山东、河南、湖南、福建、江苏、江西；朝鲜、日本。

500. 鱼藤毛胫夜蛾 *Mocis undata*（Fabricius，1775）

分布：中国浙江（舟山、湖州、嘉兴、杭州、绍兴、宁波、金华、台州、丽水、温州）、河北、河南、江苏、江西、湖南、山东、贵州、福建、台湾、广东、云南；朝鲜、日本、缅甸、印度、斯里兰卡、新加坡、菲律宾、印度尼西亚、非洲。

501. 妇毛胫夜蛾 *Mocis ancilla* Warren，1913

分布：中国浙江（舟山、杭州、宁波、金华、丽水、温州）、黑龙江、河北、山东、河南、湖南、福建、江苏、江西；朝鲜、日本。

502. 秘夜蛾（光腹夜蛾）*Mythimna turca*（Linnaeus，1761）

分布：中国浙江（舟山、湖州、杭州、丽水）、黑龙江、陕西、河南、江西、湖北、湖南、四川、贵州、云南；日本、欧洲。

503. 光腹夜蛾 *Mythimna turca*（Linnaeus，1761）

分布：中国浙江（舟山、湖州、杭州、丽水）、黑龙江、陕西、河南、江西、湖北、湖南、四川、贵州、云南；日本、欧洲。

504. 乏夜蛾 *Niphonyx segregata*（Butler，1878）

分布：中国浙江（舟山）、黑龙江、河北、河南、甘肃、福建、云南；朝鲜、日本。

505. 稻螟蛉夜蛾 *Naranga aenescens* Moore，1881

分布：中国浙江（舟山、湖州、嘉兴、杭州、宁波、金华、台州、丽水、温州）、河北、陕西、江苏、江西、湖南、台湾、福建、广西、云南；朝鲜、日本、缅甸、印度尼西亚。

506. 竹笋禾夜蛾 *Oligia vulgaris* (Butler, 1886)

分布：中国浙江（舟山、湖州、杭州、宁波、金华、台州、衢州、丽水、温州）、陕西、河南、江苏、安徽、江西、湖北、湖南、福建、台湾、广东、广西、四川、贵州、云南；日本。

507. 落叶夜蛾 *Ophideres fullonica* (Linnaeus, 1974) (彩图 71)

分布：中国浙江（舟山、湖州、嘉兴、杭州、绍兴、金华、台州、丽水、温州）、黑龙江、江苏、湖南、四川、台湾、广东、广西、云南；朝鲜、日本、大洋洲、非洲。

508. 鸟嘴壶夜蛾 *Oraesia excavata* (Butler, 1878) (彩图 72)

分布：中国浙江（舟山、湖州、嘉兴、杭州、绍兴、宁波、金华、台州、衢州、丽水、温州）、江苏、湖南、河南、台湾、福建、广东、广西、云南；朝鲜、日本。

509. 梦尼夜蛾 *Orthosia incerta* (Hufnagel, 1766)

分布：中国浙江（舟山、杭州、宁波）。

510. 清弱夜蛾 *Ozarba punctigera* Walker, 1865

分布：中国浙江（舟山、湖州、杭州、衢州、丽水、温州）、贵州、江苏、湖北；朝鲜、日本、印度、大洋洲。

511. 白痣眉夜蛾 *Pangrapta albistigma* (Hampson, 1898)

分布：中国浙江（舟山、宁波、金华）、陕西、河北、湖北、四川；朝鲜、日本、印度。

512. 浓眉夜蛾 *Pangrapta trimantesalis* (Walker, 1859)

分布：中国浙江（舟山、宁波）、陕西、甘肃、江苏、浙江、福建、云南；日本、朝鲜、印度、孟加拉国。

513. 月牙巾夜蛾 *Parallelia analis* (Guenée, 1852)

分布：中国浙江（舟山、湖州、杭州、宁波、衢州、丽水、温州）、湖北、广东、云南；缅甸、印度、斯里兰卡、印度尼西亚。

514. 小直巾夜蛾 *Parallelia dulcis* Butler, 1878

分布：中国浙江（舟山、湖州、杭州、宁波、衢州、丽水、温州）、河北、湖北、湖南；朝鲜、日本。

515. 肾巾夜蛾 *Parallelia praetermissa* （Warren，1913）

分布：中国浙江（舟山）、陕西、湖南、江西、福建、台湾、云南；印度。

516. 姬夜蛾 *Phyllophila obliterata* Rambur，1833

分布：中国浙江（舟山、湖州、杭州、丽水）、黑龙江、内蒙古、新疆、河北、陕西、山东、江苏、湖北、江西、福建；亚洲西部、欧洲。

517. 纯肖金夜蛾 *Plusiodonta casta* （Butler，1878）

分布：中国浙江（舟山、湖州、宁波、衢州、丽水、温州）、黑龙江、山东、江苏、湖北、福建、湖南；朝鲜、日本。

518. 黏虫 *Pseudaletia separate* （Walker，1865）

分布：中国广布；古北区东部、东南亚。

519. 稻蛀茎夜蛾 *Sesamia inferens* Walker，1856

分布：中国浙江（舟山、湖州、嘉兴、杭州、绍兴、宁波、金华、丽水、温州）、江苏、湖北、四川、台湾、福建；日本、缅甸、印度、斯里兰卡、马来西亚、新加坡、菲律宾、印度尼西亚。

520. 日月明夜蛾 *Sphragifera biplagiata* （Walker，1865）

分布：中国浙江（舟山、宁波、金华、衢州、丽水）、陕西、甘肃、河北、河南、湖北、湖南、江苏、福建、贵州；日本、朝鲜。

521. 旋目夜蛾 *Spirama retorta* （Clerck，1764）（彩图73）

分布：中国浙江（舟山、湖州、杭州、绍兴、宁波、金华、台州、衢州、丽水、温州）、北京、辽宁、山东、河北、河南、江苏、湖北、湖南、福建、江西、广东、海南、广西、四川、云南、西藏；朝鲜、日本、印度、缅甸、斯里兰卡、马来西亚。

522. 八字地老虎 *Xestia cnigrum* （Linnaeus，1758）

分布：中国广布；亚洲其他国家、欧洲、美洲。

523. 黄镰须夜蛾 *Zanclognatha helva* （Butler，1879）

分布：中国浙江（舟山、金华）、湖南、福建、台湾；朝鲜、日本。

弄蝶科 Hesperiidae Latreille，1809

主要特征：中小型蝴蝶，头大，复眼前方具长毛，下唇须通常发达；触角末端膨大并弯曲呈钩状，为本科最明显特征；身体纺锤形，粗壮，覆盖有大量鳞片；足为步行足；后足胫节具2距；前翅三角形，R脉5条，均从中室分出，无合并与分叉，A脉2条；后翅A脉3条；前后翅中室开式或闭式；雄性生殖器背兜及钩形突发达，抱器瓣结构复杂，具大量骨化结构，阳茎复杂或简单。

分布：该科世界各地均有分布，全世界已记载3 587种，中国有212种。本次调查发现舟山分布17属21种。

524. 小锷弄蝶 *Aeromachus nanus* (Leech，1890)

分布：中国浙江（舟山）、江苏、湖北、湖南、福建、四川。

525. 小黄斑弄蝶 *Ampittia nana* (Leech，1890)

分布：中国浙江（舟山）、江苏、湖北、湖南、福建、四川。

526. 珂弄蝶 *Caltoris cahira* (Moore，1877)

分布：中国浙江（舟山）、湖北、福建、台湾、广东、海南、四川、云南；印度、缅甸、马来西亚、越南。

527. 方斑珂弄蝶 *Caltoris cornasa* (Hewitson，1876)

分布：中国浙江（舟山）、海南；印度、缅甸、越南、马来西亚、菲律宾。

528. 绿弄蝶 *Choaspes benjaminii* Guerin-Ménéville，1843

分布：中国浙江（舟山、湖州、杭州、宁波、台州、衢州、丽水、温州）、山东、河南、陕西、福建、台湾、广东、广西、云南、西藏；朝鲜、日本、越南、老挝、柬埔寨、泰国、缅甸、孟加拉国、印度、尼泊尔、不丹、斯里兰卡、印度尼西亚。

529. 黑弄蝶 *Daimio tethys* Mabille，1857

分布：中国浙江（舟山、湖州、杭州、台州、衢州、丽水、温州）、黑龙江、山东、河南、陕西、湖北、湖南、福建、台湾、四川、贵州、云南；日本、朝鲜、大洋洲。

530. 窄翅弄蝶 *Isoteinon lamprospilus* Felder *et* Felder，1862

分布：中国浙江（舟山、杭州、宁波、衢州、丽水、温州）、湖北、江西、湖南、福建、台湾、广东、广西、四川；朝鲜、日本、越南。

531. 双带弄蝶 *Lobocla bifasciata* Bremer *et* Grey，1853

分布：中国浙江（舟山、杭州、宁波、金华、台州、衢州、丽水、温州）、黑龙江、河北、河南、福建、四川、云南、西藏；朝鲜、缅甸、印度。

532. 曲纹袖弄蝶 *Notocrypta curvifascia* Felder *et* Felder，1862

分布：中国浙江（舟山、杭州、丽水）、江西、福建、台湾、广东、海南、香港、广西、四川、云南、西藏；日本、越南、泰国、老挝、柬埔寨、缅甸、孟加拉国、印度、巴基斯坦、斯里兰卡、马亚西亚、印度尼西亚。

533. 小赭弄蝶 *Ochlodes subhualina* Bremer *et* Grey，1853

分布：中国浙江（舟山、湖州、杭州、绍兴、宁波、台州、丽水、温州）、河北、山西、山东、河南、陕西、江苏、安徽、湖北、江西、福建、台湾、云南；朝鲜、日本、缅甸。

534. 幺纹稻弄蝶 *Parnara bada*（Moore，1878）

分布：中国浙江（舟山）、陕西、江西、福建、台湾、贵州、云南；印度尼西亚、马来西亚、菲律宾、马达加斯加、毛里求斯。

535. 直纹稻弄蝶 *Parnara guttata*（Bremeret & Grey，1853）（彩图 74）

分布：中国浙江（舟山）、黑龙江、河北、山东、河南、陕西、宁夏、甘肃、江苏、安徽、湖北、江西、湖南、福建、台湾、广东、广西、四川、贵州、云南；朝鲜、日本、越南、老挝、缅甸、马来西亚、印度、俄罗斯。

536. 南亚谷弄蝶 *Pelopidas agna*（Moore，1866）

分布：中国浙江（舟山）、陕西、江西、福建、台湾、广东、海南、香港、广西、四川、贵州、云南；斯里兰卡、印度尼西亚、菲律宾、巴布亚新几内亚。

537. 隐纹谷弄蝶 *Pelopidas mathias*（Fabrieius，1798）

分布：中国浙江（舟山）、北京、山东、河南、陕西、甘肃、湖北、江西、湖南、福建、台湾、广西、四川、贵州、云南；朝鲜、日本、斯里兰卡、印度尼西亚。

538. 曲纹多孔弄蝶 *Polytremis pellucida*（Murray，1875）

分布：中国浙江（舟山、杭州、宁波、丽水、温州）、黑龙江、陕西、湖北、江西、河南、台湾；朝鲜、日本。

539. 孔弄蝶 *Polytremis zina* Eversman，1932

分布：中国浙江（舟山、杭州、金华、丽水、温州）、江西、福建、四川。

540. 孔子黄室弄蝶 *Potanthus confucius*（C. & R. Felder，1862）

分布：中国浙江（舟山）、辽宁、河北、陕西、湖北、江西、福建、广东、广西、四川、西藏；朝鲜、日本、缅甸、泰国、马来西亚。

541. 曲纹黄室弄蝶 *Potanthus flavus* (Murray，1875)

分布：中国浙江（舟山）、辽宁、河北、陕西、湖北、江西、福建、广东、广西、四川、西藏；朝鲜、日本、缅甸、泰国、马来西亚。

542. 星斑花弄蝶 *Pyrgus maculatus* (Bremer *et* Grey，1853)

分布：中国浙江（舟山）、黑龙江、吉林、辽宁、内蒙古、北京、山西、山东、河南、陕西、上海、湖北、江西、湖南、福建、广东、广西、四川、云南、西藏；日本、蒙古、朝鲜。

543. 竹长标弄蝶（红翅长标弄蝶） *Telicota bambusae* (Moore，1878)

分布：中国浙江（舟山）、江西、福建、台湾、广东、海南、广西；斯里兰卡、巴布亚新几内亚、澳大利亚。

544. 豹弄蝶 *Thymelicus leonius* (Butler，1878)

分布：中国浙江（舟山）、黑龙江、内蒙古、山西、河南、陕西、甘肃、青海、四川、云南；朝鲜、日本。

凤蝶科 Papilionidae Latreille，1809

主要特征：头部复眼光滑，下颚须微小，下唇须通常较小（也有发达的类群如喙凤蝶属），喙及触角发达，触角末端膨大，整体呈棒状。前翅呈三角形；中室闭式，R脉5条，R_4与R_5共柄，M_1不与R脉共柄；A脉2条，3A脉短，只到翅的后缘。后翅只1条A脉，外缘多为波浪形，不少种类的M_3脉常向后方延伸形成长短不一的尾突，也有无尾突或2条以上尾突的种类。前足正常，胫节有1小距，胫节距为0-2-2或0-0-2，跗节具爪1对。

分布：世界各地均有分布，全世界已记载548种，中国记述94种。本次调查发现舟山分布6属12种。

545. 麝凤蝶 *Byasa alcinous* (Klug，1836)

分布：中国浙江（舟山）及全国各地广布；日本、老挝、越南、泰国、印度。

546. 灰绒麝凤蝶 *Byasa mencius* (Felder *et* Felder，1862)（彩图75）

分布：中国浙江（舟山、杭州、宁波、丽水）、陕西、甘肃、江西、湖南、福建、广西、四川、云南。

---

547. 青凤蝶 *Graphium sarpedon* (Linnaeus, 1758)（彩图 76）

分布：中国浙江（舟山、杭州、绍兴、宁波、金华、衢州、丽水、温州）、陕西、江苏、湖南、福建、台湾、广东、广西、四川、贵州、云南；朝鲜、日本、印度、越南、老挝、缅甸、印度尼西亚、菲律宾、马来西亚。

548. 蓝凤蝶 *Menelaides protenor* Cramer, 1775（彩图 77）

分布：中国浙江（舟山）、山东、河南、陕西、西藏；朝鲜、日本、印度、尼泊尔、不丹、缅甸、越南。

549. 红珠凤蝶 *Pachliopta aristolochiae* (Fabricius, 1775)（彩图 78）

分布：中国浙江（舟山）、山西、河南、江西、台湾、广西、香港、四川、云南；印度、泰国、缅甸、新加坡。

550. 碧凤蝶 *Papilio bianor* Cramer, 1777（彩图 79）

分布：中国浙江（舟山、杭州、宁波、金华、丽水、温州）及全国各地广布；朝鲜、日本、越南、缅甸。

551. 玉斑凤蝶 *Papilio helenus* Linnaeus, 1758（彩图 80a、彩图 80b）

分布：中国浙江（舟山、湖州、杭州、宁波、丽水、温州）、内蒙古、北京、天津、河北、山西、山东、河南、陕西、宁夏、甘肃、青海、江苏、上海、安徽、浙江、湖北、江西、湖南、福建、台湾、广东、海南、香港、澳门、广西、重庆、四川、贵州、云南、西藏；印度、缅甸、泰国、斯里兰卡、日本、马来西亚、印度尼西亚。

552. 金凤蝶 *Papilio machaon* Linnaeus, 1758（彩图 81）

分布：中国浙江（舟山）、黑龙江、吉林、辽宁、内蒙古、河北、河南、山西、山东、陕西、甘肃、青海、新疆、江西、福建、台湾、广东、广西、四川、云南、西藏；亚洲其他国家、欧洲、北美洲。

553. 美凤蝶 *Papilio memnon* Linnaeus, 1758

分布：中国浙江（舟山）、湖北、江西、湖南、福建、广东、海南、广西、台湾、四川；日本、印度、斯里兰卡、缅甸、泰国。

554. 玉带凤蝶 *Papilio polytes* Linnaeus, 1758

分布：中国浙江（舟山、湖州、杭州、绍兴、宁波、台州、丽水、温州）及全国各地广布；日本、泰国、印度、马来西亚、印度尼西亚。

555. 柑橘凤蝶 *Papilio xuthus* Linnaeus，1758（彩图82）

分布：中国浙江（舟山、湖州、杭州、宁波、金华、台州、衢州、丽水、温州）及全国各地广布；俄罗斯、朝鲜、日本、缅甸、印度、马来西亚、菲律宾、澳大利亚。

556. 丝带凤蝶 *Sericinus montela* Gray，1852

分布：中国浙江（舟山、杭州、宁波、金华、衢州、温州）、黑龙江、吉林、山东、河北、陕西、宁夏、甘肃、江西、福建、广西；朝鲜。

粉蝶科 Pieridae Duponchel，1832

主要特征：头小，触角细，线状，端部明显膨大成棒状；前足雌雄均发达，有步行作用；有1对分叉的爪；翅三角形，顶角有时突出，闭式；前翅R脉3～4条，极少有5条的情况，基部多共柄；A脉只1条；后翅卵圆形，外缘圆滑；肩脉有或无，无肩室，A脉2条，无尾突；前后翅中室均为闭式。

分布：该科在全世界均有分布，全世界已记载1 241种。本次调查发现舟山分布5属11种。

557. 橙翅襟粉蝶 *Anthocharis bambusarum*（Oberthur，1876）

分布：中国浙江（舟山、杭州、宁波）、安徽。

558. 黄尖襟粉蝶 *Anthocharis scolymus* Butler，1866（彩图83）

分布：中国浙江（舟山、杭州、丽水、温州）、黑龙江、吉林、辽宁、北京、河北、山西、河南、陕西、青海、安徽、湖北、福建；俄罗斯、日本、朝鲜半岛。

559. 斑缘豆粉蝶 *Colias erate*（Esper，1805）（彩图84）

分布：中国浙江（舟山、湖州、杭州、宁波、丽水、温州）、黑龙江、北京、河北、河南、陕西、甘肃、新疆、湖北、江西、福建；俄罗斯、朝鲜、印度。

560. 宽边黄粉蝶 *Eurema hecabe*（Linnaeus，1758）（彩图85）

分布：中国浙江（舟山）及全国各地广布；日本、朝鲜、菲律宾、印度尼西亚、马来西亚、缅甸、泰国、印度、孟加拉国。

561. 尖角黄粉蝶 *Eurema laetabethesba*（Janson，1878）

分布：中国浙江（舟山、杭州、丽水、温州）、福建、广东、香港；朝鲜、日本、越南、老挝、柬埔寨、泰国、缅甸、孟加拉国、印度、尼泊尔、不丹、斯里兰卡、菲律宾。

562. **圆翅钩粉蝶** *Gonepteryx amintha* Blanchard，1871

分布：中国浙江（舟山、杭州、丽水、温州）、河南、陕西、甘肃、湖北、福建、台湾、广西、四川、贵州、云南、西藏；印度、缅甸、老挝、越南。

563. **淡色钩粉蝶** *Gonepteryx aspasia*（Ménétriés，1859）

分布：中国浙江（舟山、杭州、宁波、台州、丽水、温州）、黑龙江、北京、河北、河南、陕西、江西、福建、广东、广西、云南、西藏；朝鲜、日本、缅甸、印度、欧洲。

564. **钩粉蝶** *Gonepteryx rhamni*（Linnaeus，1758）

分布：中国浙江（舟山、杭州、宁波、台州、丽水、温州）、北京、黑龙江、河北、陕西、河南、江西、福建、广东、广西、云南、西藏；朝鲜、日本、缅甸、印度、欧洲。

565. **东方菜粉蝶** *Pieris canidia*（Sparrman，1768）

分布：中国浙江（舟山、湖州、杭州、绍兴、宁波、温州）、山东、河南、陕西、新疆、湖北、江西、湖南、福建、台湾、广东、海南、四川、贵州、云南、西藏；俄罗斯、朝鲜、日本、越南、老挝、柬埔寨、泰国、缅甸、孟加拉国、印度、尼泊尔、巴基斯坦、伊朗、阿富汗。

566. **黑脉粉蝶** *Pieris melete* Menetries，1857

分布：中国浙江（舟山、杭州、宁波、金华、丽水、温州）。

567. **暗脉菜粉蝶** *Pieris napi*（Linnaeus，1758）

分布：中国浙江（舟山、湖州、杭州、宁波、台州、丽水）、河北、河南、陕西、甘肃、江西、湖南、福建、广西、贵州；亚洲其他国家、欧洲、非洲北部、北美洲。

眼蝶科 Satyridae Boisduval，1933

主要特征：中小型蝴蝶，偶有大型种类；复眼光滑或有毛；前足退化，毛刷状，缩在胸部下面；雄雌跗节均无爪；前翅具12条翅脉，有1条以上的脉纹基部加粗，R脉5条，A脉1条，后翅A脉2条，有肩脉，前后翅中室通常闭式；雄性常有第二性征；雄性生殖器背兜和钩形突发达，具背兜侧突；抱器瓣通常简单，在末端具形态多样的突起，阳茎无角状器。

分布：该科世界各地均有分布，世界记载3 000种，中国记载264种。本次调查发现舟山分布6属18种。

568. 白带黛眼蝶 *Lethe confusa* Aurivillius，1898

分布：中国浙江、江西、福建、台湾、广东、海南、云南；印度、缅甸、不丹、泰国、老挝、越南、马来西亚。

569. 长纹黛眼蝶 *Lethe europa*（Fabricius，1775）

分布：中国浙江（金华、丽水、温州）、福建、台湾、广东、海南、广西、云南；越南、老挝、柬埔寨、马来西亚、菲律宾、印度尼西亚、缅甸、泰国、印度、尼泊尔。

570. 直带黛眼蝶 *Lethe lanaris* Butler，1877

分布：中国浙江（舟山、杭州、宁波、丽水、温州）、陕西。

571. 黑纱白眼蝶 *Melanargia lugens* Honrath，1888

分布：中国浙江（舟山、杭州、宁波、金华、丽水、温州）、河南、湖北、湖南。

572. 曼丽白眼蝶 *Melanargia meridionalis* C. & R. Felder，1862

分布：中国浙江（舟山、宁波、温州）、甘肃、陕西、福建。

573. 蛇眼蝶 *Minois dryas*（Scopoli，1763）

分布：中国浙江（金华、衢州、丽水）、黑龙江、吉林、辽宁、北京、河北、山西、山东、河南、陕西、宁夏、甘肃、湖北、四川；西欧、朝鲜半岛、日本。

574. 拟稻眉眼蝶 *Mycalesis francisca* Stoll，1780

分布：中国浙江（舟山、湖州、金华、台州、丽水、温州）、河南、陕西、江苏、江西、福建、台湾、云南；朝鲜、日本、印度。

575. 稻眉眼蝶 *Mycalesis gotama* Moore，1857

分布：中国浙江（舟山）、河南、陕西、江苏、安徽、湖北、江西、湖南、福建、台湾、广东、海南、广西、四川、贵州、云南、西藏；越南、朝鲜、日本。

576. 小眉眼蝶 *Mycalesis mineus*（Linnaeus，1758）

分布：中国浙江（舟山）、湖北、福建、台湾、广东、海南、广西、四川、云南；印度、尼泊尔、缅甸、伊朗、印度尼西亚、马来西亚。

577. 平顶眉眼蝶 *Mycalesis panthaka* Fruhstorfer，1909

分布：中国浙江（舟山）、江西、福建、台湾、广东、海南、广西、云南；东南亚。

578. 僧袈眉眼蝶 *Mycalesis sangaica* Butler，1877

分布：中国浙江（舟山、杭州、丽水）、江西、福建、台湾、广东、广西；越南、老挝、泰国。

579. 蒙链荫眼蝶 *Neope muirheadi*（C. &R. Felder，1862）

分布：中国浙江、河南、陕西、湖北、江西、福建、台湾、广东、海南、四川、云南。

580. 大斑荫眼蝶 *Neope ramosa* Leech，1890

分布：中国浙江（舟山、杭州、宁波、丽水、温州）、陕西、河南、湖北、湖南、福建、重庆、四川、贵州、云南；印度。

581. 矍眼蝶 *Ypthima balda*（Fabricius，1775）（彩图86）

分布：中国浙江（舟山）、黑龙江、河南、甘肃、青海、湖北、江西、湖南、福建、台湾、广东、海南、广西、四川、西藏；印度、尼泊尔、不丹、巴基斯坦、缅甸、马来西亚。

582. 中华矍眼蝶 *Ypthima chinensis* Leech，1892

分布：中国浙江（舟山、湖州、杭州、丽水、温州）、山东、河南、陕西、湖北、福建、广西。

583. 拟四眼矍眼蝶 *Ypthima imitans* Elwes *et* Edwards，1893

分布：中国浙江（舟山）、云南。

584. 东亚矍眼蝶 *Ypthima motschulskyi*（Bremer *et* Grey，1853）

分布：中国浙江（舟山、湖州、杭州、宁波、金华、衢州、丽水、温州）、黑龙江、陕西、江西、台湾、广东、海南、四川、云南；朝鲜、澳大利亚。

585. 卓矍眼蝶 *Ypthima zodiac* Butler，1866

分布：中国浙江（舟山）、广西、台湾。

斑蝶科 Danaidae Boisduval，1833

主要特征：头大，复眼光滑无毛；下唇须小，上举；触角细，线状，端部微微膨大；前足退化，缩在胸部下；雄蝶跗节1节，雌蝶3节，均无爪；翅外形圆，中室长，闭式；前翅R脉5条，$R_{3\sim5}$脉共柄；M_2脉常有回脉伸入中室，中室端脉凹入；2A脉发达，其基部具很小的3A脉；后翅肩脉发达，A脉2条，无尾突；雄蝶前翅Cu脉或后翅臀区具香鳞区。

分布：该科主要分布在热带地区，全世界记载150种，中国已记载31种。本次调查发现舟山分布1属2种。

586. 金斑蝶 *Danaus chrysippus* (Linnaeus，1758) (彩图87)

分布：中国浙江（丽水、温州）、陕西、湖北、江西、湖南、福建、台湾、广东、海南、香港、广西、重庆、四川、贵州、云南、西藏；越南、老挝、柬埔寨、缅甸、马来西亚、印度尼西亚、澳大利亚、菲律宾、尼泊尔、印度、欧洲南部、非洲。

587. 虎斑蝶 *Danaus genutia* (Cramer，1779) (彩图88)

分布：中国浙江（舟山、杭州、丽水）、河南、湖北、江西、湖南、福建、台湾、广东、海南、香港、广西、重庆、四川、贵州、云南、西藏；越南、老挝、柬埔寨、缅甸、马来西亚、印度尼西亚、澳大利亚、菲律宾、尼泊尔、印度。

环蝶科 Amathusiidae Schatz，1889

主要特征：头小，复眼光滑无毛；下唇须侧扁，长，伸出头前；触角细长，末端微微膨大；前足退化，跗节雄蝶只1节，末端具毛，雌蝶5节，无毛，雌雄均无爪。翅大而宽阔，前翅前缘弧形弯曲，中室短阔，闭式；R脉4~5条，R_2脉常从R_5脉分出；后翅外缘平滑或波状，中室开式或半闭式；臀区大，内凹，可容纳腹部；A脉2条，后翅反面常具眼斑；雄蝶在臀褶或前缘处具发香软毛。

分布：该科主要分布在热带、亚热带地区，全世界已记载约80种，中国有13种。本次调查发现舟山分布1属1种。

588. 箭环蝶 *Stichophthalma howqua* (Westwood，1851) (彩图89)

分布：中国浙江（舟山、杭州、绍兴、宁波、丽水、温州）、陕西、湖北、江西、湖南、福建、台湾、广东、海南、四川、云南、西藏；越南、老挝、柬埔寨、泰国、缅甸、孟加拉国、印度、不丹。

蛱蝶科 Nymphalidae Swainson，1827

主要特征：中大型蝴蝶，头大，复眼大而圆，光滑或有毛，无单眼；下唇须发达，前伸或上举；触角末端膨大呈锤状；足为步行足，前足退化，一般折叠放置于胸前；中后足胫节与跗节有刺，胫节上有1对距；前翅三角形，主脉基部不膨大；前翅中室多为闭式，后翅中室多为开式；R脉5条，A脉1条；后翅A脉2条；雄性生殖器具发达的背兜、钩形突和颚形突，抱器瓣形态多样化，阳茎形态多样化。

分布：该科在各大区系均有分布，世界已记载约3 400种，中国261种。本次调查发现舟山分布16属29种。

589. 柳紫闪蛱蝶 *Apatura iliasobrina* Stichel，1775（彩图90）

分布：中国浙江（舟山、杭州、宁波、丽水、温州）、黑龙江、河南、陕西、湖北、福建、台湾、四川；朝鲜、日本、缅甸、欧洲东南部、大洋洲。

590. 曲纹蜘蛱蝶 *Araschnia doris* Leech，1892（彩图91）

分布：中国浙江（舟山）、河南、陕西、湖北、福建、四川。

591. 云豹蛱蝶 *Argynnis anadyomene* C. Felder & R. Felder，1862

分布：中国浙江（舟山、杭州、丽水、温州）、黑龙江、山东、河南、陕西、福建、西藏；朝鲜、日本。

592. 斐豹蛱蝶 *Argynnis hyperbius* (Linnaeus，1763)（彩图92）

分布：中国遍布各省份；日本、朝鲜、菲律宾、印度尼西亚、缅甸、泰国、不丹、尼泊尔、阿富汗、印度、巴基斯坦、孟加拉国、斯里兰卡。

593. 绿豹蛱蝶 *Argynnis paphia* (Linnaeus，1758)（彩图93）

分布：中国浙江（舟山、杭州、绍兴、丽水、温州）、北京、河北、山东、河南、陕西、新疆、湖北、湖南、福建、台湾、广东、四川、贵州、云南；朝鲜、日本、欧洲、非洲。

594. 银豹蛱蝶 *Argynnis childreni* (Gray，1831)

分布：中国浙江（舟山、杭州、宁波、台州、丽水、温州）、河南、陕西、湖北、福建、广东、广西、贵州、云南、西藏；缅甸、印度。

595. 青豹蛱蝶 *Argynnis sagana* (Doubleday，[1847])

分布：中国浙江（舟山、杭州、宁波、丽水、温州）、黑龙江、吉林、辽宁、河南、陕西、甘肃、江苏、上海、湖北、江西、湖南、福建、广西、四川、贵州、云南、西藏；朝鲜半岛、日本、蒙古、俄罗斯。

596. 老豹蛱蝶 *Argynnis laodice* (Pallas，1771)

分布：中国浙江（舟山、湖州、杭州、宁波、金华、丽水、温州）、北京、河北、河南、陕西、甘肃、湖北、江西、湖南、台湾、四川、云南；朝鲜、日本、缅甸、印度、欧洲东部。

597. 新月带蛱蝶 *Athyma selenophora* (Kollar, 1844)

分布：中国浙江（舟山）、江西、福建、台湾、广东、海南、广西、四川、云南；不丹、泰国、印度、马来西亚、印度尼西亚。

598. 白带螯蛱蝶 *Charaxes bernardus* Fabricius, 1793 (彩图 94)

分布：中国浙江（舟山、杭州、宁波、金华、丽水、温州）、江西、湖南、福建、广东、四川、云南；印度、马来西亚。

599. 黑脉蛱蝶 *Hestina assimilis* (Linnaeus, 1758) (彩图 95)

分布：中国浙江（舟山、杭州、宁波、丽水、温州）、北京、河北、河南、陕西、江西、江苏、福建、台湾、广东、香港、广西、四川、西藏；朝鲜、日本。

600. 幻紫斑蛱蝶 *Hypolimnas bolina* (Linnaeus, 1758)

分布：中国浙江（舟山、丽水、温州）、江西、福建、台湾、广东、香港、云南；巴基斯坦、印度、缅甸、泰国、马来西亚、印度尼西亚、澳大利亚。

601. 金斑蛱蝶 *Hypolimnas misippus* (Linnaeus, 1764) (彩图 96a、图 96b)

分布：中国浙江（舟山、温州）、陕西、云南、福建、广东、台湾；印度、马来西亚、叙利亚、澳大利亚、非洲、北美洲、南美洲。

602. 美眼蛱蝶 *Junonia almana* (Linnaeus, 1758) (彩图 97)

分布：中国浙江（舟山、杭州、宁波、丽水、温州）、河南、陕西、湖北、江西、台湾、广东、香港、云南、西藏；印度、马来西亚、菲律宾、印度尼西亚。

603. 翠蓝眼蛱蝶 *Junonia orithya* (Linnaeus, 1758) (彩图 98)

分布：中国浙江（舟山、杭州、金华、丽水、温州）、北京、河北、河南、陕西、湖北、江西、湖南、福建、台湾、广东、香港、四川、云南；日本、印度、马来西亚、菲律宾、大洋洲、非洲。

604. 琉璃蛱蝶 *Kaniska canace* Linnaeus, 1763 (彩图 99)

分布：中国浙江（舟山、湖州、宁波、丽水、温州）、山东、河南、陕西、江西、福建、台湾、四川；朝鲜、日本、越南、老挝、柬埔寨、缅甸、印度、尼泊尔、马来西亚、印度尼西亚。

605. 扬眉线蛱蝶 *Limenitis helmanni* Lederer，1853

分布：中国广布；日本、朝鲜、菲律宾、印度尼西亚、缅甸、泰国、不丹、尼泊尔、阿富汗、印度、巴基斯坦、孟加拉国、斯里兰卡。

606. 戟眉线蛱蝶 *Limenitis homeyeri* Tancre，1881

分布：中国浙江（舟山）、黑龙江、云南；朝鲜、俄罗斯。

607. 残锷线蛱蝶 *Limenitis sulpitia*（Cramer，1779）

分布：中国浙江（舟山）、河南、湖北、江西、福建、台湾、广东、海南、广西、四川；越南、缅甸、印度。

608. 中环蛱蝶 *Neptis hylas*（Linnaeus，1758）（彩图 100）

分布：中国浙江（舟山）、河南、陕西、台湾、广东、海南、广西、四川、云南；印度、缅甸、越南、马来西亚、印度尼西亚。

609. 链环蛱蝶 *Neptis pryeri* Butler，1871

分布：中国浙江（舟山、杭州、宁波、丽水、温州）、黑龙江、河南、陕西、湖北、江西、福建、台湾、广东；朝鲜、日本。

610. 小环蛱蝶 *Neptis sappho*（Pallas，1771）

分布：中国浙江（舟山）、河南、陕西、台湾、四川、云南；朝鲜、日本、印度、巴基斯坦。

611. 黄钩蛱蝶 *Polygonia caureum*（Linnaeus，1758）（彩图 101）

分布：中国浙江（舟山、湖州、杭州、宁波、温州）、黑龙江、北京、河北、河南、陕西、江西、福建、台湾、广东、四川、云南；朝鲜、日本、越南。

612. 二尾蛱蝶 *Polyura narcaea*（Hewitson，1854）（彩图 102）

分布：中国浙江、河北、山西、山东、河南、陕西、甘肃、江苏、湖北、江西、湖南、福建、台湾、广东、广西、四川、贵州、云南；印度、缅甸、泰国、越南。

613. 忘忧尾蛱蝶 *Polyura nepenthes*（Grose-Smith，1883）

分布：中国浙江（舟山）、四川、广东、广西、海南、福建、江西；老挝、越南、泰国、缅甸。

614. 大紫蛱蝶 *Sasakia charonda* Hewitson，1863（彩图 103a、彩图 103b）

分布：中国浙江（舟山、丽水、温州）、河南、陕西、四川、福建、湖北、广西、台湾、华中、华东、华南；朝鲜、日本。

615. 黄豹盛蛱蝶 *Symbrenthia brabira* Moore，1872（彩图104）

分布：中国浙江（舟山）、江西、广东、台湾、西藏；印度、尼泊尔、不丹、孟加拉国、泰国、缅甸。

616. 小红蛱蝶 *Vanessa cardui* Linnaeus，1758

分布：中国浙江（舟山、杭州、宁波、丽水、温州）；全世界广布。

617. 大红蛱蝶 *Vanessa indica* Herbst，1794（彩图105）

分布：中国浙江（舟山、嘉兴、杭州、台州、丽水、温州）、黑龙江、河北、山东、河南、陕西、甘肃、湖北、江西、福建、台湾、广东、海南、广西、四川、云南；朝鲜、日本、泰国、缅甸、印度、斯里兰卡、巴基斯坦、菲律宾、欧洲南部。

珍蝶科 Acraeidae Boisduval，1833

主要特征：中小型种类，前翅狭长，显著长于后翅；后翅狭长，长卵形，前后翅中室闭式。腹部细长，下唇须圆柱形，前足退化，中后足爪不对称，具化学防御系统。前翅R脉5条，其中4条共柄；A脉1条，后翅肩脉发达，A脉2条，前后翅中室为闭式。

分布：该科主要分布在南美区及非洲区，少数种类分布在东洋区和澳洲区，全世界已记载约200种，中国记载2种。本次调查发现舟山分布1属1种。

618. 苎麻珍蝶 *Acraea issoria*（Hubner，1819）（彩图106）

分布：中国浙江（舟山、杭州、台州、丽水、温州）、河南、安徽、湖北、江西、湖南、福建、台湾、广东、海南、广西、四川、云南、西藏；日本、印度、尼泊尔、马来西亚、缅甸、泰国、越南、印度尼西亚、菲律宾。

灰蝶科 Lycaenidae Leach，1815

主要特征：中小型蝴蝶，头小，复眼相互接近，光滑或有毛；下唇须通常发达，前伸或上举；触角末端膨大呈锤状，棒状部通常带白环；身体纺锤形，纤细，覆盖有大量鳞片；足为步行足，前足退化，雌蝶前足具跗节5节及2爪，雄蝶前足只具1节跗节，只1爪；中后足胫节各具1对胫距；前翅三角形，R脉3~4条，A脉1条；后翅A脉2条，有时具1~3条尾突；前后翅中室闭式；雄性生殖器具钩状发达的颚形突，抱器瓣简单，阳茎形态多样化。

分布：该科分布全球，全世界已记载4 407种，中国有245种。本次调查发现舟山分布13属16种。

619.齿翅娆灰蝶 *Arhopala rama*（Kollar，1844）

分布：中国浙江（舟山）、江西、福建、广西；尼泊尔、缅甸、印度。

620.琉璃灰蝶 *Celastrina argiolus*（Linnaeus，1758）（彩图107）

分布：中国浙江（舟山、湖州、杭州、宁波、丽水、温州）、河北、山东、河南、陕西、湖北、江西、湖南、福建、台湾、四川；日本、缅甸、印度、马来西亚、欧洲、北美洲、非洲北部。

621.大紫琉璃灰蝶 *Celastrina oreas*（Leech，1893）（彩图108）

分布：中国浙江（舟山）、四川、云南。

622.曲纹紫灰蝶 *Chilades pandava*（Horsfield，1829）（彩图109）

分布：中国浙江（舟山）、香港、广西；缅甸、马来西亚、斯里兰卡。

623.尖翅银灰蝶 *Curetis acuta* Moore，1877（彩图110）

分布：中国浙江（杭州、衢州、丽水、温州）、河南、上海、湖北、江西、湖南、福建、台湾、广东、海南、广西；印度、缅甸、泰国、老挝、越南。

624.蓝灰蝶 *Everes argiades*（Pallas，1771）（彩图111）

分布：中国浙江（舟山）、黑龙江、河北、山东、河南、陕西、江西、福建、台湾、海南、四川、云南、西藏；日本、朝鲜、欧洲、北美洲。

625.长尾蓝灰蝶 *Everes lacturnus*（Godart，1824）

分布：中国浙江（舟山）、陕西、湖北、江西、福建、台湾、广西、云南、香港；印度、巴布亚新几内亚、澳大利亚。

626.亮灰蝶 *Lampides boeticus* Linnaeus，1767（彩图112）

分布：中国浙江（舟山）、陕西、河南、云南、江西、福建；欧洲中部、非洲北部、亚洲南部、南太平洋诸岛。

627.红灰蝶 *Lycaena phlaeas*（Linnaeus，1761）（彩图113）

分布：中国浙江（舟山、湖州、宁波、杭州、丽水、温州）、北京、河北、山东、河南、陕西、新疆、湖北、江西；亚洲其他国家、非洲、北美洲。

628.黑灰蝶 *Niphanda fusca*（Bremer et Grey，1853）（彩图114）

分布：中国浙江（舟山、杭州、金华、丽水、温州）、黑龙江、北京、河北、山东、陕西、江西、福建；朝鲜、日本。

629. 酢浆灰蝶 *Pseudozizeeria maha* (Kollar，1844) (彩图 115)

分布：中国浙江（舟山）、湖北、江西、福建、台湾、广东、海南、广西、四川；朝鲜、巴基斯坦、日本、印度、尼泊尔、缅甸、泰国、马来西亚。

630. 小燕灰蝶 *Rapala caerulea* (Bremer et Grey，1851)

分布：中国浙江（舟山、杭州、丽水、温州）、黑龙江、吉林、辽宁、山东、河南、陕西、江西、福建、台湾；朝鲜。

631. 高砂燕灰蝶 *Rapala takasagonis* (Matsumura，1929)

分布：中国浙江（舟山）、江西、福建、台湾。

632. 优秀洒灰蝶 *Satyrium eximium* (Fixsen，1887)

分布：中国浙江（舟山）、黑龙江、辽宁、吉林、山东、河南、陕西、甘肃、福建、台湾、广东、四川、云南。

633. 点玄灰蝶 *Tongeia filicaudis* (Pryer，1877) (彩图 116)

分布：中国浙江（舟山）、山西、山东、河南、江西、台湾、四川。

634. 白斑妩灰蝶 *Udara albocaerulea* (Moore，1879)

分布：中国浙江（舟山）、福建、台湾；日本、缅甸、印度、尼泊尔、马来西亚。

膜翅目 Hymenoptera

主要特征：膜翅目昆虫体小至中型，头正面观横形，有时几成球形；触角形状为丝状、棒状、膝状、栉状等；口器一般为咀嚼式。胸部包括前、中、后胸及并胸腹节；前胸一般较小，横形或不明显；中胸背板分中胸盾片及小盾片；小盾片一般圆形、三角形、卵圆形或舌形；并胸腹节是由腹部第1节并入胸部而形成。翅膜质、透明，前翅显著大于后翅，多数种类都具有2对正常的膜质翅，仅少数种类的翅退化或变短。腹部通常10节，少的只可见3～4节；雌虫产卵器发达，锯状、刺状或针状，在高等类群中特化为螫针。

膜翅目传统上分为2个亚目，即广腰亚目和细腰亚目。对此种分法，现在有些专家提出质疑，但是由于细腰亚目群和广腰亚目群的生物学在分类上极为实用，因此，目前多数学者仍用传统意义的分类系统，即把并系的广腰亚目与细腰亚目以同等的分类级别来对待。

叶蜂科 Tenthredinidae

主要特征：头型开式，后头孔下端不封闭；触角通常9节，着生于颜面下部，触角窝–唇基距小于触角窝距；前胸背板中部狭窄，侧叶发达，前胸腹板游离；中胸背板小盾片具发达附片，胸部腹面无胸–腹板沟；后胸侧板不与腹部第1背板愈合；腹部第1背板常具中缝，各节背板无侧缘脊；前后翅臀室存在，但前翅臀室基部和后翅臀室端部有时开放；前翅R_1室通常封闭；雄性外生殖器扭转，副阳茎发达；雌虫锯腹片具发达锯刃。幼虫触角多节；腹足6～8对，通常发达；臀板无附器。

分布：本次调查发现舟山分布17属26种。

1. 日本凹颚叶蜂 *Aneugmenus japonicus* Rohwer，1910

分布：中国浙江（舟山、湖州、杭州、丽水）、河南、陕西、江苏、江西、湖南、福建、台湾、广西；日本、库页岛。

2. 黑翅菜叶蜂 *Athalia lugens*（Klug，1815）

分布：中国浙江（舟山、丽水）、江苏、江西、福建、台湾、云南。

3. 黑胫残青叶蜂 *Athalia proxima*（Klug，1815）

分布：中国浙江（舟山、杭州、宁波、丽水）、黑龙江、吉林、辽宁、山东、河南、陕西、甘肃、江苏、上海、安徽、湖北、江西、湖南、福建、台湾、广东、海南、香港、广西、重庆、四川、贵州、云南、西藏；日本、印度、马来西亚、印度尼西亚、缅甸。

4. 黄翅菜叶蜂 *Athalia rosae japanensis*（Rhower）

分布：中国浙江（舟山、杭州）、黑龙江、辽宁、内蒙古、北京、陕西、甘肃、青海、上海、福建、台湾、广西、四川、云南。

5. 短斑残青叶蜂 *Athalia rosae ruficornis* Jakovlev，1888

分布：中国浙江（舟山、杭州）、黑龙江、辽宁、内蒙古、北京、天津、河北、山西、山东、河南、陕西、宁夏、甘肃、青海、江苏、上海、安徽、湖北、江西、福建、台湾、广西、重庆、四川、云南；朝鲜、日本、东喜马拉雅、俄罗斯（东西伯利亚）。

6. 黑角宽唇叶蜂 *Birmindia gracilis*（Forsius，1931）

分布：中国浙江（舟山、杭州、丽水）、湖北、湖南、福建、四川、贵州、云南；缅甸北部。

7. 台湾沟额叶蜂 *Corrugia formosana*（Rohwer，1916）

分布：中国浙江（舟山、杭州、丽水、温州）、北京、湖北、湖南、福建、广西、贵州。

8. 短尾枝角叶蜂 *Cladius similis* Wei，2001

分布：中国浙江（舟山）、河南、湖北、湖南、福建。

9. 卡氏麦叶蜂 *Dolerus cameroni* Kirby，1882

分布：中国浙江（舟山）、内蒙古、北京、河北、山西、河南、甘肃、江苏、上海、湖北、湖南、福建、海南、四川。

10. 青光拟片叶蜂 *Emegatomostethus sauteri*（Enslin，1911）

分布：中国浙江（舟山、杭州）、湖北、福建、台湾、广西。

11. 移刃宽距叶蜂 *Eurhadinoceraea flectoserrula* Wei，1999

分布：中国浙江（舟山）。

12. 台湾真片叶蜂 *Eutomostethus formosanus*（Enslin，1911）

分布：中国浙江（舟山、杭州、宁波、衢州）、北京、河南、江苏、上海、安徽、湖北、江西、湖南、福建、台湾、广东、海南、广西、重庆、四川、贵州、云南。

13. 皱颜真片叶蜂 *Eutomostethus rugosulus* Wei，1999

分布：中国浙江（舟山、杭州）、福建。

14. 粗角巨片叶蜂 *Megatomostethus crassicornis*（Rohwer）

分布：中国浙江（舟山、杭州）、北京、河南、陕西、甘肃、安徽、湖南、台湾、重庆、四川；日本、韩国。

15. 中华胖蔺叶蜂 *Monophadnus sinicus* Wei，1997

分布：中国浙江（舟山、湖州、杭州、金华）、黑龙江、吉林、辽宁、内蒙古、北京、河北、山西、山东、河南、陕西、甘肃、江苏、安徽、湖南、广西、重庆。

16. 中华叶刃叶蜂 *Monophadnoides sinicus* Wei，2003

分布：中国浙江（舟山、杭州、丽水）、安徽、湖南、福建、贵州。

17. 樟叶蜂 *Moricella rufonota* Rohwer，1915

分布：中国浙江（舟山、杭州）、江苏、安徽、湖北、江西、湖南、福建、台湾、广东、广西、四川。

18. 中华栉齿叶蜂 *Neoclia sinensis* Malaise，1937

分布：中国浙江（舟山、杭州）、河南、江苏、上海、安徽、湖北、四川、云南。

19. 浅沟平缝叶蜂 *Nesoselandria shanica* Malaise，1944

分布：中国浙江（舟山、嘉兴、杭州）、江苏、福建；缅甸。

20. 南华平缝叶蜂 *Nesoselandria southa* Wei，2007

分布：中国浙江（舟山、杭州）、湖南、广西、贵州、云南。

21. 小窝平缝叶蜂 *Nesoselandrua shanica* Malaise，1944

分布：中国浙江（舟山、嘉兴、杭州）、江苏、福建；缅甸。

22. 黑唇异元叶蜂 *Parasiobla attenata* Rohwer，1921

分布：中国浙江（舟山、杭州、丽水）、河南、江苏、湖南、福建、广西、贵州、云南。

23. 波缝拟栉叶蜂 *Priophorus curvatinus* Wei，2001

分布：中国浙江（舟山、杭州）、湖北。

24. 小齿拟栉叶蜂 *Priophorus paranigricans* Wei，2001

分布：中国浙江（舟山、湖州、杭州）、湖北、湖南、福建、广东、广西、重庆、四川、贵州、西藏。

25. 白唇角瓣叶蜂 *Senoclidea decora*（Konow，1898）

分布：中国浙江、北京、山东、河南、陕西、江苏、湖北、江西、湖南、福建、台湾、广东、海南、广西、四川、贵州、云南；缅甸。

26. 中华角瓣叶蜂 *Senoclidea sinica* Wei，1997

分布：中国浙江（舟山、杭州）、山东、湖北、江西、四川。

小蜂科 Chalcididea

主要特征：体长2～9 mm；体坚固；多为黑色或褐色，并有白色、黄色或带红色的斑纹，无金属光泽。头、胸部常具粗糙刻点；触角11～13节，内棒节1～3节，极少数雄性具1环状节。胸部膨大，盾纵沟明显。翅广宽，不纵褶；痣脉短。后足基节长，圆柱形；后足腿节相当膨大，在外侧腹缘有锯状或车轮状的齿；后足胫节向内呈弧形弯曲；跗节5节。腹部一般卵圆形或椭圆形，有短的或长的腹柄。产卵管不伸出。

所有种类均为寄生性。多数种类寄生于鳞翅目Lepidoptera或双翅目Diptera，少数寄生于鞘翅目Coleoptera、膜翅目Hymenoptera和脉翅目Neuroptera，也有寄生于捻翅目Strepsiptera和粉蚧*Pseudococcus* sp.的报道。均在蛹期完成发育和羽化，常产卵于幼虫期或预蛹期。但寄生于水虻*Stratiomys*的小蜂*Chalcis* sp.，产于卵中。多为初寄生，但也有不少是作为重寄生而寄生于蜂茧内或寄蝇的围蛹内的。一般为单寄生，但少数为聚寄生种类。

小蜂科是中等大小的科，分布于全世界，但多数在热带地区。我国已知前4亚科的20属166种（刘长明，1996），但许多种还有待正式发表。

分布：本次调查发现舟山分布2属4种。

27. 箱根凹头小蜂 *Antrocephalus hakonensis* Ashmead，1904

分布：中国浙江（舟山、杭州）、北京、上海、湖北、江西、湖南、福建、台湾、广西、四川、云南；印度、日本。

28. 鼻突凹头小蜂 *Antrocephalus nasuta* Holmgren，1869

分布：中国浙江（舟山、金华）、江西、湖南、福建、台湾、海南、广西、云南；印度、马来西亚、新加坡、菲律宾、印度尼西亚、巴布亚新几内亚、西伊里安岛。

29. 松毛虫凸腿小蜂 *Kriechbaumerella dendrolimi* Sheng，1987

分布：中国浙江（舟山、杭州、金华、台州、衢州、丽水）、北京、河南、陕西、江苏、安徽、湖北、江西、湖南、福建、广东、广西、四川、云南。

30. 黑角洼头小蜂 *Kriechbaumerella nigricornis* Qian *et* He

分布：中国浙江（舟山、杭州、金华、台州、衢州、丽水）。

金小蜂科 Pteromalidae

主要特征：金小蜂科Pteromalidae是小蜂总科中属级多样性最丰富的一个科，其物种数量也是小蜂总科中最丰富的类群；性状变化很大，以至于对金小蜂科整个科总结出共有的鉴别特征是比较困难的。主要特征为：虫体紧凑多具金属光泽；触角10～13节；触角13节时，触式为11263或11173、11353，触角为12节时的触式有11253等；前翅翅脉简单，具前缘脉、缘脉、后缘脉及痣脉，不同种类翅痣有不同的变化，不膨大或明显膨大；足跗节为5节。

分布：本次调查发现舟山分布2属2种。

31. 飞虱卵金小蜂 *Panstenon oxylus*（Walker，1839）

分布：中国浙江（舟山、衢州、丽水）、辽宁、河北、陕西、宁夏、福建、广东、海南；欧洲。

32. 斑腹瘿蚊金小蜂 *Propicroscytus mirificus*（Girault，1915）

分布：中国浙江（舟山）。

跳小蜂科 Encyrtidae

主要特征：体微小至小型，长0.25～6.0 mm，一般1～3 mm。常粗壮，但有时较长或扁平。平滑或有刻点。暗金属色，有时黄色，褐色或黑色。头宽，多呈半球形。复眼大，单眼三角形排列。触角雌性5～13节，雄性5～10节；柄节有时呈叶状膨大，雌性触角颇不相同；无环状节；索节常6节，雌性圆筒形至极宽扁，雄性有时呈分枝状节。中胸盾片常大而隆起；无盾纵沟，如有则浅。小盾片大；三角片横形，内角有时相接。中胸侧板很隆起，多少光滑，绝无凹痕或粗糙刻纹，常占据胸部侧面的1/2以上。后胸背板及并胸腹节很短。翅一般发达；前翅缘脉短，后缘脉及痣脉也相对较短，几乎等长。中足常发达，适于跳跃，基节位置侧观约在中胸侧板中部之下方；其胫节长，内缘排有微细的棘，距及跗基节粗而长；跗节5节，极少数4节。腹部宽，无柄，常呈三角形；腹末背板侧方常前伸，臀板突（Pygostyli）具长毛，位于腹部背侧方基半位置，通常此背板中后部延伸呈叶状。产卵管不外露或露出很长。

跳小蜂科寄主极为广泛。几乎能寄生于有翅亚纲任何一目昆虫，有直翅目、同翅目、半翅目、鳞翅目、鞘翅目、脉翅目、双翅目和膜翅目。多数种类寄生于介壳虫，有的也能寄生于螨、蜱和蜘蛛。在昆虫上寄生于卵、幼虫、蛹，有一种寄主是木虱成虫。有内寄生，也有外寄生。一些种为重寄生，寄生于其他跳小蜂或蚜小蜂科Aphelinidae、金小蜂科Pteromalidae、茧蜂科Braconidae、螯蜂科Dryinidae等虫体上。也有些种兼有捕食习性，如花翅跳小蜂属*Microterys*的某些种寄生同时也可捕食介壳虫卵。在热带地区有些种为害植物。寄主鳞翅目幼虫的一些属有多胚习性，如佛州点缘跳小蜂*Copidosoma floridanum*寄生银纹夜蛾*Plusia agnata*幼虫，由一个卵可分裂出2 200多个体，寄主在老熟时才被杀死，寄主幼虫常扭曲变形。

跳小蜂科是在害虫自然控制和生物防治上重要的小蜂类群之一，如粉蚧长索跳小蜂*Anagyrus dactylopii*，从中国香港被引入美国夏威夷以防治为害柑橘的堆蜡粉蚧*Nipaceoccus vastator*；红蜡蚧扁角跳小蜂*Anicetus beneficus*从中国无意中带入日本控制了柑橘上的红蜡蚧*Ceroplastes rubens*；中华球蚧跳小蜂*Blastothrix sericea*被引入加拿大防治榛蜡蚧*Eubecanium coryli*等，都得到很大成功。

分布：该科是小蜂总科中最大的科之一，世界分布。本次调查发现舟山分布1属1种。

33. 粉蚧克氏跳小蜂 *Clausenia purpurea* Ishii, 1923

分布：中国浙江（舟山、台州）、福建、台湾、四川；日本、以色列、美国。

姬蜂科 Ichneumonidae

主要特征：姬蜂种类众多，形态变化甚大。成虫微小至大型，2～35 mm（不包括产卵管）；体多细弱。触角长，丝状，多节。足转节2节，胫节距显著，爪强大，有1个爪间突。翅一般大型，偶有无翅或短翅型；有翅型前翅前缘脉与亚前缘脉愈合而前缘室消失，具翅痣；第1亚缘室和第1盘室因肘脉第1段（$1+R_s+M$）消失而合并成一盘肘室，有第2回脉（$2+M+Cu$）；常具小翅室。并胸腹节大型，常有刻纹、隆脊或由隆脊形成的分区。腹部多细长，圆筒形、侧扁或扁平；产卵管长度不等，有鞘。

前翅第1肘间横脉向翅端位移，致使第2亚缘室成小翅室。根据上述特征，潜水蜂科Agriotypidae和前腹蜂科Paxylommatinae归入姬蜂科，作为亚科。

翅脉及翅室名称各家观点不相一致，现仍根据修改的Jurinean系统翅脉名称命名。

分布：姬蜂科全世界分布。该科的亚科分类系统，历来变化很大。目前，总的趋势是多数亚科已经统一，尚有个别亚科名称、范围仍有歧意。《中国经济昆虫志　第五十一册　膜翅目　姬蜂科》对此做了介绍，本书基本亦以此为主，仅据国际上最新动态，做少数调整。赵修复（1981）认为潜水蜂亚科Agriotypinae应独立为一科，潜水蜂科Agriotypidae，但本书仍放在姬蜂科中。现分为30个亚科。Townes（1969）报道，已知14 816种。近来，每年都有许多新种发表，估计实际存在总数可达6万种。我国的姬蜂种类也十分丰富。本次调查发现舟山分布7属7种。

34. 八重山钝杂姬蜂 *Amblyjoppa yayeyamensis yayeyamensis* (Matsumura, 1912)

分布：中国浙江（舟山、宁波）。

35. 紫窄痣姬蜂 *Dictyonotus purpurascens* Smith, 1874

分布：中国浙江（舟山、杭州）、吉林、辽宁、北京、山东、陕西、湖北、江西、四川；俄罗斯（西伯利亚）、朝鲜。

36. 细线细颚姬蜂 *Enicospilus lineolatus* (Roman, 1913)

分布：中国浙江（舟山、嘉兴、杭州、宁波、衢州、丽水、温州）、吉林、河北、山西、陕西、江苏、安徽、湖北、湖南、福建、台湾、广东、海南、广西、四川、贵州、云南；日本、菲律宾、印度、尼泊尔、斯里兰卡、马来西亚、印度尼西亚、澳大利亚。

37. 东方曲趾姬蜂 *Hadrodactylus orientalis* Uchida，1930

分布：中国浙江（舟山、杭州）、辽宁、河南、陕西、江苏；朝鲜、日本、俄罗斯（千岛群岛等）。

38. 眼斑介姬蜂 *Ichneumon ocellus* Tosquinet，1903

分布：中国浙江（舟山、杭州、丽水）、湖南、福建、台湾、广东、四川、贵州、云南；日本、缅甸、泰国、新加坡、印度尼西亚。

39. 中华齿腿姬蜂 *Pristomerus chinensis* Ashmead，1906

分布：中国浙江（舟山、嘉兴、杭州、宁波、丽水）、黑龙江、吉林、辽宁、江苏、上海、安徽、湖北、江西、湖南、台湾、广东、四川。

40. 利普黑点瘤姬蜂 *Xanthopimpla lepcha* Cameron，1899

分布：中国浙江（舟山）、福建、台湾、香港；缅甸、印度、印度尼西亚、新加坡、马来西亚。

茧蜂科 Braconidae

主要特征：体小型至中等，体长2～12 mm居多，少数雌蜂产卵管长与体长相等或长于数倍。触角丝形，多节。翅脉一般明显；前翅具翅痣；1+Rs+M脉（肘脉第1段）常存在，而将第1亚缘室和第1盘室分开；绝无第2回脉；亚缘脉（径脉）或r-m脉（第2肘间横脉）有时消失。并胸腹节大，常有刻纹或分区。腹部圆筒形或卵圆形，基部有柄、近于无柄或无柄；第2+3背板愈合，虽有横凹痕，但无膜质的缝，不能自由活动。产卵管长度不等，有鞘。

茧蜂科具有下述共同特征：①腹部第2、3背板愈合；②后翅前缘脉上缺连锁功能的翅钩；③后翅前缘脉上在端翅钩基方缺翅桩（stub）；④后翅1r-m脉（后基脉）移向翅基，位于R1和Rs脉连结处的基方或对方。根据上述定义，曾作为独立科的蚜茧蜂科Aphidiidae和缺轭茧蜂科Apozygidae放入茧蜂科中，作为亚科。

分布：茧蜂科Braconidae是膜翅目Hymenoptera最大的科之一，据估计世界上至少有4万种（van Achterberg，1984），但是迄今仅记述了约1万种。本科目前分为45个亚科（van Achterberg 1993，1995；Whitfield 1994），其中缺轭茧蜂亚科Apozyginae、锐眼茧蜂亚科Telengaiinae、缺翅茧蜂亚科Masoninae、突胸茧蜂亚科Mesostoinae、绒毛茧蜂亚科Vaepellinae、长沟茧蜂亚科Khoikhoiinae、肿腿茧蜂亚科Betylobraconinae、塯腹茧蜂亚科Gnamptodontinae、巨轭茧蜂亚科Ecnomiinae、平腹茧蜂亚科Dirrhopinae、平脊茧蜂亚科Mendesellinae、洞腹茧蜂亚科Amicroceontrinae、粗柄茧蜂亚科

Trachypetinae、缺凹茧蜂亚科Pselaphaninae 14个亚科在我国尚未发现。我国现报道的有32亚科约180属1 000种。本次调查发现舟山分布7属7种。

41. 斑窄腹茧蜂 *Angustibracon maculiabdominis* Zhou *et* You, 1992

分布：中国浙江（舟山）、广西。

42. 黑蝽茧蜂 *Aridelus nigricans* Chao, 1974

分布：中国浙江（舟山、衢州）、福建、台湾、广东、广西。

43. 红黄中脊茧蜂 *Bracon urinator* Fabricius, 1798

分布：中国浙江（舟山）、黑龙江、辽宁、内蒙古、山西、山东、新疆、江苏、广西。

44. 中华真径茧蜂 *Euagathis chinensis* Holmgren, 1868

分布：中国浙江（舟山、杭州、绍兴、宁波、金华、衢州、丽水、温州）、青海、江苏、安徽、江西、湖南、福建、台湾、广东、海南、香港、广西、四川、贵州、云南；日本、越南、老挝、缅甸、泰国、尼泊尔、印度、巴基斯坦、斯里兰卡、印度尼西亚、马来西亚、新加坡。

45. 纵卷叶螟长体茧蜂 *Macrocentrus cnapholocrocis* He *et* Lou, 1993

分布：中国浙江（舟山、杭州、绍兴、宁波、丽水）、甘肃、江苏、安徽、湖北、江西、福建、广东、海南、广西、四川、贵州、云南；菲律宾。

46. 两色侧沟茧蜂 *Microplitis bicoloratus* Chen 2004

分布：中国浙江（舟山、湖州、丽水）、山东、湖北。

47. 赤褐柄腹茧蜂 *Spathius brunneus* Ashmead 1893

分布：中国浙江（舟山）。

蜾蠃蜂科 Eumenidae

主要特征：形似胡蜂。中等大，体长6～25 mm，雄性略小。触角雌性12节，雄性13节；复眼内缘中部凹入；上颚长，小刀状，左右交叉或突向前方呈喙状；中唇舌和侧唇舌端部均具小骨化瓣。前胸背板向后伸至翅基片。中足基节相互接触；中足胫节通常1距。爪2叉状。停息时翅纵褶，前翅第1盘室甚长，长于亚基室。后翅有闭室，具臀叶。腹部第1节背板与腹板部分愈合，背板搭叠于腹板上。腹柄多数甚短看不出，但有的比柄后腹还长；腹柄与柄后腹间多少缢缩。体暗色，有白、黄、橙黄或红色斑纹。

蜾蠃蜂均为单栖性。雌雄蜂均外出活动，常在花上发现。营狩猎性寄生生活。猎物多为鳞翅目幼虫，也有鞘翅目Coleoptera和叶蜂幼虫。有些种类只限于猎捕一个科，但有些种类猎捕的寄主范围却较广，包括1~2个目，只要猎物的个体大小适合都可猎捕。

分布：蜾蠃蜂科全世界分布，热带为多，有3 000种左右，仅古北区已记录130属1 600种。我国已知约30属90种，本次调查发现舟山分布2属2种。

48. 方蜾蠃 *Eumenes quadratus* Smith，1852

分布：中国浙江（舟山、湖州、杭州、宁波、台州、丽水、温州）、吉林、天津、河北、山东、江苏、江西、福建、广东、广西、四川、贵州；日本。

49. 中华秀蜾蠃 *Pareumenes*（*Pareumenes*）*quadrispinosus*（Saussure，1855）

分布：中国浙江（舟山）、江苏、上海、江西、香港、四川。

蚁蜂科 Mutillidae

主要特征：体表有密毛；眼内缘无凹或有凹；腹部第1、2背板之间缢缩，在腹部第2节背板两侧，或在腹板，有时在背板和腹板都有毡状微毛带；常有彩色斑纹；中胸和后胸腹板间以明显的褶皱分开，翅上无细皱纹，后翅有明显的臀叶。

分布：本次调查发现舟山分布3属9种。

50. 青腹小蚁蜂 *Smicromyrme cyaneiventris*，Mickel，1933

分布：中国浙江（舟山、杭州、丽水）、河北、山西、江苏、江西、福建、四川。

51. 林氏小蚁蜂 *Nemka limi* Chen，1956

分布：中国浙江（舟山、杭州）。

52. 东方小蚁蜂 *Nemka orientalis*（Mickel，1936）

分布：中国浙江（舟山、杭州）、江苏、上海、安徽、江西、福建、台湾。

53. 足小蚁蜂 *Smicromyrme rufipes*（Zavattari，1787）

分布：中国浙江（舟山、杭州）、山西、江西、福建、台湾。

54. 细点鳞蚁蜂 *Squamulotilla exilipunatata* Chen，1957

分布：中国浙江（舟山、湖州、杭州）、北京、江苏、上海、福建。

55. 烟翅驼盾蚁蜂 *Trogaspidia fuscipennis* (Fabricius, 1804)

分布：中国浙江（舟山、杭州）、河北、江苏、安徽、福建、广东；印度、斯里兰卡、印度尼西亚。

56. 海驼盾蚁蜂 *Trogaspidia martima* Chen, 1957

分布：中国浙江（舟山、湖州、杭州）、江苏、安徽。

57. 眼斑盾驼蚁蜂 *Trogaspidia ocullata* Fabricius, 1804

分布：中国浙江（舟山、杭州）、北京、江苏、江西、湖南、福建、广东、澳门。

58. 驼盾蚁蜂 *Trogaspidia suspiciosa* (Mickel, 1933)

分布：中国浙江（舟山、嘉兴、杭州、金华、丽水）、福建、海南、广西。

蚁科 Formicidae

主要特征：蚂蚁是地球上最为常见的社会性小昆虫，隶属于膜翅目蚁科。蚂蚁分布极广，除了冻原以外的陆地都能见到它们的踪迹。蚂蚁种类繁多，据统计，全世界已描述现存蚂蚁14 224种。蚂蚁身体可以分为头、胸、腹3部分，其胸部和腹部明显特化：胸部与腹部的第1节（并胸腹节）愈合成并腹胸；腹部的第2节（或第2～3节）缢缩成腹柄节；腹部的其余部分称为后腹部。口器咀嚼式，上颚发达。触角膝状，全触角分4～12节，雄蚁常比工蚁多1节。蚂蚁大多为杂食性，以小型动物和植物为食。大多数蚂蚁对人类有益，但也有些蚂蚁会给人类造成危害。

分布：本次调查发现舟山分布21属52种。

59. 贝卡氏盘腹蚁 *Aphaenogaster beccarii* (Emery, 1887)

分布：中国浙江（舟山）、福建；印度、印度尼西亚。

60. 雕刻盘腹蚁 *Aphaenogaster exasperata* Wheeler, 1921

分布：中国浙江（舟山、湖州、杭州）、江西、四川。

61. 红褐弓背蚁 *Camponotus badius* (Smith, 1857)

分布：中国浙江（舟山）；缅甸、斯里兰卡、马来西来、加里曼丹岛。

62. 腹斑弓背蚁 *Camponotus caryae quadrinotatus* Forel, 1886

分布：中国浙江（舟山）、江苏、上海、江西、福建；日本。

63. 侧扁弓背蚁 *Camponotus compressus* (Fabricius, 1787)

分布：中国浙江（舟山）、云南；印度、缅甸、斯里兰卡、马来西亚、非洲。

64. 日本弓背蚁 *Camponotus japonicus* Mayr，1866

分布：中国浙江（舟山）、黑龙江、吉林、辽宁、内蒙古、北京、河北、山西、山东、河南、陕西、宁夏、甘肃、新疆、江苏、上海、湖北、江西、湖南、福建、台湾、广东、海南、香港、广西、四川、贵州、云南；俄罗斯（远东地区）、蒙古、印度、斯里兰卡、日本、朝鲜、韩国、东南亚。

65. 小弓背蚁 *Camponotus minus* Wang et Wu，1994

分布：中国浙江（舟山）、广东、广西、云南。

66. 裸体心结蚁 *Cardiocondyla nuda* Mayr，1866

分布：中国浙江（舟山）。

67. 比罗举腹蚁 *Crematogaster biroi* Mayr，1897

分布：中国浙江（舟山、杭州）；印度、斯里兰卡。

68. 宓氏举尾蚁 *Crematogaster millardi* Forel，1902

分布：中国浙江（舟山）。

69. 半裸举尾蚁 *Crematogaster subnuda* Mayr，1879

分布：中国浙江（舟山）。

70. 上海举腹蚁 *Crematogaster zoceensis* Santschi，1925

分布：中国浙江（舟山）、河北、山东、河南、上海、安徽、江西、湖南、福建、四川、云南。

71. 沟胸臭蚁 *Dolichoderus taprobanae* Chen，1995

分布：中国浙江（舟山）。

72. 负背猛蚁 *Ectomomyrmex annamitus*（André，1892）

分布：中国浙江（舟山）。

73. 胸猛蚁 *Ectomomyrmex javanus* Mayr，1867

分布：中国浙江（舟山）。

74. 日本黑褐蚁 *Formica japonica* Motschulsky，1866

分布：中国浙江（舟山）、黑龙江、吉林、辽宁、北京、河北、山西、山东、河南、陕西、宁夏、甘肃、青海、新疆、上海、安徽、湖北、江西、湖南、福建、台湾、广东、广西、重庆、四川、贵州、云南；日本、蒙古、朝鲜半岛、印度、缅甸、俄罗斯（远东地区）。

75. 异色草蚁 *Lasius alienus* (Forster, 1850)

分布：中国浙江（舟山）、云南；日本、印度、欧洲。

76. 亮毛蚁 *Lasius fuliginosus* (Latreille, 1798)

分布：中国浙江（舟山、杭州）、黑龙江、吉林、辽宁、北京、河北、山西、陕西、甘肃、湖北、湖南、广东、香港、四川、贵州、云南；北欧、英格兰、爱尔兰、意大利、葡萄牙、印度。

77. 林氏臭蚁 *Liometopum lindyreeni* Forel, 1902

分布：中国浙江（舟山）。

78. 剑颚臭家蚁 *Lridomyrmex anceps* (Roger, 1863)

分布：中国浙江（舟山）。

79. 中华小家蚁 *Monomorium chinense* Santschi, 1925

分布：中国浙江（舟山）、北京、河北、山西、山东、江苏、上海、安徽、江西、湖南、福建、广东、广西、四川、云南、西藏；亚洲其他国家。

80. 细纹小家蚁 *Monomorium destructor* (Jerdon, 1851)

分布：中国浙江（舟山）、湖南、福建、广东、海南、云南；亚洲其他国家、大洋洲、欧洲、非洲。

81. 小黑家蚁 *Monomorium minutum* Mayr, 1855

分布：中国浙江（舟山、杭州）、北京、山东、江苏、上海、福建、广东；印度、斯里兰卡、新加坡、印度尼西亚、欧洲、马达加斯加、美国、墨西哥。

82. 小黄家蚁 *Monomorium pharaonis* (Linnaeus, 1758)

分布：中国浙江（舟山、杭州）、辽宁、北京、河北、江苏、福建、广东、海南；丹麦、瑞典、芬兰、英国、美国。

83. 布氏尼氏蚁 *Nylanderia bourbonica* (Forel, 1886)

分布：中国浙江（舟山）、河南、陕西、安徽、湖北、江西、湖南、福建、台湾、广东、海南、广西、四川、贵州、云南、西藏；日本、朝鲜、印度、东南亚、北美洲、非洲。

84. 黄足尼氏蚁 *Nylanderia flavipes* (F. Smith，1874)

分布：中国浙江（舟山）、辽宁、吉林、北京、河北、山东、河南、陕西、江苏、上海、安徽、湖北、江西、湖南、福建、台湾、广东、广西、重庆、四川、贵州、云南、西藏；俄罗斯、东亚、北美洲。

85. 亮尼氏蚁 *Nylanderia vividula* (Nylander，1846)

分布：中国浙江（舟山）、陕西、湖北、福建、广东、海南、香港、广西、重庆、四川、贵州、云南；日本、斯里兰卡、印度、北美洲、欧洲。

86. 蓬莱大齿猛蚁 *Odontomachus formosae* Forel，1912

分布：中国浙江（舟山）、吉林、北京、河南、陕西、甘肃、上海、湖北、湖南、福建、台湾、广东、海南、香港、广西、四川、贵州、云南；巴布亚新几内亚、菲律宾、印度、斯里兰卡、缅甸、泰国、日本、越南。

87. 中华厚结猛蚁 *Pachycondyla chinensis* (Emery，1895)

分布：中国浙江（舟山）、北京、山东、河南、陕西、江苏、上海、安徽、湖北、湖南、福建、台湾、广东、香港、广西、四川、贵州；日本、美国、朝鲜半岛、菲律宾、中南半岛、印度、印度尼西亚、新西兰。

88. 奇大头蚁 *Pheidole aphrasta* Zhou *et* Zheng，1999

分布：中国浙江（舟山）、广西。

89. 四节棒大头蚁 *Pheidole bhavanae* Bingham，1903

分布：中国浙江（舟山）。

90. 纹大头蚁 *Pheidole fossulata* Forel，1902

分布：中国浙江（舟山）。

91. 宽结大头蚁 *Pheidole noda* F. Smith，1874

分布：中国浙江（舟山）、北京、河北、山东、河南、江苏、上海、安徽、湖北、江西、湖南、福建、广东、广西；亚洲其他国家。

92. 罗氏大头蚁 *Pheidole roberti* Forel，1902

分布：中国浙江（舟山）。

93. 舟山大头蚁 *Pheidole zhoushanensis* Li *et* Chen，1992

分布：中国浙江（舟山）。

94. 双齿多刺蚁 *Polyrhachis dives* Smith，1857

分布：中国浙江（舟山）、山东、上海、安徽、湖北、江西、湖南、福建、台湾、广东、海南、香港、澳门、广西、云南、贵州；缅甸、斯里兰卡、越南、泰国、柬埔寨、菲律宾、新加坡、马六甲、老挝、马来西亚、日本、澳大利亚、巴布亚新几内亚。

95. 梅氏多刺蚁 *Polyrhachis illaudata* Walker，1859

分布：中国浙江（舟山）、陕西、湖北、江西、湖南、福建、台湾、广东、海南、香港、广西、四川、贵州、云南、西藏；孟加拉国、印度、斯里兰卡、东南亚。

96. 叶形多刺蚁 *Polyrhachis lamellidens* F. Smith，1874

分布：中国浙江（舟山）、吉林、陕西、甘肃、江苏、上海、安徽、湖北、湖南、台湾、广东、香港、广西、四川、贵州；日本、朝鲜半岛。

97. 赤胸多刺蚁 *Polyrhachis lamellidens* Smith，1874

分布：中国浙江（舟山）、吉林、甘肃、江苏、上海、安徽、湖北、湖南、台湾、广东、香港、四川、贵州；日本、朝鲜。

98. 梅氏多刺蚁 *Polyrhachis mayri* Roger，1863

分布：中国浙江（舟山）、福建、台湾、广东、香港；孟加拉国、印度、斯里兰卡、缅甸、马来西亚。

99. 红腹多刺蚁 *Polyrhachis rubigastrica* Wang *et* Wu，1991

分布：中国浙江（舟山）、广西、贵州。

100. 鼎突多刺蚁 *Polyrhachis vicina* Roger，1863

分布：中国浙江（舟山、金华）、湖北、江西、湖南、福建、台湾、广东、海南、广西、贵州、云南；印度、斯里兰卡、澳大利亚、缅甸、泰国、印度尼西亚。

101. 警觉多刺蚁 *Polyrhachis vigilans* Smith，1858

分布：中国浙江（舟山）、湖北、福建、台湾、广东、海南、香港、广西；越南。

102. 长角平结蚁 *Prenolepis longicornis*（Latreille，1802）

分布：中国浙江（舟山）。

103. 耶氏平结蚁 *Prenolepis yerburyi* Forel，1894

分布：中国浙江（舟山）。

104. 双针棱胸切叶蚁 *Pristomyrmex pungens* Mayr，1886

分布：中国浙江（舟山）、辽宁、山东、江苏、上海、安徽、湖北、湖南、广东、海南、广西、四川、云南、西藏；日本、菲律宾、马来西亚。

105. 贾氏火蚁 *Solenopsis jacoti* Wheeler，1923

分布：中国浙江（舟山）、北京、山东、安徽、江西、云南。

106. 长角狡臭蚁 *Technomyrmex antennus* Zhou，2001

分布：中国浙江（舟山）、湖北、广东、广西。

107. 铺道蚁 *Tetramorium caespitum*（Linnaeus，1758）

分布：中国浙江（舟山）及全国各地广布；日本、韩国、朝鲜、欧洲、北美洲。

108. 细毛四节蚁 *Tetramorium pilosum* Enery，1893

分布：中国浙江（舟山）。

109. 洛氏四节蚁 *Tetramorium rothneyi* Forel，1902

分布：中国浙江（舟山）。

110. 相似铺道蚁 *Tetramorium simillimum*（F. Smith，1851）

分布：中国浙江（舟山）、湖南、台湾、广西、云南；印度、斯里兰卡、印度尼西亚、欧洲、非洲。

蛛蜂科 Pompilidae

主要特征：体小至大型，长2.5～50 mm。触角雌性卷曲，12节，雄性一般线形，13节，死后卷曲。复眼完整。上颚常具1～2齿。前胸背板具领片，其后缘拱形，与中胸背板连接不紧密，后上方伸达翅基片。中胸侧板有一斜而直的缝分隔成上、下两部。足长，多刺；足的基节均相互接触；中后足胫节2距；后足胫节内表面沿外方具1细毛带；腿节常超过腹端，跗节具爪垫叶，爪上有齿。翅甚发达，带有昙纹或赤褐色，翅脉不达外缘；前翅闭室10个。后翅具臀叶。腹部较短，雌性可见6节，雄性7节；腹部前几节间无缢缩，仅少数具柄。雌性第6腹板向上包住产卵器，并向后稍突出；雄性第7腹板变小缩入。体色杂而鲜艳，有黑色、暗蓝色、赤褐色等，其上有淡斑。

传统上蛛蜂科曾作为一独立的蛛蜂总科，并包括蛔蜂科在内。全世界分布，约有4 000种，本次调查发现舟山分布2属2种。

111. 舟山奥沟蛛蜂 *Auplopus chusanensis* Haupt，1938

分布：中国浙江（舟山、杭州、丽水）、台湾。

112. 环棒带蛛蜂 *Batozonellus annulatus*（Fabricius，1793）

分布：中国浙江（舟山、湖州、杭州、丽水、温州）、河南、江苏、福建、台湾、广东、海南、广西、贵州、云南；日本、朝鲜、缅甸、印度。

蜜蜂科 Apidae

主要特征：上唇一般宽大于长；无亚触角区；亚触角缝指向触角窝内缘；有亚颏及颏，亚颏"V"形，颏基部宽圆；下唇盔节的须前部短，后部长；中唇舌长，有唇瓣；后足一般具胫基板；雌性后足胫节及基跗节有毛刷或花粉篮，但盗寄生者无；雄性生殖节变化大，一般无阳茎基腹铗。本科内包括独栖性，社会性及盗寄生性各类群。

分布：本次调查发现舟山分布1属2种。

113. 黑足熊蜂 *Bombus*（*Tricornibombus*）*atripes* Smith，1852

分布：中国浙江（舟山、杭州）、北京、河北、甘肃、新疆、江苏、上海、安徽、湖北、江西、湖南、福建、广西、重庆、四川、贵州、云南；东亚、缅甸。

114. 富丽熊蜂 *Bombus*（*Thoracobombus*）*opulentus* Smith，1861

分布：中国浙江（舟山、杭州）、辽宁、北京、河北、山西、山东、陕西、江苏。

泥蜂科 Sphecidae

主要特征：体色一般黑色，并有黄色、橙色或红色斑纹，体光滑或有毛。足细长，适于开掘，中足胫节有2端距；翅狭，前翅3个亚缘室；后翅轭叶大，长于臀叶一半。腹柄圆筒形。并胸腹节长，柄后腹部呈纺锤形，扁平。

分布：本次调查发现舟山分布4属5种。

115. 多沙泥蜂南方亚种 *Ammophila sabulosa vagabunda*（F. Smith，1856）

分布：中国浙江（舟山、杭州）、安徽、湖北、江西、湖南、福建、海南、云南。

116. 微凹缨角泥蜂 *Crossocerus micemarginatus* Li *et* He，2004

分布：中国浙江（舟山）。

117. 缺梳缨角泥蜂 *Crossocerus vepedtineus* Li *et* He，2004

分布：中国浙江（舟山、杭州、衢州、丽水）、黑龙江、北京、河北、山东、河南、上海、四川。

118. 日本蓝泥蜂 *Chalybion japonicum*（Gribodo，1882）

分布：中国浙江（舟山、湖州、杭州、宁波、丽水）、黑龙江、辽宁、内蒙古、北京、河北、山西、山东、江苏、江西、湖南、福建、台湾、广东、海南、广西、四川、贵州；日本、朝鲜、泰国、印度。

119. 驼腹壁泥蜂驼腹亚种 *Sceliphron deforme deforme*（Smith，1856）

分布：中国浙江（舟山、杭州、宁波）、河北、山东、甘肃、江苏、湖北、江西、湖南、台湾、广东、广西、贵州、云南；印度。

参考文献

蔡邦华，陈宁生，1964. 中国经济昆虫志　第八册　等翅目　白蚁[M]. 北京：科学出版社.

蔡平，何俊华，1998. 中国叶蝉科分类研究（同翅目：叶蝉总科）[D]. 杭州：浙江农业大学.

蔡荣权，1979. 中国经济昆虫志　第十六册　鳞翅目　舟蛾科[D]. 北京：科学出版社.

常罡，廉振民，2004. 生物多样性研究进展[J]. 陕西师范大学学报，9（32）：152-157.

陈其瑚，1985. 浙江省蝽类名录及其分布（半翅目：蝽总科）[J]. 浙江农业大学学报，11：115-125.

陈其瑚，1993. 浙江植物病虫志　昆虫篇（一、二）[M]. 上海：上海科学技术出版社.

陈世骧，1986. 中国动物志　昆虫纲　鞘翅目　铁甲科[M]. 北京：科学出版社.

陈一心，1985. 中国经济昆虫志　第三十二册　鳞翅目　夜蛾科（四）[M]. 北京：科学出版社.

范滋德，1988. 中国经济昆虫志　第三十七册　双翅目　花蝇科[M]. 北京：科学出版社

范滋德，1997. 中国动物志　昆虫纲　第六卷　双翅目　丽蝇科[M]. 北京：科学出版社.

方承莱，1985. 中国经济昆虫志　第三十三册　鳞翅目　灯蛾科[M]. 北京：科学出版社.

方承莱，2000. 中国动物志　昆虫纲　第十九卷　鳞翅目　灯蛾科[M]. 北京：科学出版社.

方志刚，吴鸿，2001. 浙江昆虫名录[M]. 北京：中国林业出版社.

葛钟麟，丁锦华，田立新，等，1984. 中国经济昆虫志　第二十七册　同翅目　飞虱科[M]. 北京：科学出版社.

葛钟麟，1966. 中国经济昆虫志　第十册　同翅目　叶蝉科[M]. 北京：科学出版社.

何俊华，陈学新，马云，1996. 中国经济昆虫志　第五十一册　膜翅目　姬蜂科[M]. 北京：科学出版社.

何俊华，陈学新，马云，2000. 中国动物志　昆虫纲　第十八卷　膜翅目　茧蜂科（一）

[M]. 北京：科学出版社.

侯陶谦. 1987. 中国松毛虫[M]. 北京：科学出版社.

黄复生，朱世模，平正明，等. 2000. 中国动物志　昆虫纲　第十七卷　等翅目[M]. 北京：
　科学出版社.

江世宏，王书永，1999. 中国经济叩甲图志[M]. 北京：中国农业出版社.

蒋书楠，蒲富基，华立中，1985. 中国经济昆虫志　第三十五册　鞘翅目　天牛科（三）
　[M]. 北京：科学出版社.

瞿逢伊，1981. 我国东南沿海地区的吸血蠓[J]. 昆虫学报，24（3）：307-309.

康乐，杨集昆，1987. 中国树蟋亚科分类研究（直翅目：蟋斯科）[D]. 北京：北京农业
　大学.

李铁生，1978. 中国经济昆虫志　第十三册　双翅目　蠓科[M]. 北京：科学出版社.

李铁生，1985. 中国经济昆虫志　第三十册　膜翅目　胡蜂总科[M]. 北京：科学出版社.

李铁生，1988. 中国经济昆虫志　第三十八册　双翅目　蠓科（二）[M]. 北京：科学出
　版社.

林乃铨，1994. 中国赤眼蜂分类（膜翅目：赤眼蜂科）[M]. 福州：福建科学技术出版社.

刘崇乐，1965. 中国经济昆虫志　第五册　鞘翅目　瓢虫科[M]. 北京：科学出版社.

陆宝麟，陈汉彬，许荣满，等，1988. 中国蚊类名录[M]. 贵阳：贵州人民出版社.

陆宝麟，1997. 中国动物志　昆虫纲　第八卷　双翅目　蚊科（上）[M]. 北京：科学出
　版社.

陆宝麟，1997. 中国动物志　昆虫纲　第九卷　双翅目　蚊科（上、下）[M]. 北京：科学
　出版社.

马文珍，1995. 中国经济昆虫志　第四十六册　鞘翅目　花金龟科　斑金龟科　弯腿金龟
　科[M]. 北京：科学出版社.

庞雄飞，毛金龙，1979. 中国经济昆虫志　第十四册　鞘翅目　瓢虫科（二）[M]. 北京：
　科学出版社.

蒲富基，1980. 中国经济昆虫志　第十九册　鞘翅目　天牛科（二）[M]. 北京：科学出
　版社.

任树芝，1998. 中国动物志　昆虫纲　第十三卷　半翅目异翅亚目　姬蝽科[M]. 北京：科
　学出版社.

施祖华，1992. 浙江省猎蝽科九种新记录[J]. 浙江农业大学学报，18（4）：48.

谭娟杰，虞佩玉，李鸿兴，等，1985. 中国经济昆虫志　第十八册　鞘翅目　叶甲总科
　（一）[M]. 北京：科学出版社.

唐觉，李参，黄恩友，等，1985. 舟山群岛蚁科记述（膜翅目：蚁科）[J]. 浙江农业大学学
　报，11：307-316.

唐觉，李参，黄恩友，等，1995. 中国经济昆虫志　第四十七册　膜翅目　蚁科（一）[M]. 北京：科学出版社.

田立新，杨莲芳，李佑文，1996. 中国经济昆虫志　第四十九册　毛翅目（一）. 小石蛾科　角石蛾科　纹石蛾科　长角石蛾科[M]. 北京：科学出版社：195.

童雪松，1993. 浙江蝶类志[M]. 杭州：浙江科学技术出版社.

王象贤，杨集昆，1989. 中国南方草蛉分类研究（脉翅目：草蛉科）[D]. 北京：北京农业大学.

王子清，1982. 中国经济昆虫志　第二十四册　同翅目　粉蚧科[M]. 北京；科学出版社.

王子清，1994，中国经济昆虫志　第四十三册　同翅目　蚧总科　蜡蚧科　链蚧科　盘蚧科　壶蚧科　仁蚧科[M]. 北京：科学出版社.

王遵明，1983. 中国经济昆虫志，第二十六册　双翅目　虻科[M]. 北京：科学出版社.

王遵明，1994. 中国经济昆虫志，第四十五册　双翅目　虻科（二）[M]. 北京：科学出版社.

吴福桢，1987. 中国常见蜚蠊种类及其为害利用与防治的调查研究[J]. 昆虫学报，30：430-437.

吴鸿，何俊华，1998. 中国菌蚊亚科系统分类研究（双翅目：菌蚊科）[D]. 杭州：浙江农业大学.

吴鸿，吴浙东，赵品龙，1995. 浙江省菌蚊初步目录[J]. 浙江林业科技，15：51-53.

吴坚，王常禄，1995. 中国蚂蚁[M]. 北京：中国林业出版社.

吴燕如，周勤，1996. 中国经济昆虫志　第五十二册　膜翅目　泥蜂科[M]. 北京：科学出版社.

吴燕如，1982. 中国木蜂属的研究及新种记述[J]. 动物学研究，3：193-199.

吴燕如，2000. 中国动物志　昆虫纲　第十二卷　膜翅目　准蜂科　蜜蜂科[M]. 北京：科学出版社.

夏凯龄，1994. 中国动物志　昆虫纲　第四卷　直翅目　蝗总科[M]. 北京：科学出版社.

谢蕴贞，1957. 中国荔蝽亚科记述[J]. 昆虫学报，7：433-443.

薛万琦，赵建铭，1996. 中国蝇类[M]. 沈阳：辽宁科学技术出版社.

张广学，钟铁森，1983. 中国经济昆虫志　第二十五册　同翅目　蚜虫类（一）[M]. 北京：科学出版社.

张雅林，1990. 中国叶蝉分类研究[M]. 杨陵：天则出版社.

章士美，1985. 中国经济昆虫志　第三十一册　半翅目（一）[M]. 北京：科学出版社.

赵修复，1962. Navas氏中国蜻蜓模式标本的研究[J]. 昆虫学报，11（增刊）：32-44.

赵养昌，1963. 中国经济昆虫志　第四册　鞘翅目　拟步行虫科[M]. 北京：科学出版社.

赵仲苓，1978. 中国经济昆虫志　第十二册　鳞翅目　毒蛾科[M]. 北京：科学出版社.

郑哲民，1993. 蝗虫分类学[M]. 西安：陕西师范大学出版社.

INWARD D，BECCALONI G，EGGLETON P，2007. Death of an order：a comprehensive molecular phylogenetic study confirms that termites are eusocial cockroaches[J]. Biology Letters，3（3）：331-335.

KRISHNA K，GRIMALDI D A，KRISHNA V et al.，2013. Treatise on the Isoptera of the world[J]. Bulletin of the American Museum of Natural History，377(1)：1-2436.

LEGENDRE F，WHITING M F，BORDEREAU C，et al.，2008. The phylogeny of termites （Dictyoptera：Isoptera）based on mitochondrial and nuclear markers：implications for the evolution of the worker and pseudergate castes, and foraging behaviors[J]. Molecular Phylogenetics and Evolution，48：615-627.

LO N，ENGEL M S，CAMERON S，et al.，2007. Save Isoptera: a comment on Inward et al.，Biology Letters，3（5）：562-563.

SCHMID F U，EBRARY I，1998. Genera of the Trichoptera of Canada and adjoining or adjacent United States：319.

① 彩图1　红蜻 *Crocothemis servillia*
② 彩图2　黄蜻 *Pantala flavescens*
③ 彩图3　透顶单脉色蟌 *Matrona basilaris*
④ 彩图4　广斧螳 *Hierodula patellifera*
⑤ 彩图5　东方蝼蛄 *Gryllotalpa orientalis*
⑥ 彩图6　黄脸油葫芦 *Teleogryllus emma*

①

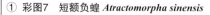

① 彩图7　短额负蝗 *Atractomorpha sinensis*
② 彩图8　棉蝗 *Chondracris rosea*
③ 彩图9　斑角蔗蝗 *Hieroglyphus annulicornis*
④ 彩图10　中华稻蝗 *Oxya chinensis*
⑤ 彩图11　中华蚱蜢 *Acrida cinerea*
⑥ 彩图12　斑衣蜡蝉 *Lycorma delicatula*

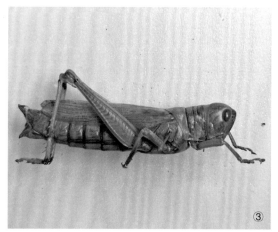
③

④

⑤

⑥

① 彩图13　绿草蝉 *Mogannia hebes*
② 彩图14　鸣蝉 *Oncotympana maculaticollis*
③ 彩图15　蟪蛄 *Platypleura kaempferi*
④ 彩图16　稻棘缘蝽 *Cletus punctiger*
⑤ 彩图17　月肩奇缘蝽 *Derepteryx lunata*
⑥ 彩图18　角盾蝽 *Cantao ocellatus*

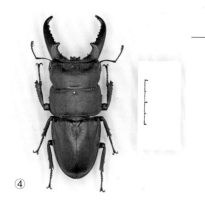

① 彩图19　硕蝽 *Eurostus validus*
② 彩图20　金斑虎甲 *Cicindela aurulenta*
③ 彩图21　云纹虎甲 *Cicindela elisae*
④ 彩图22　巨扁锹甲 *Serrognathus titanus*
⑤ 彩图23　疣侧裸蜣螂 *Gymnopleurus brahminus*
⑥ 彩图24　双叉犀金龟 *Allomyrina dichotoma*
⑦ 彩图25　中华弧丽金龟 *Popillia quadriguttata*
⑧ 彩图26　尾歪鳃金龟 *Cyphochilus apicalis*

① 彩图27　鲜黄鳃金龟 *Metabo lustumidifrons*
② 彩图28　大云鳃金龟 *Polyphylla laticollis*
③ 彩图29　松丽叩甲 *Campsosternus auratus*
④ 彩图30　龟纹瓢虫 *Propylaea japonica*
⑤ 彩图31　黑拟步甲 *Tenebrio obscurus*
⑥ 彩图32　三栉牛 *Trictenotoma davidi*

① 彩图33　栋星天牛 *Anoplophora horsfieldi*

② 彩图34　桃红颈天牛 *Aromia bungli*

③ 彩图35　云斑白条天牛 *Batocera horsfieldi*

④ 彩图36　黄足黑守瓜 *Aulacophora lewisii*

⑤ 彩图37　十星瓢萤叶甲 *Oides decempunctata*

⑥ 彩图38　黑额光叶甲 *Smaragdina nigrifrons*

① 彩图39　点蝙蛾 *Phassus signifer sinensis*
② 彩图40　大窠蓑蛾 *Clania variegata*
③ 彩图41　一点斜线网蛾 *Striglina scitaria*
④ 彩图42　星尺蛾 *Arichanna jaguararia*
⑤ 彩图43　黑玉臂尺蛾 *Xandrames dholaria*
⑥ 彩图44　中国虎尺蛾 *Xanthabraxas hemionata*
⑦ 彩图45　思茅松毛虫 *Dendrolimus kikuchii*
⑧ 彩图46　落叶松毛虫 *Dendrolimus superans*

① 彩图47　栗黄枯叶蛾 *Trabala vishnou*

② 彩图48　长尾大蚕蛾 *Actias dubernardi*

③ 彩图49a　绿尾大蚕蛾 *Actias selene ningpoana*

④ 彩图49b　绿尾大蚕蛾幼虫 *Actias selene ningpoana*

⑤ 彩图50　柞蚕蛾 *Antheraea pernyi*

⑥ 彩图51　黄豹大蚕蛾 *Loepa katinka*

⑦ 彩图52　樗蚕 *Samia cynthia*

⑧ 彩图53　芝麻鬼脸天蛾 *Acherontia styx*

①

④

②

① 彩图54　豆天蛾 *Clanis bilineata tsingtauica*

② 彩图55　星天蛾 *Dolbina tancrei*

③ 彩图56　长喙天蛾 *Macroglossum corythus*

④ 彩图57　椴六点天蛾 *Marumba dyras*

⑤ 彩图58　大背天蛾 *Meganoton analis*

⑥ 彩图59　鹰翅天蛾 *Oxyambulyx ochracea*

③

⑤

⑥

① 彩图60　红天蛾 *Pergesa elpenor*

② 彩图61　盾天蛾 *Phyllosphingia dissimilis*

③ 彩图62　霜天蛾 *Psilogramma menephron*

④ 彩图63　斜纹天蛾 *Theretra clotho*

⑤ 彩图64　雀纹天蛾 *Theretra japonica*

⑥ 彩图65　芋双线天蛾 *Theretra oldenlandiae*

① 彩图66　梭舟蛾 *Netria viridescens*

② 彩图67　苹掌舟蛾 *Phalera flavescens*

③ 彩图68　广鹿蛾 *Amata emma*

④ 彩图69　苎麻夜蛾 *Arcte coerula*

⑤ 彩图70　目夜蛾 *Erebus crepuscularis*

⑥ 彩图71　落叶夜蛾 *Ophideres fullonica*

① 彩图72　鸟嘴壶夜蛾 *Oraesia excavata*
② 彩图73　旋目夜蛾 *Spirama retorta*
③ 彩图74　直纹稻弄蝶 *Parnara guttata*
④ 彩图75　灰绒麝凤蝶 *Byasa mencius*
⑤ 彩图76　青凤蝶 *Graphium sarpedon*
⑥ 彩图77　蓝凤蝶 *Menelaides protenor*

①

②

③

① 彩图78　红珠凤蝶 *Pachliopta aristolochiae*

② 彩图79　碧凤蝶 *Papilio bianor*

③ 彩图80a　玉斑凤蝶 *Papilio helenus*

④ 彩图80b　玉带凤蝶雌 *Papilio polytes*

⑤ 彩图81　金凤蝶 *Papilio machaon*

⑥ 彩图82　柑橘凤蝶 *Papilio xuthus*

④

⑤

⑥

① 彩图83　黄尖襟粉蝶 *Anthocharis scolymus*
② 彩图84　斑缘豆粉蝶 *Colias erate*
③ 彩图85　宽边黄粉蝶 *Eurema hecabe*
④ 彩图86　矍眼蝶 *Ypthima balda*
⑤ 彩图87　金斑蝶 *Danaus chrysippus*
⑥ 彩图88　虎斑蝶 *Danaus genutia*

① 彩图89　箭环蝶 *Stichophthalma howqua*
② 彩图90　柳紫闪蛱蝶 *Apatura iliasobrina*
③ 彩图91　曲纹蜘蛱蝶 *Araschnia doris*
④ 彩图92　斐豹蛱蝶 *Argynnis hyperbius*
⑤ 彩图93　绿豹蛱蝶 *Argynnis paphia*
⑥ 彩图94　白带螯蛱蝶 *Charaxes bernardus*

①

②

③

④

① 彩图95　黑脉蛱蝶 *Hestina assimilis*
② 彩图96a　金斑蛱蝶雌 *Hypolimnas misippus*
③ 彩图96b　金斑蛱蝶雄 *Hypolimnas missippus*
④ 彩图97　美眼蛱蝶 *Junonia almana*
⑤ 彩图98　翠蓝眼蛱蝶 *Junonia orithya*
⑥ 彩图99　琉璃蛱蝶 *Kaniska canace*

⑤

⑥

①

④

③

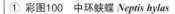

① 彩图100　中环蛱蝶 *Neptis hylas*

② 彩图101　黄钩蛱蝶 *Polygonia caureum*

③ 彩图102　二尾蛱蝶 *Polyura narcaea*

④ 彩图103a　大紫蛱蝶雌 *Sasakia charonda*

⑤ 彩图103b　大紫蛱蝶雄 *Sasakia charonda*

⑥ 彩图104　黄豹盛蛱蝶 *Symbrenthia brabira*

⑤

⑥

① 彩图105　大红蛱蝶 *Vanessa indica*
② 彩图106　苎麻珍蝶 *Acraea issoria*
③ 彩图107　琉璃灰蝶 *Celastrina argiolus*
④ 彩图108　大紫琉璃灰蝶 *Celastrina oreas*

① 彩图109　曲纹紫灰蝶 *Chilades pandava*
② 彩图110　尖翅银灰蝶 *Curetis acuta*
③ 彩图111　蓝灰蝶 *Everes argiades*
④ 彩图112　亮灰蝶 *Lampides boeticus*

① 彩图113　红灰蝶 *Lycaena phlaeas*
② 彩图114　黑灰蝶 *Niphanda fusca*
③ 彩图115　酢浆灰蝶 *Pseudozizeeria maha*
④ 彩图116　点玄灰蝶 *Tongeia filicaudis*